清华社"视频大讲堂"大系

CAD/CAM/CAE技术视频大讲堂

# Revit 2024中文版建筑设计从入门到精通

## CAD/CAM/CAE 技术联盟　编著

U0227711

清华大学出版社

北京

# 内 容 简 介

本书重点介绍 Revit 2024 中文版在建筑设计中的应用方法与技巧。全书共 19 章，主要包括 Revit 2024 简介、绘图环境设置、基本绘图工具、创建族、概念体量、标高和轴网、结构构件、墙、门窗、楼板、天花板、屋顶和房檐、楼梯坡道、构件和房间图例、室外场地设计、漫游和渲染、施工图设计、明细表以及住宅设计综合实例等内容。本书内容由浅入深，从易到难，图文并茂，语言简洁，思路清晰。书中知识点配有视频讲解，以加深读者的理解，帮助读者进一步巩固并综合运用所学知识。

另外，本书还配备了极为丰富的学习资源，具体内容如下。

（1）146 集高清同步微课视频，便于读者轻松学习，然后对照书中实例进行练习。

（2）全书实例的源文件和素材，方便按照书中实例操作时直接调用。

（3）《中国市政设计行业 BIM 实施指南》电子书，方便随时查阅。

（4）"1+X" BIM 职业技能等级考试真题，可快速提升技能。

（5）中国图学学会 BIM 技能等级考试一、二、三级真题，会做才是硬道理。

本书适合建筑工程设计入门级读者学习使用，也适合有一定基础的读者参考使用，还可用作职业教育的教材。

**图书在版编目（CIP）数据**

Revit 2024 中文版建筑设计从入门到精通 / CAD/CAM/CAE 技术联盟编著. — 北京：清华大学出版社，2024.9. — （清华社"视频大讲堂"大系 CAD/CAM/CAE 技术视频大讲堂）. — ISBN 978-7-302-67223-4

Ⅰ. TU201.4

中国国家版本馆 CIP 数据核字第 2024DS8700 号

责任编辑：贾小红
封面设计：秦　丽
版式设计：文森时代
责任校对：马军令
责任印制：沈　露

出版发行：清华大学出版社
网　　址：https://www.tup.com.cn, https://www.wqxuetang.com
地　　址：北京清华大学学研大厦 A 座　　　　　邮　　编：100084
社 总 机：010-83470000　　　　　　　　　　邮　　购：010-62786544
投稿与读者服务：010-62776969, c-service@tup.tsinghua.edu.cn
质量反馈：010-62772015, zhiliang@tup.tsinghua.edu.cn
印 装 者：三河市科茂嘉荣印务有限公司
经　　销：全国新华书店
开　　本：203mm×260mm　　印　张：26.25　　插　页：2　　字　数：774 千字
版　　次：2024 年 10 月第 1 版　　　　　　　　印　次：2024 年 10 月第 1 次印刷
定　　价：108.00 元

产品编号：097532-01

# 前言
## Preface

Revit 系列软件是为建筑信息模型（BIM）而构建的。Revit 是以从设计、施工到运营的协调、可靠的项目信息为基础而构建的集成流程。通过采用 Revit，建筑公司可以在整个流程中使用一致的信息来设计和绘制创新项目，还可以通过它精确地实现建筑外观的可视化来支持更好地沟通，模拟真实性能，以便让项目各方了解成本、工期与环境影响。

## 一、编写目的

鉴于 Revit 强大的功能和深厚的工程应用底蕴，我们力图开发一本全方位介绍 Revit 在建筑工程中实际应用情况的书籍。我们不求将 Revit 知识点全面讲解清楚，而是针对建筑工程设计的需要，利用 Revit 大体知识脉络作为线索，以实例作为"抓手"，帮助读者掌握利用 Revit 进行建筑工程设计的基本技能和技巧。

## 二、本书特点

☑ **专业性强**

本书作者拥有多年计算机辅助设计领域的工作经验和教学经验，他们总结设计经验以及教学中的心得体会，历时多年精心编著本书，力求全面、细致地展现 Revit 2024 中文版在建筑工程设计应用领域的各种功能和使用方法。在具体讲解的过程中，严格遵守工程设计相关规范和国家标准，并将这种一丝不苟的作风融入字里行间，目的是培养读者严谨、细致的工程素养，传播规范的工程设计理论与应用知识。

☑ **实例丰富**

全书包含不同类型的实例，可让读者在学习案例的过程中快速了解 Revit 2024 中文版的用途，并加深对知识点的掌握，同时通过实例的演练帮助读者更好地学习 Revit 2024 中文版。

☑ **涵盖面广**

本书在有限的篇幅内，包罗了对 Revit 2024 中文版常用的几乎全部功能的讲解，涵盖了 Revit 2024 简介、绘图环境设置、基本绘图工具、创建族、概念体量、标高和轴网、结构构件、墙、门窗、楼板、天花板、屋顶和房檐、楼梯坡道、构件和房间图例、室外场地设计、漫游和渲染、施工图设计、明细表等知识。

☑ **突出技能提升**

本书中有很多实例本身就是实际的工程设计项目，经过作者精心提炼和改编，不仅保证读者能够学好知识点，更重要的是能帮助读者掌握实际的操作技能，让读者在学习案例的过程中潜移默化地掌握 Revit 2024 中文版软件的操作技巧，同时也培养了工程设计实践能力。

## 三、本书的配套资源

本书提供了极为丰富的学习配套资源，可扫描封底的"文泉云盘"二维码，获取下载方式，以便读者朋友在最短的时间内学会并掌握这门技术。

**1．配套教学视频**

针对本书实例专门制作了 146 集同步教学视频，读者可以扫描下方二维码获取视频，轻松愉悦地学习本书内容，然后对照课本加以实践和练习，可以大大提高学习效率。需要强调的是，书中给出的是实例的重点步骤，详细操作过程还需读者通过视频来学习并领会。

**2．全书实例的源文件和素材**

本书配套资源中包含实例的源文件，读者可以安装软件后，打开并使用它们。

**3．实施指南电子书和等级考试真题**

本书附赠资源中包含《中国市政设计行业 BIM 实施指南》电子书和"1+X"BIM 职业技能等级考试真题以及中国图学学会 BIM 技能等级考试一、二、三级真题，可快速提升实战技能。

## 四、关于本书的服务

**1．"Autodesk Revit 2024 中文版"软件的获取**

按照本书的实例进行操作练习，以及使用"Autodesk Revit 2024 中文版"进行绘图，需要事先在计算机上安装软件。读者可以登录官方网站联系购买正版软件，或者使用其试用版。

**2．关于本书的技术问题或有关本书信息的发布**

读者朋友遇到有关本书的技术问题，可以扫描封底"文泉云盘"二维码查看是否已发布相关勘误/解疑文档，如果没有，可在页面下方寻找作者联系方式，我们将尽快回复。

**3．关于配套资源**

扫描书后刮刮卡（需刮开涂层）二维码，即可获取全书配套资源的获取权限，再扫描下方二维码，即可获取配套资源的下载方式。

## 五、关于作者

本书由 CAD/CAM/CAE 技术联盟组织编写。CAD/CAM/CAE 技术联盟是一个集 CAD/CAM/CAE 技术研讨、工程开发、培训咨询和图书创作于一体的工程技术人员协作联盟，包含众多专职和兼职 CAD/CAM/CAE 工程技术专家。

CAD/CAM/CAE 技术联盟负责人由 Autodesk 中国认证考试中心首席专家胡仁喜博士担任，全面负责 Autodesk 中国官方认证考试大纲制定、题库建设、技术咨询和师资培训工作，团队成员精通 Autodesk 系列软件。其创作的很多教材成为国内具有引导性的作品，在国内相关专业方向、图书创作领域具有举足轻重的地位。

## 六、致谢

在本书的写作过程中，编辑贾小红和艾子琪女士给予了很大的帮助和支持，提出了很多中肯的建议，在此表示感谢。同时，还要感谢清华大学出版社的所有编审人员为本书的出版所付出的辛勤劳动。本书的成功出版是大家共同努力的结果，谢谢所有给予支持和帮助的人。

配套视频

素材下载

技术支持

# 目 录

**Contents**

## 第1篇 基 础 篇

*Note*

# 第2篇　提　高　篇

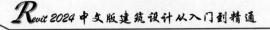

Note

# 第3篇　住宅设计综合实例篇

配套视频

素材下载

技术支持

▶▶第1篇

# 基础篇

本篇主要介绍 Autodesk Revit 2024 中文版的相关基础知识。

通过本篇的学习，读者将掌握 Revit 的基本功能，为后面的学习打下基础。

- ☑ Revit 2024 简介
- ☑ 绘图环境设置
- ☑ 基本绘图工具
- ☑ 创建族
- ☑ 概念体量

# 第1章

# Revit 2024 简介

 **知识导引**

Revit 作为一款专为 BIM 而构建的软件，帮助许多专业的建筑行业设计和施工人员使用协调一致的基于模型的新办公方法与流程，将设计创意从最初的概念变为现实的构造。本章主要介绍 Revit 特性、Autodesk Revit 2024 新增功能、Revit 2024 界面和文件管理。

- ☑ 概述
- ☑ 界面
- ☑ 新增功能

## 任务驱动&项目案例

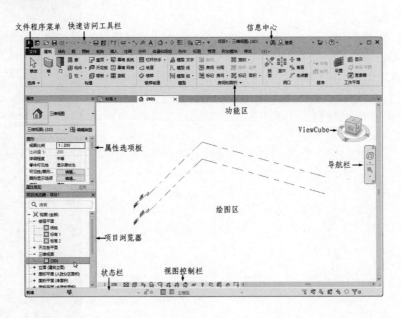

# 1.1 Autodesk Revit 概述

在 Revit 模型中，所有的图纸、二维视图和三维视图以及明细表都是同一个基本模型数据库的信息表现形式。在图纸视图和明细表视图中进行操作时，Revit 将收集有关建筑项目的信息，并在项目的其他所有表现形式中协调该信息。Revit 参数化修改引擎可自动协调在任何位置（模型视图、图纸、明细表、剖面和平面中）进行的修改。

## 1.1.1 软件介绍

Autodesk Revit 提供如下 3 个工具模块，分别支持建筑设计、MEP 工程设计和结构工程设计。

### 1. Architecture

用户使用 Autodesk Revit 软件可以按照建筑师和设计师的想法进行设计，因此，可以提供更高质量、更加精确的建筑设计。Revit 通过使用专为支持建筑信息模型工作流而构建的工具，可以获取并分析概念，并可通过设计、文档和建筑保持视野。强大的建筑设计工具可帮助捕捉和分析概念，以及保持从设计到建筑的各个阶段的一致性。

### 2. MEP

Autodesk Revit 向暖通、电气和给排水（MEP）工程师提供工具，可以设计复杂的建筑系统。Revit 支持建筑信息建模（BIM），可帮助用户导出更高效的建筑系统从概念到建筑的精确设计、分析和文档。Revit 使用信息丰富的模型在整个建筑生命周期中支持建筑系统。为暖通、电气和给排水（MEP）工程师构建的工具可帮助用户设计和分析高效的建筑系统并为这些系统编档。

### 3. Structure

Autodesk Revit 软件为结构工程师和设计师提供了工具，从而可以更加精确地设计和建造高效的建筑结构。

## 1.1.2 Revit 特性

BIM 支持建筑师在施工前更好地预测竣工后的建筑，使他们在如今日益复杂的商业环境中具有竞争优势。Autodesk Revit 软件专为建筑信息模型（BIM）而构建。BIM 是以从设计、施工到运营的协调、可靠的项目信息为基础而构建的集成流程。通过采用 BIM，建筑公司可以在整个流程中使用一致的信息来设计和绘制创新项目，还可以通过它精确地实现建筑外观的可视化来支持更好地沟通，模拟真实性能，以便让项目各方了解成本、工期与环境影响。

建筑行业的竞争极为激烈，我们需要采用独特的技术来充分发挥专业人员的技能和丰富的经验。Autodesk Revit 消除了很多庞杂的任务，员工对其非常满意。

Autodesk Revit 软件能够帮助用户在项目设计流程前期探究最新颖的设计概念和外观，并能在整个施工文档中传达设计理念，其支持可持续设计、碰撞检测、施工规划和建造，同时帮助用户与工程师、承包商与业主更好地沟通协作。设计过程中的所有变更都会在相关设计与文档中自动更新，实现更加协调一致的流程，获得更加可靠的设计文档。

Autodesk Revit 全面创新的概念设计功能带的来易用工具，可帮助用户进行自由形状的建模和参数化设计，并且还能够让用户对早期设计进行分析。借助这些功能，用户可以自由绘制草图，快速创建三维形状，交互地处理各个形状。可以利用内置的工具进行复杂形状的概念澄清，为建造和施工准备模型。随着设计的持续推进，Autodesk Revit 能够围绕最复杂的形状自动构建参数化框架，并提供更高的创建控制能力、精确性和灵活性。从概念模型到施工文档的整个设计流程都在一个直观环境中完成。

### 1.1.3  常用术语

#### 1．项目

在 Revit 中，项目是单个设计信息数据库——建筑信息模型。项目文件中包含了建筑的所有设计信息，这些信息包括用于设计模型的构件、项目视图和设计图纸。通过使用单个项目文件，Revit 不仅可以轻松修改设计，还可以将修改翻译在所有关联区域中，仅需要跟踪一个文件即可，方便项目管理。

#### 2．图元

在创建项目时，可以向设计添加 Revit 参数化建筑图元，Revit 软件按照类别、族和类型对图元进行分类。

#### 3．类别

类别是一组用于建筑设计进行建模或记录的图元。例如，模型图元类别包括墙、梁等，注释类别包括标记和文字注释等。

#### 4．族

族是某一类别中图元的类。族根据参照集的共用、使用上的相同和图形表示的相似来对图元进行分组，一个族中不同图元的部分或全部属性可能有不同的值，但是属性的设置是相同的。

#### 5．类型

每一个族都可以拥有多个类型，类型可以是族的特定尺寸，如 30×40 或楼板 150 等，也可以是样式，如尺寸标注的默认对齐样式或默认角度样式。

#### 6．实例

实例是放置在项目中的实际项，它们在建筑或图纸中都有特定的位置。

### 1.1.4  图元属性

在 Revit 中，放置在图纸中的每个图元都是某个族类型的一个实例。类型属性和实例属性是用来控制图元外观和行为的属性。

#### 1．类型属性

同一组类型属性由一个族中的所有图元共用，而且特定族类型的所有实例的每个属性都有相同的值，修改类型属性值会影响该类型当前和将来的所有实例。

#### 2．实例属性

一组共用的实例属性还适用于属于特定族类型的所有图元，但是这些属性的值可能会因图元在建筑或项目中的位置而异。例如，窗的尺寸标注是类型属性，但其在标高处的高程则是实例属性；同样，梁的剖面尺寸标注是类型属性，而梁的长度是实例属性。

修改实例属性的值只影响选择集内的图元或将要放置的图元。例如，如果选择一个墙，并且在属性选项板上修改它的某个实例属性值，则只有该墙受到影响；如果选择一个用于放置墙的工具，并且修改该墙的某个实例属性值，则新值将应用于该工具放置的所有墙。

# 1.2　Autodesk Revit 2024 新增功能

（1）PDF 导出功能：可以把二维视图和图纸直接导出为 PDF 文件，可以导出单个 PDF 文件，也可以把选定的多个视图和图纸合并成一个 PDF 文件一并导出，批量导出的时候可以自定义命名规则。

（2）锥形墙的绘制：创建可变宽度的墙类型，也就是锥形墙，在"墙类型"中可以定义锥角。也可以选择把墙的顶部、底部或者基础作为墙总宽度的测量位置。

（3）关键字明细表：通过关键字创建明细表。把参数都放到一张 Excel 表里，方便批量填数据，再通过一个关键词把参数批量写到关键字明细表中。

（4）与 FormIt 的交互提升：FormIt 创建的模型可以更好地在 Revit 中被优化设计，并且不会丢失数据，两个软件之间共享的几何图形已更新，因此外观更加一致。

（5）增强了和 Rhino 的联动：把 3DM 文件链接或导入 Revit 模型中，建立 Rhino-Revit 工作流。和之前的 DWG 一样，如果选择了 Rhino 模型链接到 Revit 的方式，那么原始模型一旦修改，链接的文件也能自动修改。

（6）多重引线标记：可以添加标记，视图中标记的数值，由被标记构件的参数生成。

（7）多类别标记：支持所有可标记图元，公用的参数和共享参数可以显示在标记标签里。

（8）批量旋转标记：通过标记的"角度"参数来实现旋转。

（9）标记竖梃：在 2024 版本中，可以标记幕墙的竖梃。

（10）尺寸标记可以自动添加前缀和后缀：以前的版本中，只能手动向尺寸标注的各个实例添加前缀和后缀，现在可以把它们添加到类型参数里，放置尺寸标注的时候，选择类型，自定义的前缀和后缀会自动添加。

（11）钢筋功能的改进：可以隔离选定的钢筋集或区域钢筋系统，可以选择一个或多个钢筋，然后进行移动、删除等操作，这样可以避免部分钢筋和其他钢筋或洞口的碰撞，同时不打断钢筋系统的逻辑。

（12）系统分析负荷报告：在系统分析中选择"HVAC 系统负荷和尺寸调整"，可以生成新的复核报告，用于调整机械系统尺寸的负荷、湿度等信息。

（13）跨图纸拆分明细表：出图的时候，如果明细表很长，需要进行拆分，以前的版本，拆分的明细表必须把所有分段放到同一张图纸上，现在使用明细表"拆分和放置"功能，可以拆分明细表并为不同分段指定不同图纸。

（14）明细表功能改进：① 明细表功能支持导出文件为 CSV 格式；② 可以在配电盘明细表模板中基于配电盘配置启用自动着色；③ 可以添加"工作集"参数，用于多人合作的项目管理；④ 改进了明细表中的族过滤功能，明细表和材质提取时，可以按族和类型参数过滤；⑤ 明细表过滤器添加了新的过滤条件，可以过滤参数名称、参数类型等，快速筛选参数；⑥ 明细表和材质提取中加入了其他系统类别，在创建多类别明细表时，将会提供多个类别和子类别供用户选择。

（15）增强平面/参照平面导入功能：导入的 3DM 和 SAT 文件，如果原始图形中包含参照平面，现在也可以一并导入 Revit 中，对导入的面和参照平面进行尺寸标注、捕捉和对齐，可以帮助用户定位导入的三维图形。

（16）三维视图网格功能：在三维视图里可以显示并修改模型网格。

（17）PRC 功能的增强：增加了 28 个人物、车辆和家具，改进了三维真实视图下的现实效果，在非渲染视图中简化表示来增强性能，汽车可以控制参数更改颜色，家具类别支持渲染外观特性。

*Note*

# 1.3 Revit 2024 界面

在学习 Revit 软件之前，首先要了解 Revit 2024 的操作界面。新版界面不仅提供了便捷的操作工具，便于初级用户快速熟悉操作环境，同时对于熟悉该软件的用户而言，操作将更加方便。

双击桌面上的 Revit 2024 图标，进入如图 1-1 所示的 Revit 2024 主页，单击"新建"按钮，新建一个项目文件，进入 Revit 2024 绘图界面，如图 1-2 所示。

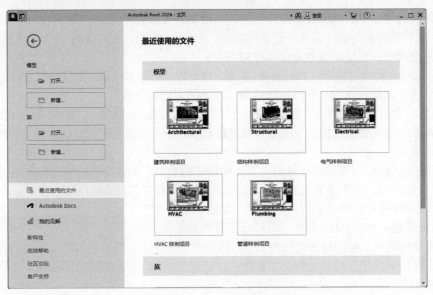

图 1-1 Revit 2024 主页

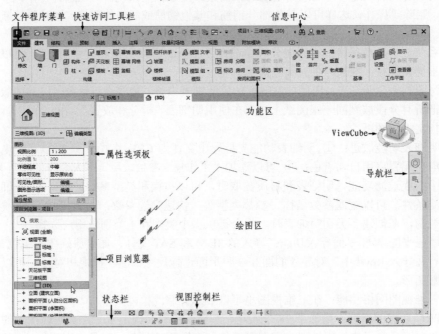

图 1-2 Revit 2024 绘图界面

## 1.3.1 文件程序菜单

文件程序菜单中提供了常用文件操作，如"新建""打开""保存"等，还允许使用更高级的工具（如"导出"）来管理文件。单击"文件"打开程序菜单，如图1-3所示。文件程序菜单无法在功能区中移动。

*Note*

要查看每个命令的选择项，可单击其右侧的箭头，打开下一级菜单，单击所需的项进行操作。

可以直接单击应用程序菜单中左侧的主要按钮来执行默认的操作。

### 1．新建

执行"新建"命令，打开"新建"菜单，如图1-4所示，该菜单用于创建项目文件、族文件、概念体量等。

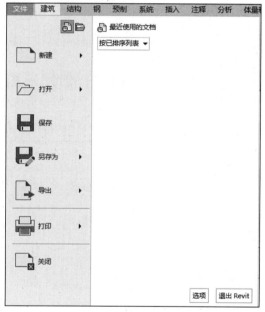

图1-3　文件程序菜单

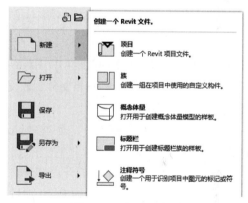

图1-4　"新建"菜单

下面以新建项目文件为例介绍新建文件的步骤。

（1）执行"文件"→"新建"→"项目"命令，打开"新建项目"对话框，如图1-5所示。

图1-5　"新建项目"对话框

（2）在"样板文件"下拉列表中选择样板，也可以单击"浏览"按钮，打开如图1-6所示的"选择样板"对话框，选择需要的样板，单击"打开"按钮，打开样板文件。

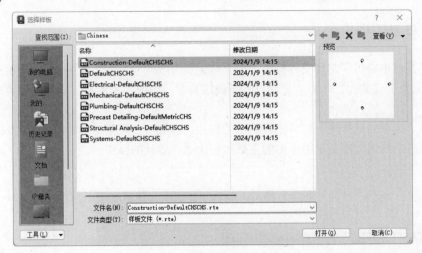

图 1-6 "选择样板"对话框

（3）选择"项目"选项，单击"确定"按钮，创建一个新项目文件。

> 注意：在 Revit 中，项目是整个建筑设计的联合文件。建筑的所有标准视图、建筑设计图以及明细表都包含在项目文件中，只要修改模型，所有相关的视图、施工图和明细表都会随之自动更新。

2. 打开

执行"打开"命令，打开"打开"菜单，如图 1-7 所示，该菜单用于打开项目文件、族文件、IFC 文件、样例文件等。

（1）云模型：执行此命令，登录 Autodesk Account，选择要打开的云模型。

（2）项目：执行此命令，打开"打开"对话框，在对话框中可以选择要打开的 Revit 项目文件和族文件。

（3）族：执行此命令，打开"打开"对话框，可以打开软件自带族库中的族文件，或用户自己创建的族文件。

（4）Revit 文件：执行此命令，可以打开 Revit 所支持的文件，如.rvt、.rfa、.adsk 和.rte 文件。

图 1-7 "打开"菜单

（5）IFC：执行此命令，在对话框中可以打开 IFC 类型文件，IFC 文件中含有模型的建筑物或设施，也包括空间的元素、材料和形状。IFC 文件通常用于 BIM 工业程序之间的交互。

（6）IFC 选项：执行此命令，打开"导入 IFC 选项"对话框，在对话框中可以设置 IFC 类型名称对应的 Revit 类别。此命令只有在打开 Revit 文件的状态下才可以使用。

（7）样例文件：执行此命令，打开"打开"对话框，可以打开软件自带的样例项目文件和族文件。

### 3. 保存

执行此命令，可以保存当前项目、族文件、样板文件等。若文件已命名，则 Revit 自动保存；若文件未命名，则系统打开"另存为"对话框，如图 1-8 所示，用户可以进行命名操作并进行保存。在"保存于"下拉列表框中可以指定保存文件的路径，在"文件类型"下拉列表框中可以指定保存文件的类型。为了防止因意外操作或计算机系统故障导致正在绘制的图形文件丢失，可以对当前图形文件设置自动保存。

单击"选项"按钮，打开如图 1-9 所示的"文件保存选项"对话框，可以指定备份文件的最大数量以及与文件保存相关的其他设置。

图 1-8　"另存为"对话框　　　　　　图 1-9　"文件保存选项"对话框

"文件保存选项"对话框中的选项说明如下。

- ☑ 最大备份数：指定备份文件的最大数量。默认情况下，非工作共享项目最多有 3 个备份，工作共享项目最多有 20 个备份。
- ☑ 保存后将此作为中心模型：将当前已启用工作集的文件设置为中心模型。
- ☑ 压缩文件：保存已启用工作集的文件时减小文件的大小。在正常保存时，Revit 仅将新图元和经过修改的图元写入现有文件。这可能会导致文件变得非常大，但会加快保存的速度。压缩过程会将整个文件进行重写并删除旧的部分以节省空间。
- ☑ 打开默认工作集：设置中心模型在本地打开时所对应的工作集默认设置。从该列表中，可以将一个工作共享文件保存为始终以下列选项之一为默认设置："全部""可编辑""上次查看的"或"指定"。用户修改该选项的唯一方式是选择"文件保存选项"对话框中的"保存后将此作为中心模型"，来重新保存新的中心模型。
- ☑ 缩略图预览：指定打开或保存项目时显示的预览图像。此选项的默认值为"活动视图/图纸"。Revit 只能从打开的视图创建预览图像。如果选中"如果视图/图纸不是最新的，则将重生成"复选框，则无论用户何时打开或保存项目，Revit 都会更新预览图像。

### 4. 另存为

执行"另存为"命令，打开"另存为"菜单，如图 1-10 所示，可以将文件保存为项目、族、样板和库 4 种类型的文件。

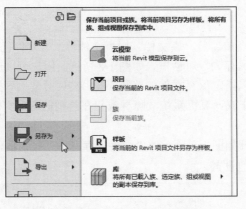

图 1-10　"另存为"菜单

执行其中一种命令后打开"另存为"对话框（见图 1-11），Revit 用另存名保存，并把当前图形更名。

图 1-11　"另存为"对话框

5. 导出

执行"导出"命令，打开"导出"菜单，可以将项目文件导出为其他格式的文件。

（1）CAD 格式：执行此命令，可以将 Revit 模型导出为 DWG、DXF、DNG、ACIS 这 4 种格式的文件。

（2）PDF：执行此命令，打开"PDF 导出"对话框，将一个或多个视图或图纸导出为 PDF 格式。

（3）DWF/DWFx：执行此命令，打开"DWF 导出设置"对话框，可以设置需要导出的视图和模型的相关属性。

（4）FBX：执行此命令，打开"导出 3ds Max(FBX)"对话框，将三维模型保存为 FBX 格式供 3ds Max 使用。

（5）族类型：执行此命令，打开"另存为"对话框，将族类型从当前族导出到文本文件。

（6）gbXML：执行此命令，打开"创建分析空间"对话框，将设计导出为建筑单元、房间/空间图元、概念体量等。

（7）IFC：执行此命令，打开"导出 IFC"对话框，将模型导出为 IFC 文件。

（8）ODBC 数据库：执行此命令，打开"选择数据源"对话框，将模型构件数据导出到 ODBC

数据库。

（9）图像和动画：执行此命令，打开下拉菜单，如图 1-12 所示。将项目文件中所制作的漫游、日光研究以及渲染图形以相对应的文件格式保存。

（10）报告：执行此命令，打开下拉菜单，如图 1-13 所示，将项目文件中的明细表和房间/面积报告以相对应的文件格式保存。

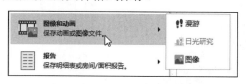

图 1-12　"图像和动画"菜单

图 1-13　"报告"菜单

（11）选项：执行此命令，打开下拉菜单，如图 1-14 所示，进行导出文件的参数设置。

### 6．打印

执行此命令，打开"打印"菜单，可以将当前区域或选定的视图和图纸进行打印并预览，如图 1-15 所示。

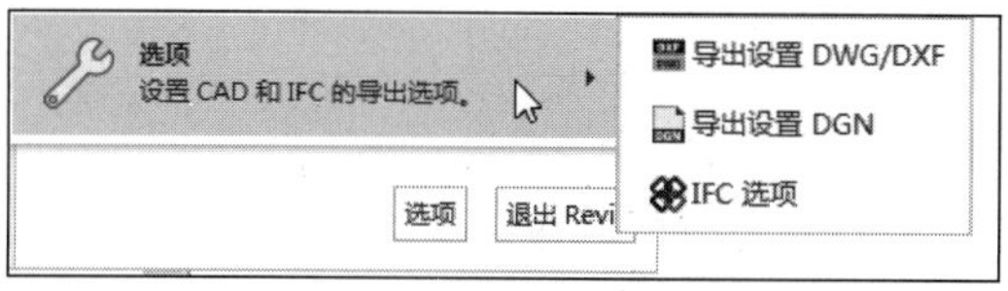

图 1-14　"选项"菜单

图 1-15　"打印"菜单

（1）打印：执行此命令，打开"打印"对话框，设置打印属性后，打印文件。

（2）Batch Print：能够以无人值守的方式轻松打印 Revit 模型中的大量图纸。它仅适用于在网络服务器上或在 Revit Server 中保存的文件，不适用于在 Autodesk BIM Collaborate Pro 中保存的文件。

（3）打印预览：预览视图打印效果，如图 1-16 所示，若查看没有问题可以直接单击"打印"按钮，进行打印。单击"关闭"按钮，关闭打印预览，返回到项目文件中。

（4）打印设置：执行此命令，打开"打印设置"对话框，定义从当前模型打印视图和图纸时或创建 PDF、PLT 或 PRN 文件时使用的设置，如图 1-17 所示。

"打印设置"对话框中的选项说明如下。

☑　打印机：要使用的打印机或打印驱动。

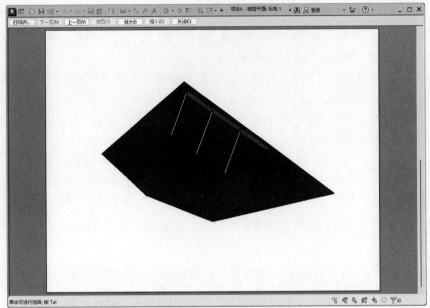

图 1-16    打印预览

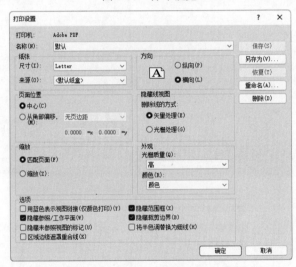

图 1-17    "打印设置"对话框

☑　名称：要用作起点的预定义打印设置。

☑　纸张：从下拉列表中选择纸张尺寸和纸张来源。

☑　方向：选择"纵向"或"横向"进行页面垂直或水平定向。

☑　隐藏线视图：选择一个选项，以提高在立面、剖面和三维视图中隐藏视图的打印性能。

☑　缩放：指定是将图纸与页面的大小匹配，还是缩放到原始大小的某个百分比。

☑　外观：包括光栅质量和外观。

➢　光栅质量：控制传送到打印设置的光栅数据的分辨率。质量越高，打印时间越长。

➢　颜色：包括黑白线条、灰度和颜色。

➢　黑白线条：所有文字、非白色线、填充图案线和边缘以黑色打印。所有的光栅图像和实体填充图案以灰度打印。

> 灰度：所有颜色、文字、图像和线以灰度打印。
> 颜色：如果打印支持彩色，则会保留并打印项目中的所有颜色。

☑ 选项。

> 用蓝色表示视图链接：默认情况下用黑色打印视图链接，但是也可以选择用蓝色打印。
> 隐藏参照/工作平面：选中此复选框，不打印参照平面和工作平面。
> 隐藏未参照视图的标记：如果不希望打印不在图纸中的剖面、立面和详图索引视图的视图标记，选中此复选框。
> 区域边缘遮罩重合线：选中此复选框，遮罩区域和填充区域的边缘覆盖和它们重合的线。
> 隐藏范围框：选中此复选框，不打印范围框。
> 隐藏裁剪边界：选中此复选框，不打印裁剪边界。
> 将半色调替换为细线：如果视图以半色调显示某些图元，则选中此复选框，将半色调图形替换为细线。

## 1.3.2 快速访问工具栏

在主界面左上角图标的右侧，系统列出了一排相应的工具图标，即快速访问工具栏，用户可以直接单击相应的按钮进行命令操作。

单击快速访问工具栏上的"自定义访问工具栏"按钮，打开如图 1-18 所示的下拉菜单，可以对该工具栏进行自定义，选中工具按钮可在快速访问工具栏上显示，取消选中则隐藏。

在快速访问工具栏的某个工具按钮上单击鼠标右键，可打开如图 1-19 所示的快捷菜单，执行"从快速访问工具栏中删除"命令，将删除选中的工具按钮。执行"添加分隔符"命令，可在工具的右侧添加分隔符线。执行"自定义快速访问工具栏"命令，可打开如图 1-20 所示的"自定义快速访问工具栏"对话框，从而对快速访问工具栏中的工具按钮进行排序、添加或删除分割线。执行"在功能区下方显示快速访问工具栏"命令，则快速访问工具栏可以显示在功能区的上方或下方。

图 1-18 下拉菜单

图 1-19 快捷菜单

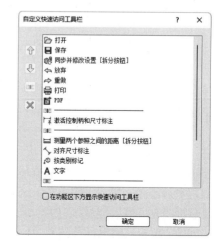

图 1-20 "自定义快速访问工具栏"对话框

"自定义快速访问工具栏"对话框中的选项说明如下。

（1）⇧（上移）或⇩（下移）：在对话框的列表中选择命令，然后单击⇧（上移）或⇩（下移）按钮将该工具移动到所需位置。

（2）▯▯添加分隔符：选择要显示在分隔线上方的工具，然后单击"添加分隔符"按钮，添加分隔线。

（3）✖删除：从工具栏中删除工具或分隔线。

在功能区上的任意工具按钮上单击鼠标右键，打开快捷菜单，执行"添加到快速访问工具栏"命令，该工具按钮即可添加到快速访问工具栏中默认命令的右侧。

🔊**注意**：上下文选项卡中的某些工具无法添加到快速访问工具栏中。

### 1.3.3　信息中心

该工具栏包括一些常用的数据交互访问工具，如图 1-21 所示，可访问许多与产品相关的信息源。

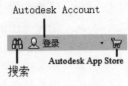

图 1-21　信息中心

### 1.3.4　功能区

功能区位于快速访问工具栏的下方，是创建建筑设计项目所有工具的集合。Revit 2024 将这些命令工具按类别放在不同的选项卡面板中，如图 1-22 所示。

图 1-22　功能区

功能区包含功能区选项卡、功能区子选项卡和面板等部分。其中，每个选项卡都将其命令工具细分为几个面板进行集中管理。而当选择某图元或者激活某命令时，系统将在功能区主选项卡后添加相应的子选项卡，且该子选项卡中列出了和该图元或命令相关的所有子命令工具，用户不必再在下拉菜单中逐级查找子命令。

创建或打开文件时，功能区会显示系统提供创建项目或族所需的全部工具。调整窗口的大小时，功能区中的工具会根据可用的空间自动调整大小。每个选项卡集成了相关的操作工具，方便了用户的使用。用户可以单击功能区选项后面的▭按钮控制功能的展开与收缩。

#### 1.　修改功能区

单击功能区选项卡右侧的向下箭头，系统提供了 3 种功能区的显示方式："最小化为选项卡""最小化为面板标题""最小化为面板按钮"。另外，还有一个"循环浏览所有项"选项，如图 1-23 所示。

#### 2.　移动面板

面板可以在绘图区"浮动"，在面板上按住鼠标左键并拖动（见图 1-24），可将其放置到绘图区域或桌面上。将鼠标放到浮动面板的右上角位置处，将显示"将面板返回到功能区"，如图 1-25 所示。用鼠标左键单击此处，使它变为"固定"面板。将鼠标移动到面板上以显示一个夹子，拖动该夹子到所需位置，即可移动面板。

图 1-23　下拉菜单

图 1-24　拖动面板

### 3. 展开面板

单击面板标题旁的箭头▼可以展开该面板，从而显示相关的工具和控件，如图1-26所示。默认情况下单击面板以外的区域时，展开的面板会自动关闭。单击图钉按钮📌，面板在其功能区选项卡显示期间始终保持展开状态。

图1-25 固定面板

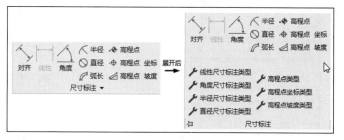

图1-26 展开面板

### 4. 上下文功能区选项卡

使用某些工具或选择图元时，上下文功能区选项卡中会显示与该工具或图元的上下文相关的工具，如图1-27所示。退出该工具或清除选择时，该选项卡将关闭。

图1-27 上下文功能区选项卡

## 1.3.5 "属性"选项板

"属性"选项板是一个无模式对话框，通过该对话框，可以查看和修改用来定义图元属性的参数。

项目浏览器下方的浮动面板即为属性选项板。当选择某图元时，属性选项板会显示该图元的图元类型和属性参数等，如图1-28所示。

### 1. 类型选择器

选项板上面一行的预览框和类型名称即为图元类型选择器。用户可以单击右侧的下拉箭头，从列表中选择已有的合适的构件类型来直接替换现有类型，而不需要反复修改图元参数，如图1-29所示。

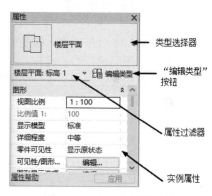

图1-28 "属性"选项板

### 2. 属性过滤器

该过滤器用来标识将由工具放置的图元类别，或者标识绘图区域中所选图元的类别和数量。如果选择了多个类别或类型，则选项板上仅显示所有类别或类型所共有的实例属性。当选择了多个类别时，使用过滤器的下拉列表可以仅查看特定类别或视图本身的属性。

### 3. "编辑类型"按钮

单击此按钮，打开相关的"类型属性"对话框，用户可以复制、重命名对象类型，并可以通过编辑其中的类型参数值来改变与当前选择图元同类型的所有图元的外观尺寸等，如图1-30所示。

图 1-29 类型选择器下拉列表

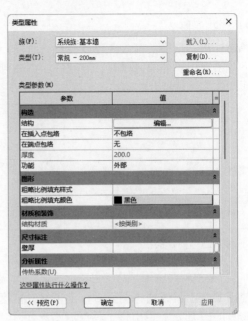

图 1-30 "类型属性"对话框

### 4. 实例属性

在大多数情况下，"属性"选项板中既显示可由用户编辑的实例属性，又显示只读实例属性。当某属性的值由软件自动计算或赋值，或者取决于其他属性的设置时，该属性可能是只读属性，不可编辑。

## 1.3.6 项目浏览器

Revit 2024 将所有可访问的视图和图纸等都放置在项目浏览器中进行管理，使用项目浏览器可以方便地在各视图间进行切换操作。

项目浏览器用于组织和管理当前项目中包含的所有信息，包括项目中的所有视图、明细表、图纸、族、组和链接的 Revit 模型等项目资源。Revit 2024 按逻辑层次关系组织这些项目资源，且展开各分支时，系统将显示下一层级的内容，如图 1-31 所示。

### 1. 打开视图

双击视图名称即可打开视图，也可以在视图名称上单击鼠标右键，打开如图 1-32 所示的快捷菜单，选择"打开"选项，打开视图。

### 2. 打开放置了视图的图纸

在视图名称上单击鼠标右键，打开如图 1-32 所示的快捷菜单，选择"打开图纸"选项，可打开放置了视图的图纸。如果快捷菜单中的"打开图纸"选项不可用，原因可能是视图未放置在图纸上，或视图是明细表或可放置在多个图纸上的图例视图。

### 3. 将视图添加到图纸中

将视图名称拖曳到图纸名称上或拖曳到绘图区域中的图纸上，即可将视图添加到图纸中。

### 4. 从图纸中删除视图

在图纸名称下的视图名称上单击鼠标右键，在打开的快捷菜单中选择"从图纸中删除"命令，即可删除视图。

**5.　显示/隐藏"项目浏览器"**

单击"视图"选项卡"窗口"面板中的"用户界面"按钮，打开如图 1-33 所示的下拉列表，选中"项目浏览器"复选框，即可显示项目浏览器。如果取消选中"项目浏览器"复选框或单击项目浏览器顶部的"关闭"按钮，将隐藏项目浏览器。

图 1-31　项目浏览器　　　　图 1-32　快捷菜单　　　　图 1-33　下拉列表

**6.　调整项目浏览器大小**

拖曳项目浏览器的边框可调整项目浏览器的大小。

**7.　移动浏览器**

在 Revit 窗口中拖曳浏览器移动光标时会显示一个轮廓，该轮廓指示浏览器将移动到的位置，此时松开鼠标，即可将浏览器放置到所需位置，还可以将项目浏览器从 Revit 窗口拖曳到桌面。

## 1.3.7　视图控制栏

视图控制栏位于视图窗口的底部，状态栏的上方，它可以快速访问影响当前视图的功能，如图 1-34 所示。

（1）比例：指在图纸中用于表示对象的比例，可以为项目中的每个视图指定不同的比例，也可以创建自定义视图比例。在比例上单击，打开如图 1-35 所示的比例列表，选择需要的比例，

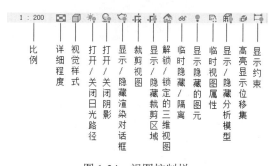

图 1-34　视图控制栏

也可以单击"自定义比例"选项，打开"自定义比例"对话框，输入比率值，如图 1-36 所示。

🔊 **注意**：不能将自定义视图比例应用于该项目中的其他视图。

**Note**

（2）详细程度：可根据视图比例设置新建视图的详细程度，包括"粗略""中等""精细"3 种程度。当在项目中创建新视图并设置其视图比例后，视图的详细程度将会自动根据表格中的排列进行设置。通过预定义详细程度，可以影响不同视图比例下同一几何图形的显示。

（3）视觉样式：可以为项目视图指定许多不同的图形样式，如图 1-37 所示。

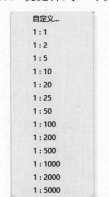

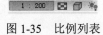

图 1-35　比例列表　　　　图 1-36　"自定义比例"对话框　　　图 1-37　视觉样式

☑　线框：显示绘制了所有边和线而未绘制表面的模型图像。视图显示线框视觉样式时，可以将材质应用于选定的图元类型。这些材质不会显示在线框视图中，但是表面填充图案仍会显示，如图 1-38 所示。

☑　隐藏线：显示绘制了除被表面遮挡部分以外的所有边和线的图像，如图 1-39 所示。

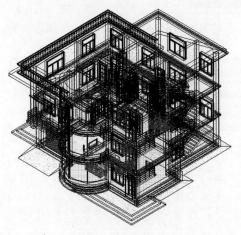

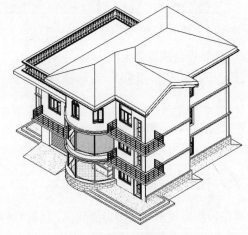

图 1-38　线框　　　　　　　　　　　　　　图 1-39　隐藏线

☑　着色：显示处于着色模式下的图像，而且具有显示间接光及其阴影的选项，如图 1-40 所示。

☑　一致的颜色：显示所有表面都按照表面材质颜色设置进行着色的图像。该样式会保持一致的着色颜色，使材质始终以相同的颜色显示，而无论以何种方式将其定向到光源，如图 1-41 所示。

☑　纹理：可在模型视图中即时显示真实材质的纹理贴图。

☑　真实：可在模型视图中即时显示真实材质外观。旋转模型时，表面会显示在各种照明条件下呈现的外观，如图 1-42 所示。

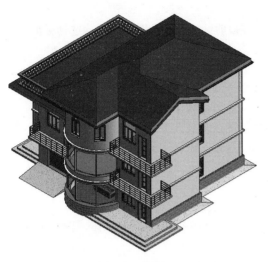

图 1-40 着色

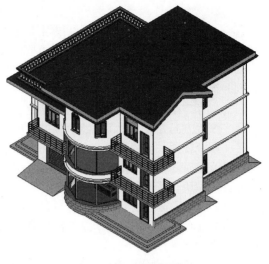

图 1-41 一致的颜色

📢 **注意**："真实"视觉视图中不会显示人造灯光。

（4）打开/关闭日光路径：控制日光路径的可见性。在一个视图中打开或关闭日光路径时，其他任何视图都不受影响。

（5）打开/关闭阴影：控制阴影的可见性。在一个视图中打开或关闭阴影时，其他任何视图都不受影响。

（6）显示/隐藏渲染对话框：单击此按钮，打开"渲染"对话框，定义并控制照明、曝光、分辨率、背景和图像质量的设置，如图 1-43 所示。

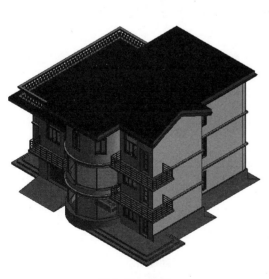

图 1-42 真实

图 1-43 "渲染"对话框

（7）裁剪视图：定义了项目视图的边界。在所有图形项目视图中显示模型裁剪区域和注释裁剪区域。

（8）显示/隐藏裁剪区域：可以根据需要显示或隐藏裁剪区域。在绘图区域中，选择裁剪区域，则会显示注释和模型裁剪。内部裁剪是模型裁剪，外部裁剪则是注释裁剪。

（9）解锁/锁定三维视图：锁定三维视图的方向，以在视图中标记图元并添加注释记号。包括保存方向并锁定视图、恢复方向并锁定视图和解锁视图3个选项。

☑ 保存方向并锁定视图：将视图锁定在当前方向。在该模式中无法动态观察模型。

☑ 恢复方向并锁定视图：将解锁的、旋转方向的视图恢复到其原来锁定的方向。

☑ 解锁视图：解锁当前方向，从而允许定位和动态观察三维视图。

（10）临时隐藏/隔离："隐藏"工具可在视图中隐藏所选图元，"隔离"工具可在视图中显示所选图元并隐藏所有其他图元。

（11）显示隐藏的图元：临时查看隐藏图元或将其取消隐藏。

（12）临时视图属性：包括启用临时视图属性、临时应用样板属性、最近使用的模板和恢复视图属性4种视图选项。

（13）显示/隐藏分析模型：可以在任何视图中显示分析模型。

（14）高亮显示位移集：单击此按钮，可高亮显示模型中所有位移集的视图。

（15）显示约束：在视图中临时查看尺寸标注和对齐约束，以解决或修改模型中的图元。"显示约束"绘图区域将显示一个彩色边框，以指示处于"显示约束"模式。所有约束都以彩色显示，而模型图元以半色调（灰色）显示。

## 1.3.8 状态栏

状态栏在屏幕的底部，如图1-44所示。状态栏会提供有关要执行的操作的提示。高亮显示图元或构件时，状态栏会显示族和类型的名称。

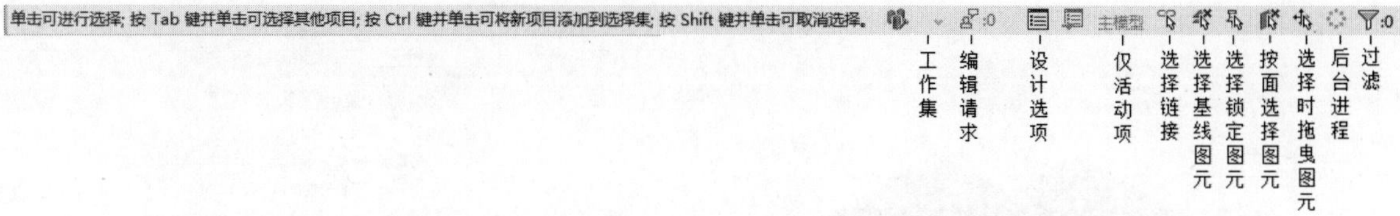

图 1-44　状态栏

（1）工作集：显示处于活动状态的工作集。

（2）编辑请求：对于工作共享项目，表示未决的编辑请求数。

（3）设计选项：显示处于活动状态的设计选项。

（4）仅活动项：用于过滤所选内容，以便仅选择活动的设计选项构件。

（5）选择链接：可在已链接的文件中选择链接和单个图元。

（6）选择基线图元：可在底图中选择图元。

（7）选择锁定图元：可选择锁定的图元。

（8）按面选择图元：可通过单击某个面，来选中某个图元。

（9）选择时拖曳图元：不用先选择图元就可以通过拖曳操作移动图元。

（10）后台进程：显示在后台运行的进程列表。

（11）过滤：用于优化在视图中选定的图元类别。

## 1.3.9　ViewCube

ViewCube 默认在绘图区的右上方。通过 ViewCube 可以在标准视图和等轴测视图之间切换。

（1）单击 ViewCube 上的某个角，可以根据由模型的 3 个侧面定义的视口将模型的当前视图重定向到四分之三视图，单击其中一条边缘，可以根据模型的两个侧面将模型的视图重定向到二分之一视图处，单击相应面，将视图切换到相应的主视图。

（2）如果在从某个面视图中查看模型时 ViewCube 处于活动状态，则四个正交三角形会显示在 ViewCube 附近。使用这些三角形可以切换到某个相邻的面视图。

（3）单击或拖动 ViewCube 中指南针的东、南、西、北字样，切换到西南、东南、西北、东北等方向视图，或者绕上视图旋转到任意方向视图。

（4）单击"主视图"图标🏠，不管视图目前是何种视图都会恢复到主视图方向。

（5）从某个面视图查看模型时，两个滚动箭头按钮 会显示在 ViewCube 附近。单击 图标，视图以 90°逆时针或顺时针方向进行旋转。

（6）单击"关联菜单"按钮 ，打开如图 1-45 所示的关联菜单。

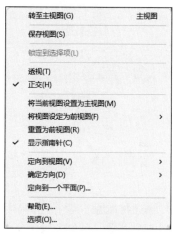

图 1-45　关联菜单

☑　转至主视图：恢复随模型一同保存的主视图。

☑　保存视图：使用唯一的名称保存当前的视图方向。此选项只允许在查看默认三维视图时使用唯一的名称保存三维视图。如果查看的是以前保存的正交三维视图或透视（相机）三维视图，则视图仅以新方向保存，而且系统不会提示提供唯一名称。

☑　锁定到选择项：当视图方向随 ViewCube 发生更改时，使用选定对象可以定义视图的中心。

☑　透视/正交：在三维视图的平行和透视模式之间切换。

☑　将当前视图设置为主视图：根据当前视图定义模型的主视图。

☑　将视图设定为前视图：在 ViewCube 上更改定义为前视图的方向，并将三维视图定向到该方向。

☑　重置为前视图：将模型的前视图重置为其默认方向。

☑　显示指南针：显示或隐藏围绕 ViewCube 的指南针。

☑　定向到视图：将三维视图设置为项目中的任何平面、立面、剖面或三维视图的方向。

☑　确定方向：将相机定向到北、南、东、西、东北、西北、东南、西南或顶部。

☑　定向到一个平面：将视图定向到指定的平面。

## 1.3.10　导航栏

Revit 提供了多种视图导航工具，可以对视图进行平移和缩放等操作。一般位于绘图区右侧，用于视图控制的导航栏是一种常用的工具集。视图导航栏在默认情况下为 50%透明显示，不会遮挡视图。它包括"控制盘"和"缩放控制"两大工具，即"SteeringWheels"和"缩放"工具，如图 1-46

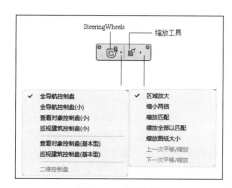

图 1-46　导航栏

所示。

### 1．SteeringWheels

控制盘的集合，通过这些控制盘，可以在专门的导航工具之间快速切换。每个控制盘都被分成不同的按钮。每个按钮都包含一个导航工具，用于重新定位模型的当前视图，主要包含以下几种形式，如图1-47所示。

全导航控制盘

查看对象控制盘（基本型）

巡视建筑控制盘（基本型）

二维控制盘

查看对象控制盘（小）

巡视建筑控制盘（小）

全导航控制盘（小）

图1-47　SteeringWheels

单击控制盘右下角的"显示控制盘菜单"按钮 ，打开如图1-48所示的控制盘菜单，菜单中包含了所有全导航控制盘的视图工具，单击"关闭控制盘"选项可关闭控制盘，也可以单击控制盘上的"关闭"按钮 ，关闭控制盘。

图1-48　控制盘菜单

全导航控制盘中各个工具的含义如下。

（1）平移：单击此按钮并按住鼠标左键不放，此时，拖动鼠标即可平移视图。

（2）缩放：单击此按钮并按住鼠标左键不放，系统将在光标位置放置一个绿色的球体，把当前光标位置作为缩放轴心。此时，拖动鼠标即可缩放视图，且轴心随着光标位置变化。

（3）动态观察：单击此按钮并按住鼠标左键不放，且同时在模型的中心位置将显示绿色轴心球体。此时，拖动鼠标即可围绕轴心点旋转模型。

（4）回放：利用该工具可以从导航历史记录中检索以前的视图，并可以快速恢复到以前的视图，还可以滚动浏览所有保存的视图。单击"回放"按钮并按住鼠标左键不放，此时向左侧移动鼠标即可滚动浏览以前的导航历史记录。若要恢复到以前的视图，只要在该视图记录上松开鼠标左键即可。

（5）中心：单击此按钮并按住鼠标左键不放，光标将变为一个球体，此时拖动鼠标到某构件模型上，松开鼠标放置球体，即可将该球体作为模型的中心位置。

（6）环视：利用该工具可以沿垂直和水平方向旋转当前视图，且旋转视图时，人的视线将围绕当前视点旋转。单击此按钮并按住鼠标左键不放。此时拖动鼠标，模型将围绕当前视图的位置旋转。

（7）向上/向下：利用该工具可以沿模型的Z轴调整当前视点的高度。

2．缩放工具

缩放工具包括区域放大、缩小两倍[1]、缩放匹配、缩放全部以匹配和缩放图纸大小等工具。

（1）区域放大：放大所选区域内的对象。

（2）缩小两倍[2]：将视图窗口显示的内容缩小为原来的二分之一。

（3）缩放匹配：在当前视图窗口中自动缩放以显示所有对象。

（4）缩放全部以匹配：缩放以显示所有对象的最大范围。

（5）缩放图纸大小：将视图自动缩放为实际打印大小。

（6）上一次平移/缩放：显示上一次平移或缩放的结果。

（7）下一次平移/缩放：显示下一次平移或缩放的结果。

## 1.3.11　绘图区域

Revit 窗口中的绘图区域显示了当前项目的视图以及图纸和明细表，每次打开项目中的某一视图时，默认情况下此视图会显示在绘图区域中其他打开的视图的上面。其他视图仍处于打开的状态，但是这些视图在当前视图下面。绘图区域的背景颜色默认为白色。

---

[1] [2] 缩小两倍即缩小为原来的二分之一。

# 第 2 章

# 绘图环境设置

 知识导引

　　用户可以根据自己的需要设置绘图环境，可以分别对系统、项目和图形进行设置，通过定义设置，使用样板来执行办公标准并提高效率。本章主要介绍系统设置、项目设置和图形设置。

☑　系统设置　　　　　　　　☑　项目设置
☑　图形设置

**任务驱动&项目案例**

# 2.1 系统设置

"选项"对话框用于控制软件及其用户界面的各个方面。

单击"文件程序菜单"中的"选项"按钮 选项，打开"选项"对话框，如图 2-1 所示。

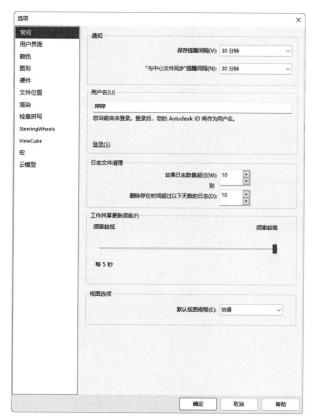

图 2-1 "选项"对话框

## 2.1.1 "常规"设置

在"常规"选项卡中可以设置通知、用户名和日志文件清理等参数。

1. "通知"选项组

Revit 不能自动保存文件，可以通过"通知"选项组设置用户建立项目文件或族文件保存文档的提醒时间。在"保存提醒间隔"下拉列表中选择保存提醒时间，设置保存提醒时间最少是 15 分钟。

2. "用户名"选项组

Revit 首次在工作站中运行时，使用 Windows 登录名作为默认用户名。在以后的设计中可以修改和保存用户名。如果需要使用其他用户名，以便在某个用户不可用时放弃该用户的图元，先注销 Autodesk 账户，然后在"用户名"字段中输入另一个用户的 Autodesk 用户名。

3. "日志文件清理"选项组

日志文件是记录 Revit 任务中每个步骤的文本文档。这些文件主要用于软件支持进程。要检测问题或重新创建丢失的步骤或文件时，可运行日志。设置要保留的日志文件数量以及要保留的天数后，系统会自动进行清理，并始终保留设定数量的日志文件，后面产生的新日志会自动覆盖前面的日志文件。

4. "工作共享更新频率"选项组

工作共享是一种设计方法，此方法允许多名团队成员同时处理同一项目模型，拖动对话框中的滑块可设置工作共享的更新频率。

5. "视图选项"选项组

对于不存在默认视图样板，或者存在视图样板但未指定视图规程的视图，指定其默认规程，系统提供了 6 种视图样板，如图 2-2 所示。

| 默认视图规程(E): | 协调 |
|---|---|
| | 建筑 |
| | 结构 |
| | 机械 |
| | 电气 |
| | 卫浴 |
| | 协调 |

图 2-2 视图规程

## 2.1.2 "用户界面"设置

"用户界面"选项卡用来设置用户界面，包括功能区的设置、活动主题、快捷键的设置和选项卡的切换等，如图 2-3 所示。

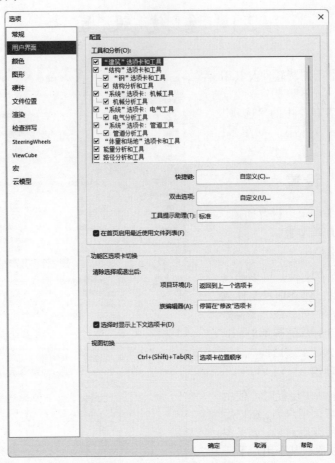

图 2-3　"用户界面"选项卡

### 1. "配置"选项组

（1）工具和分析：可以通过选中或取消选中"工具和分析"列表框中的复选框，控制用户界面功能区中选项卡的显示和关闭。例如，取消选中"'建筑'选项卡和工具"复选框，单击"确定"按钮后，功能区中的"建筑"选项卡不再显示，如图 2-4 所示。

原始

不显示"建筑"选项卡

图 2-4　选项卡的关闭

（2）快捷键：用于设置命令的快捷键。单击"自定义"按钮，打开"快捷键"对话框，如图 2-5 所示。也可以在"视图"选项卡"用户界面"按钮的下拉列表（见图 2-6）中单击"快捷键"按钮，打开"快捷键"对话框。

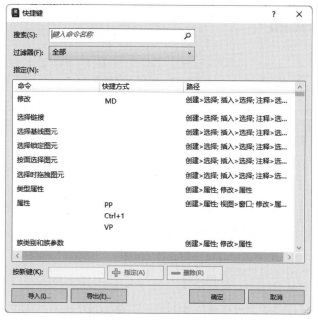

图 2-5　"快捷键"对话框

图 2-6　"用户界面"下拉列表

设置快捷键的方法：搜索要设置快捷键的命令或者在列表中选择要设置快捷键的命令，然后在"按新键"文本框中输入快捷键，单击"指定"按钮，添加快捷键。

> 💡提示：Revit与AutoCAD快捷键不同，AutoCAD快捷键是单个字母，一般是命令的英文首字母，而Revit快捷键只能是两个字母。另外，AutoCAD中的Enter和空格键都能重复上个命令，但Revit只能用Enter键重复上个命令，空格键不能重复上个命令。

（3）双击选项：指定用于进入族、绘制的图元、部件、组等类型的编辑模式的双击动作。单击"自定义"按钮，打开如图 2-7 所示的"自定义双击设置"对话框，选择图元类型，然后在对应的"双击操作"栏中单击，右侧会出现下拉箭头，在打开的下拉列表中选择对应的双击操作，单击"确定"按钮，完成双击设置。

（4）工具提示：提供有关用户界面中某个工具或绘图区域中某个项目的信息，或者在工具使用过程中提供下一步操作的说明。将光标停留在功能区的某个工具上时，默认情况下，Revit 会显示工具提示。工具提示提供了该工具的简要说明。如果光标在该功能区工具上再停留片刻，则会显示附加的信息（如果有），如图 2-8 所示。系统提供了"无""最小""标准"和"高"4 种类型。

☑　无：关闭功能区的工具提示和画布中的工具提示，使它们不再显示。

☑　最小：只显示简要的说明，而隐藏其他信息。

☑　标准：为默认选项。当光标移动到工具上时，显示简要的说明，如果光标再停留片刻，则接着显示更多信息。

☑　高：同时显示有关工具的简要说明和更多信息（如果有），没有时间延迟。

（5）在首页启用最近使用文件列表：在启动 Revit 时在首页页面中会列出用户最近处理过的项目和族的列表，还提供了对联机帮助和视频的访问。

图 2-7　"自定义双击设置"对话框

图 2-8　工具提示

### 2.　功能区"选项卡切换"选项组

用来设置上下文选项卡在功能区中的行为。

（1）清除选择或退出后：项目环境或族编辑器中指定所需的行为。列表中包括"返回到上一个选项卡"和"停留在'修改'选项卡"选项。

☑　返回到上一个选项卡：在取消选择图元或者退出工具之后，Revit 显示上一次出现的功能区选项卡。

☑　停留在"修改"选项卡：在取消选择图元或者退出工具之后，仍保留在"修改"选项卡上。

（2）选择时显示上下文选项卡：选中此复选框，当激活某些工具或者编辑图元时会自动增加并切换到"修改|××"选项卡，如图 2-9 所示。其中包含一组只与该工具或图元的上下文相关的工具。

图 2-9　"修改|××"选项卡

### 3.　"视觉体验"选项组

（1）活动主题：用于设置 Revit 用户界面的视觉效果，包括"浅色"和"深色"两种，如图 2-10 所示。

浅色

深色

图 2-10　活动主题

（2）使用硬件图形加速（若有）：通过使用可用的硬件，提高了渲染 Revit 用户界面时的性能。

## 2.1.3　"图形"设置

"图形"选项卡主要控制图形和文字在绘图区域中的显示。

### 1．"视图导航性能"选项组

（1）重绘期间允许导航：可以在二维或三维视图中导航模型（平移、缩放和动态观察视图），而无须在每一步等待软件完成图元绘制。软件会中断视图中模型图元的绘制，从而可以更快和更平滑地导航。在大型模型中导航视图时使用该选项可以改进性能。

（2）在视图导航期间简化显示：通过减少显示的细节量并暂停某些图形效果，提高导航视图（平移、动态观察和缩放）时的性能。

### 2．"图形模式"选项组

选中"使用反走样平滑线条"复选框，提高视图中的线条质量，使边显示得更平滑。如果要在使用反走样时体验最佳性能，则选中"使用硬件加速"复选框，启用硬件加速。如果没有启用硬件加速，并使用反走样，则在缩放、平移和操纵视图时性能会降低。

## 2.1.4　"颜色"设置

（1）背景：更改绘图区域中背景和图元的颜色。单击"颜色"按钮，打开如图 2-11 所示的"颜色"对话框，指定新的背景颜色。系统会自动根据背景色调整图元颜色，例如，较暗的颜色将导致图元显示为白色，如图 2-12 所示。

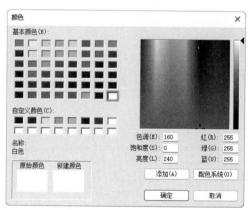

图 2-11　"颜色"对话框

浅背景　　　　　　　深背景

图 2-12　背景色和图元颜色

（2）选择：用于显示绘图区域中选定图元的颜色，如图 2-13 所示。单击颜色按钮可在"颜色"对话框中指定新的选择颜色。选中"半透明"复选框，可以查看选定图元下面的图元。

（3）预先选择：设置在将光标移动到绘图区域中的图元时，用于显示高亮显示的图元的颜色，如图 2-14 所示。单击颜色按钮可在"颜色"对话框中指定高亮显示的颜色。

（4）警告：设置在出现警告或错误时选择的用于显示图元的颜色，如图 2-15 所示。单击颜色按钮可在"颜色"对话框中指定新的警告颜色。

"临时尺寸标注文字外观"选项组

（1）大小：用于设置临时尺寸标注中文字的字体大小，如图 2-16 所示。

图 2-13　选择图元　　　　　图 2-14　高亮显示　　　　　图 2-15　警告颜色

（2）背景：用于指定临时尺寸标注中的文字背景为透明或不透明，如图 2-17 所示。

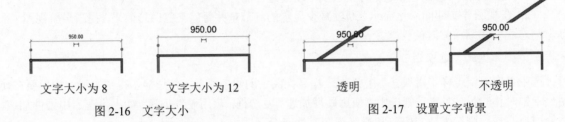

文字大小为 8　　　　　文字大小为 12　　　　　　透明　　　　　　不透明

图 2-16　文字大小　　　　　　　　　　图 2-17　设置文字背景

## 2.1.5　"文件位置"设置

"文件位置"选项卡用来设置 Revit 文件和目录的路径，如图 2-18 所示。

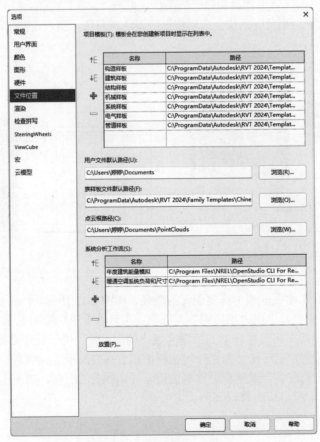

图 2-18　"文件位置"选项卡

（1）项目模板：指定在创建新模型时要在"最近使用的文件"窗口和"新建项目"对话框中列出的样板文件。

（2）用户文件默认路径：指定 Revit 保存到当前文件的默认路径。

（3）族样板文件默认路径：指定样板和库的路径。

（4）点云根路径：指定点云文件的根路径。

（5）系统分析工作流：指定要在"系统分析"对话框中列出以供 OpenStudio 使用的工作流文件。默认文件提供用于"年度建筑能量模拟"和"HVAC 系统负荷和尺寸"。

（6）放置：添加公司专用的第二个库。单击此按钮，打开如图 2-19 所示的"放置"对话框，添加或删除库路径。

图 2-19　"放置"对话框

## 2.1.6　"渲染"设置

"渲染"选项卡提供了有关渲染三维模型时如何访问要使用的图像的信息。在此选项卡中可以指定用于渲染外观的文件路径以及贴花的文件路径。单击"添加值"按钮，添加路径栏，然后输入路径或单击按钮，打开"浏览器文件夹"对话框，设置路径。选择列表中的路径，单击"删除值"按钮，可删除路径。

# 2.2　项　目　设　置

指定用于自定义项目的选项，包括项目单位、材质、填充样式、线样式等。

## 2.2.1　对象样式

可为项目中不同类别和子类别的模型图元、注释图元和导入对象指定线宽、线颜色、线型图案和材质。

（1）单击"管理"选项卡"设置"面板中的"对象样式"按钮，打开"对象样式"对话框，如图 2-20 所示。

（2）在各类别对应的"线宽"栏中可指定投影和截面的线宽度，例如，在投影栏中单击，打开如图 2-21 所示的线宽列表，选择所需的线宽即可。

（3）在"线颜色"列表对应的栏中单击颜色块，打开"颜色"对话框，可选择设置的颜色。

（4）单击对应的"线型图案"栏，打开如图 2-22 所示的线型下拉列表，可选择所需的线型。

（5）单击对应的"材质"栏中的按钮，打开"材质浏览器"对话框，在对话框中可选择族类别的材质，还可以通过修改族的材质类型属性来替换族的材质。

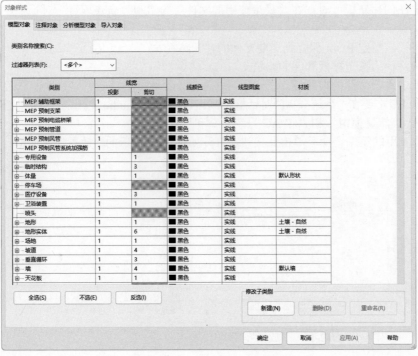

图 2-20 "对象样式"对话框

图 2-21 线宽列表

图 2-22 线型列表

## 2.2.2 捕捉

在放置图元或绘制线（直线、弧线或圆形线）时，Revit 将显示捕捉点和捕捉线以帮助现有的几何图形排列图元、构件或线。

单击"管理"选项卡"设置"面板中的"捕捉"按钮，打开"捕捉"对话框，如图 2-23 所示。通过该对话框可设置捕捉对象以及捕捉增量，对话框中还列出了对象捕捉的键盘快捷键。

（1）关闭捕捉：选中此复选框，禁用所有的捕捉设置。

（2）长度标注捕捉增量：用于在由远到近放大视图时，对基于长度的尺寸标注指定捕捉增量。对于每个捕捉增量集，用分号分隔输入的数值。第一个列出的增量会在缩小时使用。最后一个列出的增量会在放大时使用。

（3）角度尺寸标注捕捉增量：用于在由远到近放大视图时，对角度标注指定捕捉增量。

（4）对象捕捉：分别选中列表中的复选框启动对应的对象捕捉类型，单击"选择全部"按钮，选中全部的对象捕捉类型；单击"放弃全部"按钮，取消选中全部对象捕捉类型。每个捕捉对象后面对应的是键盘快捷键。

图 2-23 "捕捉"对话框

### 2.2.3　项目信息

用于指定项目信息，如项目名称、状态、地址和其他信息。项目信息包含在明细表中，该明细表包含链接模型中的图元信息。还可以用在图纸上的标题栏中。

单击"管理"选项卡"设置"面板中的"项目信息"按钮，可打开"项目信息"对话框，如图 2-24 所示。通过此对话框可以指定项目的"组织名称""组织描述""建筑名称""项目发布日期""项目状态""项目名称"等信息。

### 2.2.4　项目参数

项目参数是定义项目后添加到项目多类别图元中的信息容器。

（1）单击"管理"选项卡"设置"面板中的"项目参数"按钮，可打开"项目参数"对话框，如图 2-25 所示。

图 2-24　"项目信息"对话框

（2）单击"新建参数"按钮，打开如图 2-26 所示的"参数属性"对话框，选中"项目参数"单选按钮，输入项目参数的名称，例如，输入面积，然后选择规程、数据类型、参数分组方式以及类别等，单击"确定"按钮，返回到"项目参数"对话框。

图 2-25　"项目参数"对话框

图 2-26　"参数属性"对话框

（3）将新建的项目参数添加到"项目参数"对话框中。

（4）选择参数，单击"编辑参数"按钮，打开"参数属性"对话框，可以在对话框中对参数属性进行修改。

（5）选择不需要的参数，单击"删除参数"按钮，打开如图 2-27 所示的"删除参数"提示对话框，提示删除选择的参数

图 2-27　"删除参数"提示对话框

将会丢失与之关联的所有数据。

## 2.2.5 全局参数

（1）单击"管理"选项卡"设置"面板中的"全局参数"按钮，打开"全局参数"对话框，如图 2-28 所示。

"全局参数"对话框中的选项说明如下。

- ☑ 编辑全局参数 ✎：单击此按钮，打开"全局参数属性"对话框，更改参数的属性。
- ☑ 新建全局参数 ▤：单击此按钮，打开"全局参数属性"对话框，新建一个全局参数。
- ☑ 删除全局参数 ▤：用于删除选定的全局参数。如果要删除的参数同时用于另一个参数的公式中，则该公式也将被删除。
- ☑ 上移全局参数 ▤：将选中的参数上移一行。
- ☑ 下移全局参数 ▤：将选中的参数下移一行。
- ☑ 按升序排序全局参数 ▤：参数列表按字母顺序排序。
- ☑ 按降序排序全局参数 ▤：参数列表按字母逆序排序。

图 2-28　"全局参数"对话框

（2）单击"新建全局参数"按钮 ▤，打开"全局参数属性"对话框，可以设置参数名称、规程、参数类型、参数分组方式，如图 2-29 所示。设置完成后单击"确定"按钮。

（3）返回到"全局参数"对话框中，设置参数对应的值和公式，如图 2-30 所示。

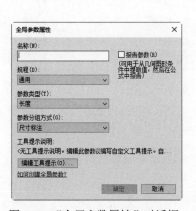

图 2-29　"全局参数属性"对话框

图 2-30　设置全局参数

## 2.2.6 项目单位

可以指定项目中各种数量的显示格式。指定的格式将影响数量在屏幕上和打印输出的外观。可以对用于报告或演示目的的数据进行格式设置。

（1）单击"管理"选项卡"设置"面板中的"项目单位"按钮 ▤，打开"项目单位"对话框，如图 2-31 所示。

（2）在对话框中选择规程。

（3）单击格式列表中的值按钮，打开如图 2-32 所示的"格式"对话框，在该对话框中可以设置各种类型的单位格式。

图 2-31 "项目单位"对话框

图 2-32 "格式"对话框

Note

"格式"对话框中的选项说明如下。

☑ 单位：在此下拉列表中选择对应的单位。

☑ 舍入：在此列表中选择一个合适的值，如果选择"自定义"，则在"舍入增量"文本框中输入值。

☑ 单位符号：在此列表中选择合适的选项作为单位的符号。

☑ 消除后续零：选中此复选框，将不显示后续零，例如，123.400 将显示为 123.4。

☑ 消除零英尺：选中此复选框，将不显示零英尺，例如，0'-4"将显示为 4"。

☑ 正值显示"+"：选中此复选框，将在正数前面添加"+"号。

☑ 使用数位分组：选中此复选框，则"项目单位"对话框中的"小数点/数位分组"选项将应用于单位值。

☑ 消除空格：选中此复选框，将消除英尺和分式英寸两侧的空格。

（4）单击"确定"按钮，完成项目单位的设置。

## 2.2.7 材质

材质可应用于建筑模型的图元中。材质可控制模型图元在视图和渲染图像中的显示方式，如图 2-33 所示。

图 2-33 不同的材质

单击"管理"选项卡"设置"面板中的"材质"按钮◎，打开"材质浏览器"对话框，如图2-34所示。

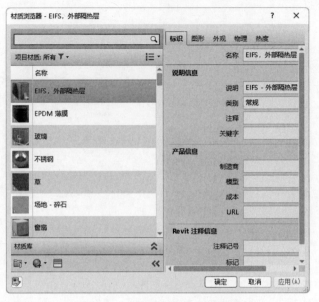

图2-34 "材质浏览器"对话框

"材质浏览器"对话框中的选项说明如下。

1."标识"选项卡

此选项卡提供了有关材质的常规信息，如说明、制造商和成本数据等。

（1）在"材质浏览器"对话框中选择要更改的材质，然后单击"标识"选项卡，如图2-35所示。

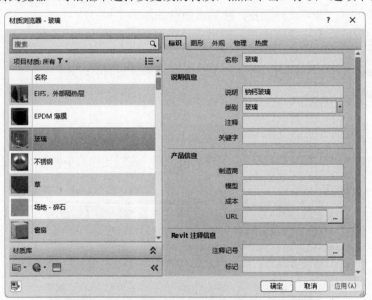

图2-35 "标识"选项卡

（2）更改材质的说明信息、产品信息以及 Revit 注释信息。

（3）单击"应用"按钮，保存对材质常规信息的更改。

2."图形"选项卡

（1）在"材质浏览器"对话框中选择要更改的材质，然后单击"图形"选项卡。

（2）选中"使用渲染外观"复选框，将使用渲染外观表示着色视图中的材质，单击颜色色块，打开"颜色"对话框，选择着色的颜色，可以直接输入透明度的值，也可以拖动滑块到所需的位置。

（3）单击"表面填充图案"下的"图案"右侧区域，打开如图 2-36 所示的"填充样式"对话框，在列表中选择一种填充图案。单击"颜色"色块，打开"颜色"对话框，选择颜色，用于绘制表面填充图案的颜色。单击"纹理对齐"按钮 ，打开"将渲染外观与表面填充图案对齐"对话框，将外观纹理与材质的表面填充图案对齐。

（4）单击"截面填充图案"下的"填充图案"，打开如图 2-36 所示的"填充样式"对话框，在列表中选择一种填充图案作为截面的填充图案。单击"颜色"色块，打开"颜色"对话框，选择颜色，用于绘制截面填充图案的颜色。

（5）单击"应用"按钮，保存对材质图形属性的更改。

3."外观"选项卡

（1）在"材质浏览器"对话框中选择要更改的材质，然后单击"外观"选项卡，如图 2-37 所示。

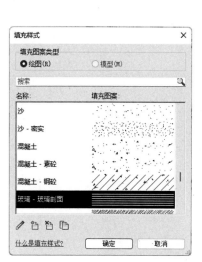

图 2-36 "填充样式"对话框

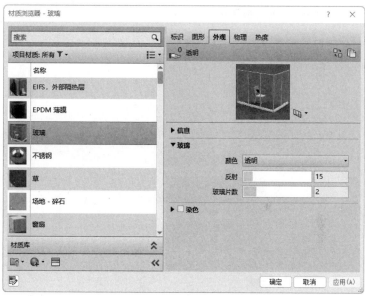

图 2-37 "外观"选项卡

（2）单击样例图像旁边的下拉箭头，选择"场景"，然后从列表中选择所需设置，如图 2-38 所示。该预览是材质的渲染图像。Revit 在渲染预览场景时，更新预览需要花费一段时间。

（3）分别设置墙漆的颜色、表面处理来更改外观属性。

（4）单击"应用"按钮，保存对材质外观的更改。

4."物理"选项卡

（1）在"材质浏览器"对话框中选择要更改的材质，单击"物理"选项卡，如图 2-39 所示。如果选择的材质没有"物理"选项卡，表示物理资源尚未添加到此材质中。

（2）单击属性类别左侧的三角形以显示属性及其设置。

（3）更改其信息、密度等为所需的值。

图 2-38　设置样例图样

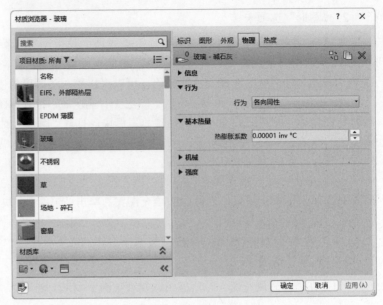

图 2-39　"物理"选项卡

（4）单击"应用"按钮，保存对材质物理属性的更改。

5. "热度"选项卡

（1）在"材质浏览器"对话框中选择要更改的材质，单击"热度"选项卡，如图 2-40 所示。

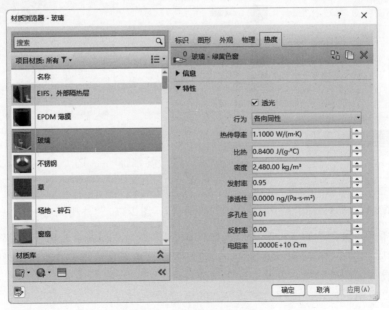

图 2-40　"热度"选项卡

如果选择的材质没有"热度"选项卡，表示热资源尚未添加到此材质。

（2）单击属性类别左侧的三角形以显示属性及其设置。

（3）更改材质的比热、密度、发射率、渗透性等特性。

（4）单击"应用"按钮，保存对材质属性的更改。

# 2.3 图 形 设 置

本节将介绍图形的显示设置、视图样板、图形的可见性以及过滤器等。

## 2.3.1 图形显示设置

单击"视图"选项卡"图形"面板中的"图形显示选项"按钮，打开"图形显示选项"对话框，如图 2-41 所示。

1. "模型显示"选项组

☑ 样式：设置视图的视觉样式，包括"线框""隐藏线""着色""一致的颜色"和"真实"5 种视觉样式。

➢ 显示边缘：选中此复选框将在视图中显示边缘上的线。

➢ 使用反失真平滑线条：选中此复选框，可提高视图中线的质量，使边显得更平滑。

☑ 透明度：移动滑块可更改模型的透明度，也可以直接输入值。

☑ 轮廓：从列表中选择线样式为轮廓线。

2. "阴影"选项组

选中"投射阴影"或"显示环境阴影"复选框以管理视图中的阴影。

3. "勾绘线"选项组

☑ 启用勾绘线：选中此复选框，将启用当前视图的勾绘线。

☑ 抖动：移动滑块更改绘制线中的可变形程度，也可以直接输入 0～10 的数值。值为 0 时，将导致直线不具有手绘图形样式；值为 10 时，将导致每个模型线都具有包含高坡度的多个绘制线。

☑ 延伸：移动滑块更改模型线端点延伸超越交点的距离，也可以直接输入 0～10 的数值。值为 0 时，将导致线与交点相交；值为 10 时，将导致线延伸到交点的范围之外。

4. "深度提示"选项组

☑ 显示深度：选中此复选框，将启用当前视图的深度提示。

☑ 淡入开始/结束位置：移动双滑块开始和结束控件以指定渐变色效果边界。"近"和"远"值代表距离前/后视图剪裁平面百分比。

☑ 淡出限值：移动滑块指定"远"位置图元的强度。

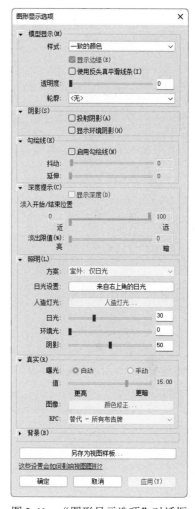

图 2-41　"图形显示选项"对话框

5. "照明"选项组

☑ 方案：从室内和室外日光以及人造光组合中选择方案。

☑ 日光设置：单击此按钮，打开"日光设置"对话框，为重要日期和时间预定义的日光设置进行选择。

☑ 人造灯光：在"真实"视图中将被提供，当将"方案"设置为人造光时，添加和编辑灯光组。

☑ 日光：移动滑块可调整直接光的亮度，也可以直接输入 0～100 的数值。

☑ 环境光：移动滑块可调整漫射光的亮度，也可以直接输入 0～100 的数值。在着色视觉样式、立面、图纸和剖面中可用。

☑ 阴影：移动滑块可调整阴影的暗度，也可以直接输入 0～100 的数值。

6. "真实"选项组

☑ 曝光：可以手动或自动方式调整曝光度。

☑ 值：根据需要在 0～21 移动滑块调整曝光值。接近 0 的值会减少高光细节（曝光过度），接近 21 的值会减少阴影细节（曝光不足）。

☑ 图像：调整高光、阴影强度、颜色饱和度及白点值。

☑ RPC：设置布告牌的替代方式。

7. 背景

在"背景"下拉列表中选择背景样式，然后对背景进行设置。

8. 另存为视图样板

单击此按钮，打开"新视图样板"对话框，输入名称，单击"确定"按钮，打开"视图样板"对话框，设置样板以备将来使用。

## 2.3.2 视图样板

1. 管理视图样板

单击"视图"选项卡"图形"面板中"视图样板"  下拉列表中的"管理视图样板"按钮 🔧，打开如图 2-42 所示的"视图样板"对话框。

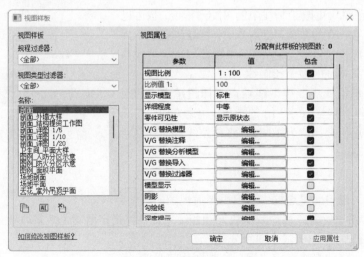

图 2-42 "视图样板"对话框

"视图样板"对话框中的选项说明如下。

☑ 视图比例：在对应的值文本框中单击，打开下拉列表，选择视图比例，也可以直接输入比例值。

☑ 比例值 1：：指定来自视图比例的比率，例如，如果设置视图比例为 1∶100，则比例值为长宽比为 100/1 或 100。

☑ 显示模型：在详图中隐藏模型，包括"标准""不显示"和"半色调"3 种。

➢ 标准：设置显示所有图元。该值适用于所有非详图视图。

➢ 不显示：设置只显示详图视图专有图元，这些图元包括线、区域、尺寸标注、文字和符号。

➢ 半色调：设置通常显示详图视图特定的所有图元，而模型图元以半色调显示。可以使用半色调模型图元作为线、尺寸标注和对齐的追踪参照。

☑ 详细程度：设置视图显示的详细程度，包括"粗略""中等"和"精细"3 种。也可以直接在视图控制栏中更改详细程度。

☑ 零件可见性：指定是否在特定视图中显示零件以及用来创建它们的图元，包括"显示零件""显示原状态"和"显示两者"3 种。

➢ 显示零件：各个零件在视图中可见，当光标移动到这些零件上时，它们将高亮显示。从中创建零件的原始图元不可见且无法高亮显示或选择。

➢ 显示原状态：各个零件不可见，但用来创建零件的图元是可见并且可以选择。

➢ 显示两者：零件和原始图元均可见，并能够单独高亮显示和选择。

☑ V/G 替换模型（/注释/分析模型/导入/过滤器/工作集/设计选项）：分别定义模型/注释/分析模型/导入类别/过滤器/工作集/设计选项的可见性/图形替换，单击"编辑"按钮，可打开"可见性/图形替换"对话框进行设置。

☑ 模型显示：定义表面（视觉样式，如线框、隐藏线等）、透明度和轮廓的模型显示选项。单击"编辑"按钮，可打开"图形显示选项"对话框进行设置。

☑ 阴影：设置视图中的阴影。

☑ 勾绘线：设置视图中的勾绘线。

☑ 深度提示：定义立面和剖面视图中的深度提示。

☑ 照明：定义照明设置，包括"照明方法""日光设置""人造灯光""日光梁""环境光"和"阴影"。

☑ 摄影曝光：设置曝光参数来渲染图像，适用在三维视图中。

☑ 背景：指定图形的背景，包括"天空""渐变色"和"图像"，适用在三维视图中。

☑ 远剪裁：对于立面和剖面图形，指定远剪裁平面设置。单击对应的"远剪裁"按钮，打开如图 2-43 所示的"远剪裁"对话框，设置剪裁的方式。

☑ 阶段过滤器：将阶段属性应用于视图。

☑ 规程：确定非承重墙的可见性和规程特定的注释符号。

☑ 显示隐藏线：设置隐藏线是"按照规程""全部显示"还是"不显示"。

☑ 颜色方案位置：指定是否将颜色方案应用于背景或前景。

☑ 颜色方案：指定应用到视图中的房间、面积、空间或分区的颜色方案。

图 2-43 "远剪裁"对话框

## 2. 从当前视图创建样板

可通过复制现有的视图样板，并进行必要的修改来创建新的视图样板。

（1）打开一个项目文件，在项目浏览器中，选择要从中创建视图样板的视图。

（2）单击"视图"选项卡"图形"面板中"视图样板" 下拉列表中的"从当前视图创建样板"按钮，打开"新视图样板"对话框，输入"名称"为"新样板"，如图2-44所示。

图2-44　"新视图样板"对话框

（3）单击"确定"按钮，打开"视图样板"对话框，对新建的样板设置属性值。

（4）设置完成后，单击"确定"按钮，完成新样板的创建。

**3．将样板属性应用于当前视图**

将视图样板应用到视图时，视图样板属性会立即影响视图。但是，以后对视图样板所做的修改不会影响该视图。

（1）打开一个项目文件，在项目浏览器中，选择要应用视图样板的视图。

（2）单击"视图"选项卡"图形"面板中"视图样板" 下拉列表中的"将样板属性应用于当前视图"按钮，打开"应用视图样板"对话框，如图2-45所示。

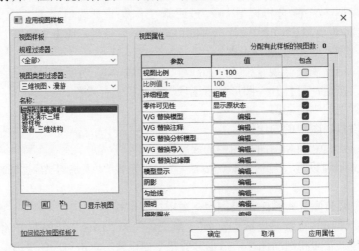

图2-45　"应用视图样板"对话框

（3）在"名称"列表中选择要应用的视图样板，还可以根据需要修改视图样板。

（4）单击"确定"按钮，视图样板的属性将应用于选定的视图。

## 2.3.3　可见性/图形

控制项目中各个视图的模型图元、基准图元和视图专有图元的可见性和图形显示。

单击"视图"选项卡"图形"面板中的"可见性/图形"按钮，打开"可见性/图形替换"对话框，如图2-46所示。

对话框中的选项卡可将类别分为"模型类别""注释类别""分析模型类别""导入的类别"和"过滤器"。每个选项卡下的类别表可按规程进一步过滤为"建筑""结构""机械""电气"和"管道"。

在相应选项卡的可见性列表框中取消选中对应的复选框，可使其在视图中不显示。

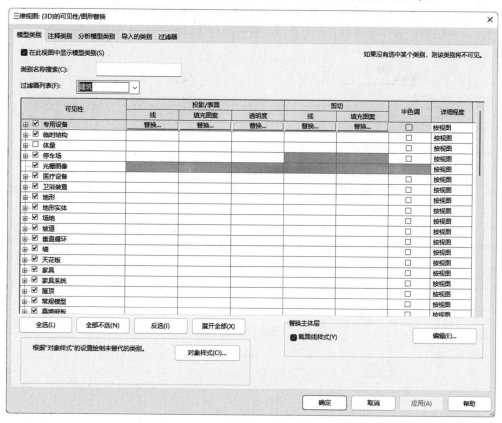

图 2-46　"可见性/图形替换"对话框

## 2.3.4　过滤器

若要基于参数值控制视图中图元的可见性或图形显示，则创建可基于类别参数定义规则的过滤器。

（1）单击"视图"选项卡"图形"面板中的"过滤器"按钮，打开"过滤器"对话框，如图 2-47 所示。对话框中按字母顺序列出了过滤器并按基于规则和基于选择的树状结构为过滤器排序。

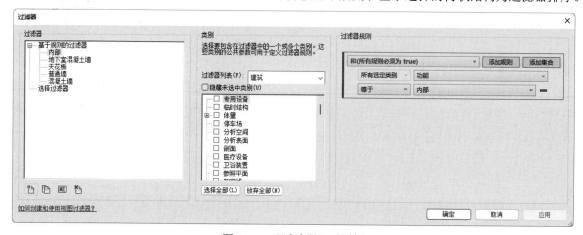

图 2-47　"过滤器"对话框

（2）单击"新建"按钮，打开如图 2-48 所示的"过滤器名称"对话框，输入过滤器名称。

（3）选取过滤器，单击"复制"按钮，复制的新过滤器将显示在"过滤器"列表中。然后单击"重命名"按钮，打开"重命名"对话框，输入新名称，如图 2-49 所示，单击"确定"按钮。

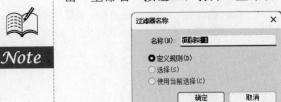

图 2-48　"过滤器名称"对话框

图 2-49　"重命名"对话框

（4）在"类别"中选择包含在过滤器中的一个或多个类别。选定类别确定可用于过滤器规则中的参数。

（5）在"过滤器规则"中选择过滤器条件，过滤器运算符等根据需要输入，最多可以添加 3 个条件。

（6）在操作符下拉列表中选择过滤器的运算符，包括"等于""不等于""大于""大于"或"等于""小于""小于"或"等于""包含""不包含""开始部分是""开始部分不是""末尾是""末尾不是""有一个值"和"没有值"。

（7）完成过滤器条件的创建后单击"确定"按钮。

# 第**3**章

# 基本绘图工具

### 知识导引

　　Revit 提供了丰富的实体操作工具，如工作平面、模型修改以及几何图形的编辑等，借助这些工具，用户可轻松、方便、快捷地绘制图形。本章主要介绍工作平面、模型创建和图元修改等。

- ☑ 工作平面
- ☑ 图元修改
- ☑ 模型创建
- ☑ 图元组

## 任务驱动&项目案例

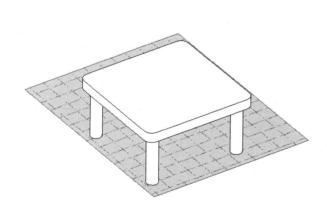

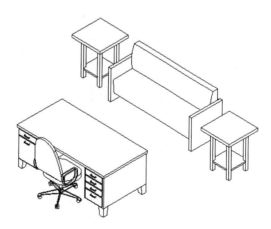

# 3.1 工 作 平 面

工作平面是一个用作视图或绘制图元起始位置的虚拟二维表面。工作平面可以作为视图的原点，可以用来绘制图元，还可以用于放置基于工作平面的构件。

## 3.1.1 设置工作平面

每个视图都与工作平面相关联。在视图中设置工作平面时，则工作平面与该视图一起保存。

在某些视图（如平面视图、三维视图和绘图视图）以及族编辑器的视图中，工作平面是自动设置的。在其他视图（如立面视图和剖面视图）中，则必须设置工作平面。

单击"建筑"选项卡"工作平面"面板中的"设置"按钮，打开如图 3-1 所示的"工作平面"对话框，使用该对话框可以显示或更改视图的工作平面，也可以显示、设置、更改或取消关联基于工作平面图元的工作平面。

（1）名称：从列表中选择一个可用的工作平面。此列表中包括标高、网格和已命名的参照平面。

（2）拾取平面：选择此选项，可以选择任何可以进行尺寸标注的平面，包括墙面、链接模型中的面、拉伸面、标高、网格和参照平面为所需平面，Revit 会创建与所选平面重合的平面。

（3）拾取线并使用绘制该线的工作平面：Revit 会创建与选定线的工作平面共面的工作平面。

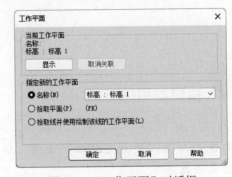

图 3-1 "工作平面"对话框

## 3.1.2 显示工作平面

在视图中显示或隐藏活动的工作平面，工作平面在视图中以网格显示。

单击"建筑"选项卡"工作平面"面板中的"显示工作平面"按钮，即可显示工作平面，如图 3-2 所示。再次单击"显示工作平面"按钮，则隐藏工作平面。

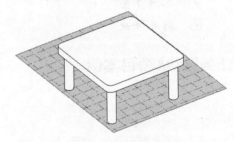

图 3-2 显示工作平面

## 3.1.3 工作平面查看器

使用"工作平面查看器"可以修改模型中基于工作平面的图元。工作平面查看器提供了一个临时性的视图，不会保留在"项目浏览器"中。对于编辑形状、放样和放样融合中的轮廓非常有用。

# 3.2 模 型 创 建

## 3.2.1 模型线

模型线是基于工作平面的图元，存在于三维空间且在所有视图中都可见。可以将模型线绘制成直线或曲线，可以单独绘制、链状绘制或者以矩形、圆形、椭圆形或其他多边形的形状进行绘制。

单击"建筑"选项卡"模型"面板上的"模型线"按钮，打开"修改|放置线"选项卡，其中"绘制"面板和"线样式"面板中包含了所有用于绘制模型线的绘图工具与线样式设置，如图3-3所示。

图 3-3　"绘制"面板和"线样式"面板

### 1. 直线

（1）单击"修改|放置线"选项卡"绘制"面板中的"直线"按钮，鼠标指针变成十形状，并在功能区的下方显示选项栏，如图3-4所示。

图 3-4　选项栏

（2）在视图区指定直线的起点，按住鼠标左键并拖动，直到直线终点，放开鼠标。将在视图中绘制显示直线的参数，如图3-5所示。

（3）可以直接输入直线的参数，按 Enter 键确认，如图3-6所示。

☑　放置平面：显示当前的工作平面，可以从列表中选择标高或拾取新工作平面为工作平面。

☑　链：选中此复选框，可绘制连续线段。

☑　偏移：在文本框中输入偏移值，绘制的直线将根据输入的偏移值自动偏移轨迹线。

☑　半径：选中此复选框，并输入半径值。绘制的直线之间会根据半径值自动生成圆角。若要使用此选项，必须先选中"链"复选框，绘制连续曲线后才能绘制圆角。

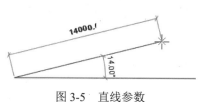

图 3-5　直线参数

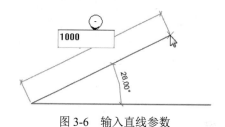

图 3-6　输入直线参数

### 2. 矩形

根据起点和角点绘制矩形。

（1）单击"修改|放置线"选项卡"绘制"面板上的"矩形"按钮，在图中适当位置单击，确定矩形的起点。

（2）拖动鼠标，将动态显示矩形的大小，单击以确定矩形的角点，也可以直接输入矩形的尺寸值。

（3）在选项栏中选中半径，输入半径值，可绘制带圆角的矩形，如图3-7所示。

图 3-7　带圆角的矩形

### 3. 多边形

（1）内接多边形

对于内接多边形，圆的半径是圆心到多边形边之间直线的距离。

① 单击"修改|放置线"选项卡"绘制"面板上的"内接多边形"按钮，打开选项栏，如图3-8所示。

| 修改 \| 放置 线 | 放置平面: 标高 : 标高 1 ⌄ | ☑链 边: 6 | 偏移: 0.0 | ☐半径: 1000.0 |

图 3-8　多边形选项栏

② 在选项栏中输入边数、偏移值以及半径等参数。

③ 在绘图区域内单击以指定多边形的圆心。

④ 移动光标并单击，确定圆心到多边形边之间顶点的距离，完成内接多边形的绘制。

（2）外接多边形

用于绘制一个各边与中心相距某个特定距离的多边形。

① 单击"修改|放置线"选项卡"绘制"面板上的"外接多边形"按钮⬡，打开选项栏，如图 3-8 所示。

② 在选项栏中输入边数、偏移值以及半径等参数。

③ 在绘图区域内单击以指定多边形的圆心。

④ 移动光标并单击，确定圆心到多边形边的垂直距离，完成外接多边形的绘制。

### 4．圆

通过指定圆形的中心点和半径来绘制圆形。

（1）单击"修改|放置线"选项卡"绘制"面板上的"圆"按钮⊙，打开选项栏，如图 3-9 所示。

| 修改 \| 放置 线 | 放置平面: 标高 : 标高 1 ⌄ | ☑链 | 偏移: 0.0 | ☐半径: 1000.0 |

图 3-9　圆选项栏

（2）在绘图区域中单击，确定圆的圆心。

（3）在选项栏中输入半径，仅需要单击一次就可将圆形放置在绘图区域。

（4）如果在选项栏中没有确定半径，可以拖动鼠标调整圆的半径，再次单击以确认半径，完成圆的绘制。

### 5．圆弧

Revit 提供了 4 种用于绘制弧的选项。

（1）起点-终点-半径弧：通过绘制连接弧的两个端点的弦指定起点-终点-半径弧，然后使用第三个点指定角度或半径。

（2）圆心-端点弧：通过指定圆心、起点和端点绘制圆弧。此方法不能绘制角度大于 180 度的圆弧。

（3）相切-端点弧：从现有墙或线的端点创建相切弧。

（4）圆角弧：绘制两相交直线间的圆角。

### 6．椭圆和椭圆弧

（1）椭圆：通过中心点、长半轴和短半轴来绘制椭圆。

（2）半椭圆：通过长半轴和短半轴来控制半椭圆的大小。

### 7．样条曲线

用于绘制一条经过或靠近指定点的平滑曲线。

（1）单击"修改|放置线"选项卡"绘制"面板上的"样条曲线"按钮，打开选项栏。

（2）在绘图区域中单击，指定样条曲线的起点。

（3）移动光标并单击，指定样条曲线上的下一个控制点，根据需要指定控制点。

用一条样条曲线无法创建单一闭合环，不过，可以使用第二条样条曲线来使曲线闭合。

## 3.2.2　模型文字

模型文字是基于工作平面的三维图元，可用于绘制建筑或墙上的标志或字母。对于能以三维方式显示的族（如墙、门、窗和家具族），可以在项目视图和族编辑器中添加模型文字。模型文字不可用于只能以二维方式表示的族，如注释、详图构件和轮廓族。

在添加模型文字之前首先设置要在其中显示文字的工作平面。

### 1.　创建模型文字

具体操作步骤如下。

（1）在图形区域中绘制一段墙体。

（2）单击"建筑"选项卡"工作平面"面板中的"设置"按钮，打开"工作平面"对话框，选中"拾取平面"单选按钮，如图 3-10 所示。单击"确定"按钮，选择墙体的前端面为工作平面，如图 3-11 所示。

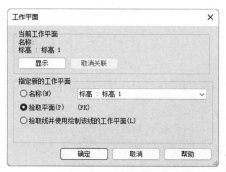

图 3-10　"工作平面"对话框　　　　　　图 3-11　选取前端面

（3）单击"建筑"选项卡"模型"面板中的"模型文字"按钮，打开"编辑文字"对话框，输入"Revit 2024"文字，如图 3-12 所示，单击"确定"按钮。

图 3-12　"编辑文字"对话框

（4）拖曳模型文字，将其放置在选取的平面上，如图 3-13 所示。

（5）将文字放置到墙上适当位置并单击，如图 3-14 所示。

### 2.　编辑模型文字

（1）选中图 3-14 中的文字，在"属性"选项板中更改文字"深度"为 200，单击"应用"按钮，更改文字深度，如图 3-15 所示。

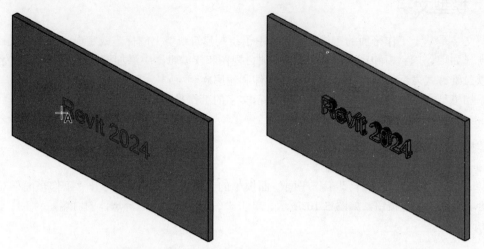

图 3-13　放置文字　　　　　　　　　　　　图 3-14　模型文字

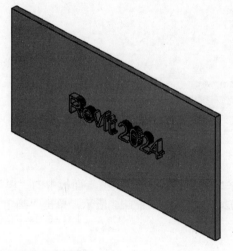

图 3-15　更改文字深度

- ☑ 工作平面：表示用于放置文字的工作平面。
- ☑ 文字：单击此文本框中的"编辑"按钮 ，打开"编辑文字"对话框，更改文字。
- ☑ 水平对齐：指定存在多行文字时文字的对齐方式，各行之间相互对齐。
- ☑ 材质：单击 按钮，打开"材质浏览器"对话框，指定模型文字的材质。
- ☑ 深度：输入文字的深度。
- ☑ 注释：有关文字的特定注释。
- ☑ 标记：指定某一类别模型文字的标记，如果将此标记修改为其他模型文字已使用的标记，则 Revit 将发出警告，但仍允许使用此标记。
- ☑ 子类别：显示默认类别或从下拉列表中选择子类别。定义子类别的对象样式时，可以定义其颜色、线宽以及其他属性。

（2）单击"属性"选项板中的"编辑类型"按钮 编辑类型，打开如图 3-16 所示的"类型属性"对话框，单击"复制"按钮，打开"名称"对话框，输入"名称"为"1000 mm 仿宋"，如图 3-17 所示。单击"确定"按钮，返回到"类型属性"对话框，在"文字字体"下拉列表中选择"仿宋"，更改"文字大小"为 1000，选中"斜体"复选框，如图 3-18 所示，单击"确定"按钮，完成文字字体和大小的更改，如图 3-19 所示。

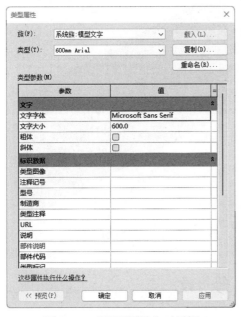

图 3-16 "类型属性"对话框

图 3-17 输入新名称

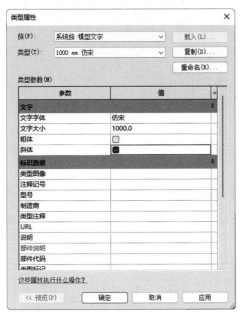

图 3-18 文字属性设置

图 3-19 更改文字字体和大小

☑ 文字字体：设置模型文字的字体。

☑ 文字大小：设置文字大小。

☑ 粗体：将文字字体设置为粗体。

☑ 斜体：将文字字体设置为斜体。

（3）选中文字，按住鼠标左键拖动文字，如图 3-20 所示，将其拖动到墙体中间位置，然后释放鼠标，完成文字的移动，如图 3-21 所示。

图 3-20　拖动文字　　　　　　　　　　　　　图 3-21　移动文字

# 3.3　图元修改

Revit 提供了图元的修改和编辑工具，主要集中在"修改"选项卡中，如图 3-22 所示。

图 3-22　"修改"选项卡

当选择要修改的图元后，会打开"修改|××"选项卡，选择的图元不同，打开的"修改|××"选项卡也会有所不同，但是"修改"面板中的操作工具是相同的。

## 3.3.1　对齐图元

可以将一个或多个图元与选定图元对齐。此工具通常用于对齐墙、梁和线，但也可以用于其他类型的图元。可以对齐同一类型的图元，也可以对齐不同族的图元。可以在平面视图（二维）、三维视图或立面视图中对齐图元。

具体操作步骤如下。

（1）单击"修改"选项卡"修改"面板中的"对齐"按钮，打开"对齐"选项栏，如图 3-23 所示。

☑　多重对齐：选中此复选框，将多个图元与所选图元对齐，也可以按 Ctrl 键的同时选择多个图元进行对齐。

图 3-23　对齐选项栏

☑　首选：指明将如何对齐所选墙，包括参照"墙面""墙中心线""核心层表面""核心层中心"。

（2）选择要与其他图元对齐的图元，如图 3-24 所示。

（3）选择要与参照图元对齐的一个或多个图元，如图 3-25 所示。在选择之前，将鼠标在图元上移动，直到高亮显示要与参照图元对齐的图元部分时为止，然后单击该图元，对齐图元，如图 3-26 所示。

<table>
<tr><td>图 3-24　选取要对齐的图元</td><td>图 3-25　选取参照图元</td></tr>
</table>

（4）如果希望选定图元与参照图元保持对齐状态，单击锁定标记来锁定对齐，当修改具有对齐关系的图元时，系统会自动修改与之对齐的其他图元，如图 3-27 所示。

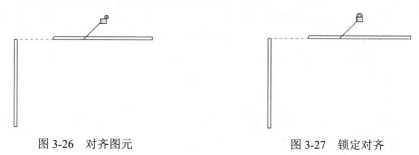

<table>
<tr><td>图 3-26　对齐图元</td><td>图 3-27　锁定对齐</td></tr>
</table>

注意：要启动新对齐，按Esc键一次，要退出对齐工具，按Esc键两次。

## 3.3.2　移动图元

将选定的图元移动到新的位置，具体操作步骤如下。

（1）选择要移动的图元，如图 3-28 所示。

（2）单击"修改"选项卡"修改"面板中的"移动"按钮✛，打开移动选项栏，如图 3-29 所示。

修改 | 墙　□约束　□分开　□多个

<table>
<tr><td>图 3-28　选择图元</td><td>图 3-29　移动选项栏</td></tr>
</table>

☑　约束：选中此复选框，将限制图元沿着与其垂直或共线的矢量方向的移动。

☑　分开：选中此复选框，可在移动前中断所选图元和其他图元之间的关联，也可以将依赖于主体的图元从当前主体移动到新的主体上。

（3）单击图元上的点作为移动的起点，如图 3-30 所示。

（4）移动鼠标，将图元移动到适当位置，如图 3-31 所示。

（5）单击，完成移动操作，如图 3-32 所示。如果要更精准地移动图元，在移动过程中输入要移动的距离即可。

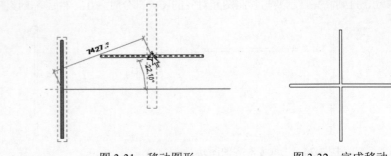

图 3-30　指定起点　　　　　　　图 3-31　移动图形　　　　　　　图 3-32　完成移动

### 3.3.3　旋转图元

用来绕轴旋转选定的图元。在楼层平面视图、天花板投影平面视图、立面视图和剖面视图中，图元会围绕垂直于这些视图的轴进行旋转。并不是所有图元均可以围绕任何轴旋转，例如，墙不能在立面视图中旋转，窗不能在没有墙的情况下旋转。

具体操作步骤如下。

（1）选择要旋转的图元，如图 3-33 所示。

（2）单击"修改"选项卡"修改"面板中的"旋转"按钮 ⟲，打开旋转选项栏，如图 3-34 所示。

图 3-33　选择图元　　　　　　　　　　　图 3-34　旋转选项栏

☑　分开：选中此复选框，可在旋转前中断所选图元和其他图元之间的关联。

☑　复制：选中此复选框，旋转所选图元的副本，而在原来位置上保留原始对象。

☑　角度：输入旋转角度，系统会根据指定的角度执行旋转。

☑　旋转中心：默认的旋转中心是图元中心，可以单击"地点"按钮 地点，指定新的旋转中心。

（3）单击以指定旋转的开始位置放射线，如图 3-35 所示。此时显示的线即表示第一条放射线。如果在指定第一条放射线时光标进行捕捉，则捕捉线将随预览框一起旋转，并在放置第二条放射线时捕捉屏幕上的角度。

（4）移动鼠标，旋转图元到适当位置，如图 3-36 所示。

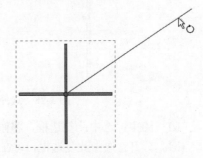

图 3-35　指定旋转的开始位置

（5）单击，完成旋转操作，如图 3-37 所示，如果要更精准地旋转图元，在旋转过程中输入要旋转的角度即可。

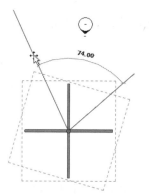

图 3-36 旋转图元

图 3-37 旋转图元

## 3.3.4 偏移图元

将选定的图元，如线、墙或梁复制移动到其长度的垂直方向上的指定距离处。可以对单个图元或属于相同族的图元链应用偏移工具。可以通过拖曳选定图元或输入值来指定偏移距离。

偏移工具的使用限制条件如下。

（1）只能在线、梁和支撑的工作平面中偏移它们。

（2）不能对创建为内建族的墙进行偏移。

（3）不能在与图元的移动平面相垂直的视图中偏移这些图元，例如，不能在立面图中偏移墙。

具体操作步骤如下。

（1）单击"修改"选项卡"修改"面板中的"偏移"按钮⊆，打开选项栏，如图 3-38 所示。

图 3-38 偏移选项栏

☑ 图形方式：选中此单选按钮，将选定图元拖曳到所需位置。

☑ 数值方式：选中此单选按钮，在"偏移"文本框中输入偏移距离值，距离值为正数值。

☑ 复制：选中此复选框，将偏移所选图元的副本，而在原来位置上保留原始对象。

（2）在选项栏中选择偏移距离的方式。

（3）选择要偏移的图元或链，如果选择"数值方式"选项指定了偏移距离，则将在放置光标的一侧，离高亮显示图元指定偏移距离的地方，显示一条预览线，如图 3-39 所示。

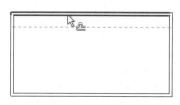

鼠标在墙的内部

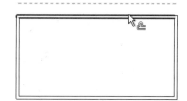

鼠标在墙的外部

图 3-39 偏移方向

（4）根据需要移动光标，以便在所需偏移位置显示预览线，然后单击，将图元或链移动到该位置，或在那里放置一个副本。

（5）如果选择"图形方式"选项，则单击以选择高亮显示的图元，然后将其拖曳到所需距离并再次单击。开始拖曳后，将显示一个关联尺寸标注，可以输入特定的偏移距离。

## 3.3.5　镜像图元

Revit移动或复制所选图元，并将其位置反转到所选轴线的对面。

**1. 镜像-拾取轴**

通过已有轴来镜像图元。

具体操作步骤如下。

（1）选择要镜像的图元，如图3-40所示。

（2）单击"修改"选项卡"修改"面板中的"镜像-绘制轴"按钮，打开选项栏，如图3-41所示。

☑　复制：选中此复选框，将镜像所选图元的副本，而在原来位置上保留原始对象。

（3）选择代表镜像轴的线，如图3-42所示。

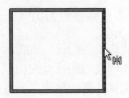

图3-40　选择图元　　　　　　图3-41　镜像选项栏　　　　　图3-42　选取镜像轴线

（4）单击完成镜像操作，如图3-43所示。

**2. 镜像-绘制轴**

绘制一条临时镜像轴线来镜像图元。

具体操作步骤如下。

（1）选择要镜像的图元，如图3-44所示。

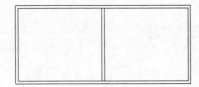

图3-43　镜像图元　　　　　　　　　　　图3-44　选择图元

（2）单击"修改"选项卡"修改"面板中的"镜像-拾取轴"按钮，打开选项栏，如图3-45所示。

（3）绘制一条临时镜像轴线，如图3-46所示。

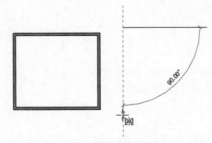

图3-45　镜像选项栏　　　　　　　　　图3-46　绘制镜像轴

（4）单击以完成镜像操作，如图3-47所示。

图 3-47　完成镜像

## 3.3.6　阵列图元

使用阵列工具可以创建一个或多个图元的多个实例，并同时对这些实例执行操作。

1．线性阵列

可以指定阵列中的图元之间的距离。

具体操作步骤如下。

（1）单击"修改"选项卡"修改"面板中的"阵列"按钮🔲，选择要阵列的图元，按 Enter 键，打开选项栏，单击"线性"按钮🔲，如图 3-48 所示。

图 3-48　线性阵列选项栏

☑　成组并关联：选中此复选框，将阵列的每个成员包括在一个组中。如果未选中此复选框，则阵列后，每个副本都独立于其他副本。

☑　项目数：指定阵列中所有选定图元的副本总数。

☑　移动到：成员之间间距的控制方法。

☑　第二个：指定阵列每个成员之间的间距，如图 3-49 所示。

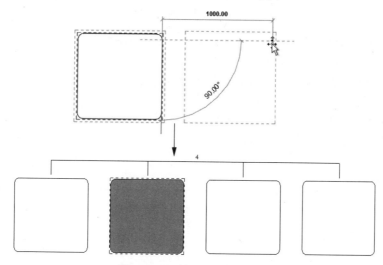

图 3-49　设置第二个成员间距

☑　最后一个：指定阵列中第一个成员到最后一个成员之间的间距。阵列成员会在第一个成员和最后一个成员之间以相等间距分布，如图 3-50 所示。

☑　约束：选中此复选框，用于限制阵列成员沿着与所选的图元垂直或共线的矢量方向移动。

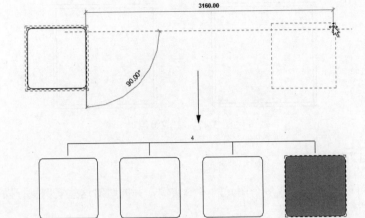

图 3-50　设置最后一个成员间距

（2）在绘图区域中单击以指明测量的起点。

（3）移动光标显示第二个成员的尺寸或最后一个成员的尺寸，单击以确定间距尺寸，或直接输入尺寸值。

（4）在选项栏中输入副本数，也可以直接修改图形中的副本数量，完成阵列。

2．半径阵列

绘制圆弧并指定阵列中要显示的图元数量。

具体操作步骤如下。

（1）单击"修改"选项卡"修改"面板中的"阵列"按钮 ⚏，选择要阵列的图元，按 Enter 键，打开选项栏，单击"半径"按钮 ⚙，如图 3-51 所示。

图 3-51　半径阵列选项栏

☑　角度：在此文本框中输入总的径向阵列角度，最大为 360 度。

☑　旋转中心：设定径向旋转的中心点。

（2）系统默认为图元的中心，如果需要设置旋转中心点，则单击"地点"按钮，在适当的位置单击以指定旋转直线，如图 3-52 所示。

（3）将光标移动到半径阵列的弧形开始的位置，如图 3-53 所示。在大部分情况下，都需要将旋转中心控制点从所选图元的中心移走或重新定位。

图 3-52　指定旋转中心　　　　　　　　　图 3-53　半径阵列的开始位置

（4）在选项栏中输入旋转角度为 360 度，也可以通过指定第一条旋转放射线后移动光标放置第二条旋转放射线来确定旋转角度。

（5）在视图中输入项目副本数为 6，如图 3-54 所示，也可以直接在选项栏中输入项目数，按 Enter 键确认，结果如图 3-55 所示。

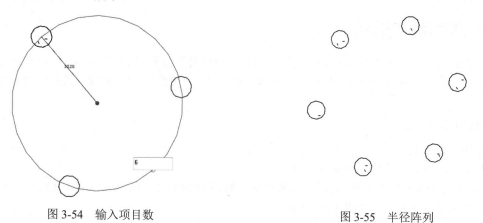

图 3-54　输入项目数　　　　　　　　　　图 3-55　半径阵列

## 3.3.7　缩放图元

缩放工具适用于线、墙、图像、链接、DWG 和 DXF 导入、参照平面以及尺寸标注的位置。可以通过图形方式或输入比例系数以调整图元的尺寸和比例。

缩放图元大小时，需要考虑以下事项。

☑　无法调整已锁定的图元。需要先解锁图元，然后才能调整其尺寸。

☑　调整图元尺寸时，需要定义一个原点，图元将相对于该固定点均匀地改变大小。

☑　所有选定图元都必须位于平行平面中。选择集中的所有墙必须都具有相同的底部标高。

☑　调整墙的尺寸时，插入对象（如门和窗）与墙的中点保持固定的距离。

☑　调整大小会改变尺寸标注的位置，但不改变尺寸标注的值。如果被调整的图元是尺寸标注的参照图元，则尺寸标注值会随之改变。

☑　链接符号和导入符号具有名为"实例比例"的只读实例参数。它表明实例大小与基准符号的差异程度。您可以调整链接符号或导入符号来更改实例比例。

具体操作步骤如下。

（1）单击"修改"选项卡"修改"面板中的"缩放"按钮，选择要缩放的图元，如图 3-56 所示，打开选项栏，如图 3-57 所示。

☑　图形方式：选中此单选按钮，Revit 通过确定两个矢量长度的比率来计算比例系数。

☑　数值方式：选中此单选按钮，在比例文本框中直接输入缩放比例系数，图元将按定义的比例系数调整大小。

（2）在选项栏中选择"数值方式"选项，输入缩放比例为 0.5，在图形中单击以确定原点，如图 3-58 所示。

图 3-56　选取图元　　　　　　图 3-57　缩放选项栏　　　　　　图 3-58　确定原点

（3）缩放后的结果如图 3-59 所示。

（4）如果选择"图形方式"选项，则移动光标定义第一个矢量，单击设置长度，然后再次移动光标定义第二个矢量，系统根据定义的两个矢量确定缩放比例。

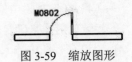

图 3-59　缩放图形

### 3.3.8　修剪/延伸图元

以修剪或延伸一个或多个图元至由相同的图元类型定义的边界。也可以延伸不平行的图元以形成角，或者在它们相交时对它们进行修剪以形成角。选择要修剪的图元时，光标位置指示要保留的图元部分。

**1. 修剪/延伸为角**

具体操作步骤如下。

将两个所选图元修剪或延伸成一个角。

（1）单击"修改"选项卡"修改"面板中的"修剪/延伸为角"按钮，选择要修剪/延伸的一个线或墙，单击要保留部分，如图 3-60 所示。

（2）选择要修剪/延伸的第二个线或墙，如图 3-61 所示。

（3）根据所选图元修剪/延伸为一个角，如图 3-62 所示。

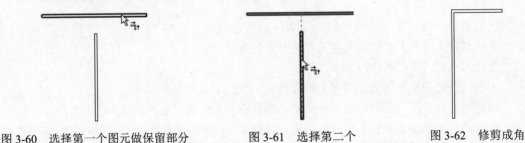

图 3-60　选择第一个图元做保留部分　　　图 3-61　选择第二个　　　图 3-62　修剪成角

**2. 修剪/延伸单一图元**

具体操作步骤如下。

将一个图元修剪或延伸到其他图元定义的边界。

（1）单击"修改"选项卡"修改"面板中的"修剪/延伸单一图元"按钮，选择要用作边界的参照，如图 3-63 所示。

（2）选择要修剪/延伸的图元，如图 3-64 所示。

（3）如果此图元与边界（或投影）交叉，则保留所单击的部分，而修剪边界另一侧的部分，如图 3-65 所示。

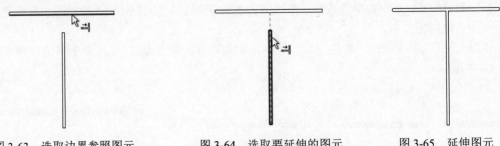

图 3-63　选取边界参照图元　　　图 3-64　选取要延伸的图元　　　图 3-65　延伸图元

### 3. 修剪/延伸多个图元

具体操作步骤如下。

将多个图元修剪或延伸到其他图元定义的边界上。

（1）单击"修改"选项卡"修改"面板中的"修剪/延伸多个图元"按钮 ，选择要用作边界的参照，如图 3-66 所示。

（2）单击以选择要修剪或延伸的每个图元，或者框选所有要修剪/延伸的图元，如图 3-67 所示。

📣 **注意：** 当从右向左绘制选择框时，图元不必包含在选中的框内。当从左向右绘制时，仅选中完全包含在框内的图元。

（3）如果此图元与边界（或投影）交叉，则保留所单击的部分，而修剪边界另一侧的部分，如图 3-68 所示。

图 3-66　选取边界

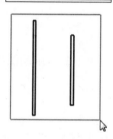

图 3-67　选取延伸图元

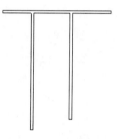

图 3-68　延伸图元

## 3.3.9　拆分图元

通过"拆分"工具，可将图元拆分为两个单独的部分，可删除两个点之间的线段，也可在两面墙之间创建定义的间隙。

拆分工具有两种使用方法：拆分图元和用间隙拆分。

拆分工具可以拆分墙、线、栏杆护手（仅拆分图元）、柱（仅拆分图元）、梁（仅拆分图元）、支撑（仅拆分图元）等图元。

### 1. 拆分图元

在选定点上剪切图元（如墙或管道），或删除两点之间的线段。

具体操作步骤如下。

（1）单击"修改"选项卡"修改"面板中的"拆分图元"按钮 ，打开选项栏，如图 3-69 所示。

☑ 删除内部线段：选中此复选框，Revit 会删除墙或线上所选点之间的线段。

☑ 删除内部线段

图 3-69　拆分图元选项栏

（2）在图元上要拆分的位置处单击，如图 3-70 所示，拆分图元。

（3）如果选中"删除内部线段"复选框，则单击确定另一个点，如图 3-71 所示，删除一条线段，如图 3-72 所示。

### 2. 用间隙拆分

将墙拆分成之间已定义间隙的两面单独的墙。

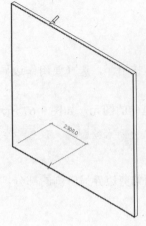

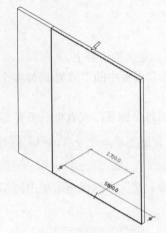

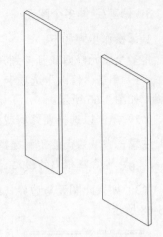

图 3-70　第一个拆分处　　　　图 3-71　选取另一个点　　　　图 3-72　拆分并删除图元

具体操作步骤如下。

（1）单击"修改"选项卡"修改"面板中的"用间隙拆分"按
钮 ⊡⊡，打开选项栏，如图 3-73 所示。

连接间隙: 25.0

图 3-73　用间隙拆分选项栏

（2）在选项栏中输入"连接间隙"值。

（3）在图元上要拆分的位置处单击，如图 3-74 所示。

（4）拆分图元，系统根据输入的间隙自动删除图元，如图 3-75 所示。

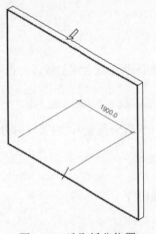

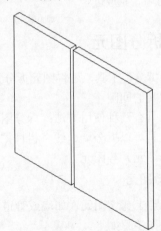

图 3-74　选取拆分位置　　　　　　　　　图 3-75　拆分图元

# 3.4　图　元　组

可以将项目或族中的图元成组，然后多次将组放置在项目或族中。需要创建代表重复布局的实体
或通用于许多建筑项目的实体（如宾馆房间、公寓或重复楼板）时，对图元进行分组非常有用。

放置在组中的每个实例之间都存在相关性。例如，创建一个具有床、墙和窗的组，然后将该组的
多个实例放置在项目中。如果修改一个组中的墙，则该组所有实例中的墙都会随之改变。

可以创建模型组、详图组和附着的详图组。

（1）模型组：创建都由模型组成的组，如图 3-76 所示。

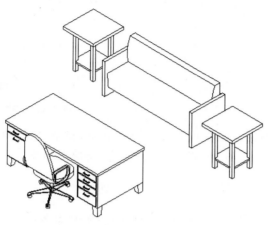

图 3-76　模型组

（2）详图组：创建包含视图专有的文本、填充区域、尺寸标注、门窗标记等图元，如图 3-77 所示。

（3）附着的详图组：包含与特定模型组关联的视图专有图元，如图 3-78 所示。

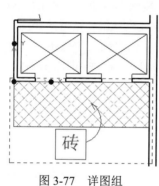

图 3-77　详图组

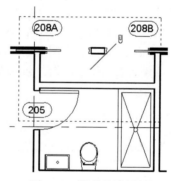

图 3-78　附着的详图组

组不能同时包含模型图元和视图专有图元。如果选择了这两种类型的图元，将它们成组，则 Revit 会创建一个模型组，并将详图图元放置于该模型组的附着的详图组中。如果同时选择了详图图元和模型组，Revit 将为该模型组创建一个含有详图图元的附着的详图组。

## 3.4.1　创建组

通过选择图元或现有的组，然后使用"创建组"工具来创建组。
具体操作步骤如下。

（1）打开组文件，如图 3-79 所示。

（2）单击"建筑"选项卡"模型"面板中"模型组" 下拉列表中的"创建组"按钮，打开"创建组"对话框，输入名称为"办公桌椅"，选取"模型"组类型，如图 3-80 所示。

（3）单击"确定"按钮，打开"编辑组"面板，如图 3-81 所

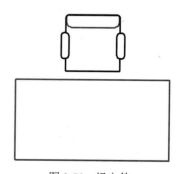

图 3-79　组文件

示。单击"添加"按钮，选取视图中的办公桌和办公椅，添加到办公桌椅组中，单击"完成"按钮✔，完成办公桌椅组的创建。

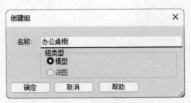

图 3-80　"创建组"对话框

图 3-81　"编辑组"面板 1

（4）如果要向组添加项目视图中不存在的图元，可从相应的选项卡中选择图元创建工具并放置新的图元。在组编辑模式中向视图添加图元时，图元将自动添加到组。

## 3.4.2　编辑组

可以使用组编辑器在项目或族内修改组，也可以在外部编辑组。

（1）在绘图区域中选择要修改的组。如果要修改的组是嵌套的，请按 Tab 键，直到高亮显示该组，然后单击选中它。

（2）单击"修改|模型组"选项卡"成组"面板中的"编辑组"按钮，打开"编辑组"面板，如图 3-82 所示。

图 3-82　"编辑组"面板 2

（3）单击"添加"按钮，将图元添加到组，单击"删除"按钮，从组中删除图元。

（4）单击"附着"按钮，打开如图 3-83 所示的"创建模型组和附着的详图组"对话框，输入模型组的名称（如有必要），并输入附着的详图组的名称，单击"确定"按钮。

（5）打开"编辑附着的组"面板，如图 3-84 所示。选择要添加到组中的图元，单击"完成"按钮✔，完成附着组的创建。

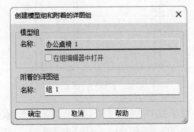

图 3-83　"创建模型组和附着的详细组"对话框

图 3-84　"编辑附着的组"面板

（6）单击"修改|模型组"选项卡"成组"面板中的"解组"按钮，将组恢复成图元。

# 第**4**章

## 创建族

### 知识导引

族是 Revit 软件中的一个非常重要的构成要素，在 Revit 中不管是模型还是注释均是由族构成的，所以掌握族的概念和用法至关重要。

- ☑ 族概述
- ☑ 三维模型族
- ☑ 二维族

## 任务驱动&项目案例

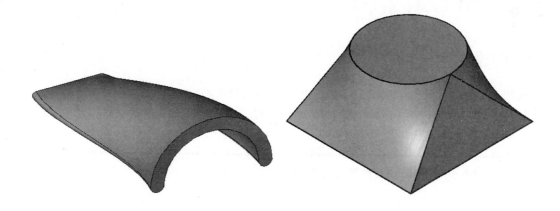

# 4.1 族 概 述

族是一个包含通用属性（称为参数）集和相关图形表示的图元组。属于一个族的不同图元的部分或全部参数可能有不同的值，但是参数（其名称与含义）的集合是相同的。

通过使用预定义的族和在 Revit Architecture 中创建新族，可以将标准图元和自定义图元添加到建筑模型中。通过族，还可以对用法和行为类似的图元进行某种级别的控制，以便用户轻松修改设计和高效管理项目。

项目中所有正在使用或可用的族都显示在项目浏览器的"族"下，并按图元类别进行分组。

Revit 提供了 3 种类型的族：系统族、可载入族和内建族。

## 4.1.1 系统族

系统族可以创建要在建筑现场装配的基本图元，如墙、屋顶、楼板、风管、管道等。系统族还包含项目和系统设置，而这些设置会影响项目环境，如标高、轴网、图纸和视口等类型。

系统族是在 Revit 中预定义的。不能将其从外部文件载入项目中，也不能将其保存到项目之外的位置处。Revit 不允许用户创建、复制、修改或删除系统族，但可以复制和修改系统族中的类型，以便创建自定义的系统族类型。系统族中可以只保留一个系统族类型，除此以外的其他系统族类型都可以删除，因为每个族至少需要一个类型才能创建新系统族类型。

## 4.1.2 可载入族

可载入的族是在外部 RFA 文件中被创建的，并可导入或载入项目中。

可载入族用于创建下列构件的族，如窗、门、橱柜、装置、家具、植物和锅炉、热水器等，以及一些常规自定义的主视图元。由于载入族具有高度可自定义的特征，因此可载入的族是在 Revit 中最经常创建和修改的族。对于包含许多类型的可载入族，可以创建和使用类型目录，以便仅载入项目所需的类型。

## 4.1.3 内建族

内建族是用户需要创建当前项目专有的独特构件时所创建的独特图元。用户可以创建内建几何图形，以便它可参照其他项目几何图形，使其在所参照的几何图形发生变化时进行相应大小的调整和其他调整。创建内建族时，Revit 将为内建族创建一个族，该族包含单个族类型。

可以在项目中创建多个内建族，并且可以将同一内建族的多个副本放置在项目中。但是，与系统族和可载入族不同，用户不能通过复制内建族类型来创建多种类型。

# 4.2 二 维 族

二维族包括注释型族、标题栏族、轮廓族、详图构件族等。不同类型的族由不同的族样板文件来创建。

## 4.2.1　创建窗标记族

标记主要用于标注各种类别构件的不同属性，如窗标记、门标记等。

具体操作步骤如下。

（1）在主页中单击"族"→"新建"按钮，或者执行"文件"→"新建"→"族"命令，打开"新族-选择样板文件"对话框，选择"注释"文件夹中的"公制窗标记.rft"为样板族，如图4-1所示，单击"打开"按钮，进入族编辑器，如图4-2所示。该族样板中默认提供两个正交参照平面，参照平面点位置表示标签的定位位置。

图4-1　"新族-选择样板文件"对话框

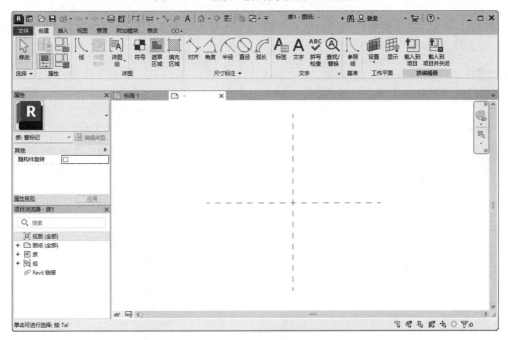

图4-2　族编辑器

（2）单击"创建"选项卡"文字"面板中的"标签"按钮，在视图中位置的中心单击确定标签位置，打开"编辑标签"对话框，在"类别参数"栏中选择"类型标记"，双击后添加到"标签参数"栏，或者单击"将参数添加到标签"按钮 🔽，将其添加到"标签参数"栏，更改"样例值"为"C2100"，如图 4-3 所示。

（3）单击"确定"按钮，将标签添加到视图中，如图 4-4 所示。

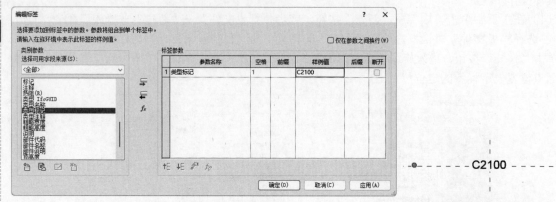

图 4-3　"编辑标签"对话框　　　　　　　　　　图 4-4　添加标签

（4）选中标签，单击"编辑类型"按钮 🔳，打开如图 4-5 所示的"类型属性"对话框，单击"复制"按钮，打开"名称"对话框，输入名称为 5mm，如图 4-6 所示。单击"确定"按钮，返回到"类型属性"对话框。

（5）单击颜色值中的"黑色"，打开"颜色"对话框，选择"红色"，单击"确定"按钮，返回到"类型属性"对话框。

（6）在"文字字体"下拉列表中选择"仿宋"，设置字体大小为 5mm，其他采用默认设置，单击"确定"按钮。

（7）在"属性"选项板中选中"随构件旋转"复选框（见图 4-7），当项目中有不同方向的窗户时，窗标记会根据标记对象自动更改。

图 4-5　"类型属性"对话框

图 4-6　"名称"对话框

图 4-7　属性选项板

（8）在视图中选取窗标记，将其向上移动，使文字中心对齐垂直方向参照平面，底部稍高于水平参照平面，如图4-8所示。

（9）单击快速访问工具栏中的"保存"按钮，打开"另存为"对话框，输入名称为"窗标记"，单击"保存"按钮，保存族文件。

图4-8　移动窗标记

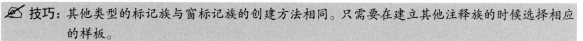
✍ **技巧**：其他类型的标记族与窗标记族的创建方法相同。只需要在建立其他注释族的时候选择相应的样板。

## 4.2.2　创建索引符号族

符号族一般在项目中用于"装配"各种系统族标记，如立面标记、高程点标高等。

在施工图中，有时会因为比例问题而无法表达清楚某一局部，为方便施工需另画详图。一般用索引符号注明画出详图的位置、详图的编号以及详图所在的图纸编号。

具体操作步骤如下。

（1）在主页中单击"族"→"新建"按钮，或者执行"文件"→"新建"→"族"命令，打开"新族-选择样板文件"对话框，选择"注释"文件夹中的"公制详图索引标头.rft"为样板族，如图4-9所示，单击"打开"按钮进入族编辑器。

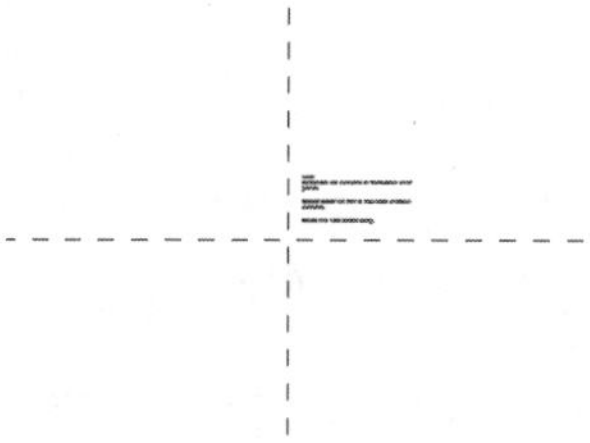

（2）删除族样板中默认提供的注意事项文字。

图4-9　族样板

（3）单击"创建"选项卡"详图"面板中的"线"按钮，打开"修改|放置线"选项卡，单击"绘制"面板中的"圆形"按钮，在视图中心位置绘制直径为10mm的圆。

（4）单击"绘制"面板中的"线"按钮，在最大直径处绘制水平直线，如图4-10所示。完成索引符号外形的绘制。

（5）单击"创建"选项卡"文字"面板中的"标签"按钮，在视图中的中心位置单击，确定标签位置，打开"编辑标签"对话框，在"类别参数"栏中分别选择详图编号和图纸编号，单击"将参数添加标签"按钮，将其添加到"标签参数"栏，并更改样例值，选中"断开"复选框，如图4-11所示。

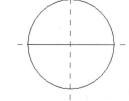

图4-10　绘制图形

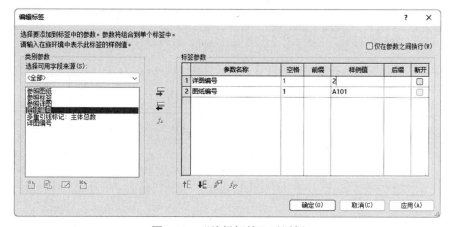

图4-11　"编辑标签"对话框

（6）单击"确定"按钮，将标签添加到图形中，如图4-12所示。从图中可以看出索引符号不符合标准，下面进行修改。

（7）选中标签，单击"编辑类型"按钮 ，打开"类型属性"对话框，单击"复制"按钮，打开"名称"对话框，输入名称为 2mm，单击"确定"按钮，返回到"类型属性"对话框。

（8）设置"背景"为"透明"，"文字大小"为 2mm，其他采用默认设置。单击"确定"按钮，如图 4-13 所示。

图 4-12　添加标签

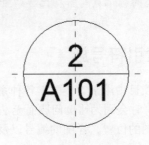

图 4-13　更改文字大小

（9）单击快速访问工具栏中的"保存"按钮 ，打开"另存为"对话框，输入名称为"索引符号"，单击"保存"按钮，保存为族文件。

### 4.2.3　创建 A3 图纸

标准图纸的图幅、图框、标题栏以及会签栏都必须按照国家标准进行确定和绘制。

#### 1. 图幅

根据国家规范的规定，要按图面的长和宽确定图幅的等级。室内设计常用的图幅有 A0（也称 0 号图幅，其余类推）、A1、A2、A3 及 A4，每种图幅的长宽尺寸如表 4-1 所示，表中的尺寸代号意义如图 4-14 和图 4-15 所示。

表 4-1　图幅标准　　　　　　　　　　　　　　　　　　　　　　　　（单位：mm）

| 尺寸代码 | 图幅代号 | | | | |
| --- | --- | --- | --- | --- | --- |
| | A0 | A1 | A2 | A3 | A4 |
| b×1 | 841×1189 | 594×841 | 420×594 | 297×420 | 210×297 |
| c | 10 | | | 5 | |
| a | 25 | | | | |

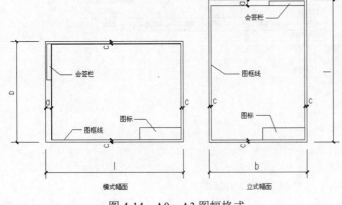

图 4-14　A0～A3 图幅格式

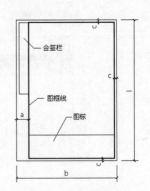

图 4-15　A4 图幅格式

### 2. 标题栏

标题栏包括设计单位名称区、工程名称区、签字区、图名区及图号区等内容。一般标题栏格式如图 4-16 所示，如今不少设计单位采用个性化的标题栏格式，但是仍必须包括这几项内容。

### 3. 会签栏

会签栏是各工种负责人审核后签名用的表格，它包括专业、姓名、日期等内容，具体根据需要设置，如图 4-17 所示为其中一种格式。对于不需要会签的图样，可以不设此栏。

图 4-16　标题栏格式

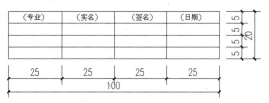

图 4-17　会签栏格式

### 4. 线型要求

建筑设计图主要由各种线条构成，不同的线型表示不同的对象和不同的部位，也代表着不同的含义。为了使图面能够清晰、准确、美观地表达设计思想，工程实践中采用了一套常用的线型，并规定了它们的适用范围，如表 4-2 所示。

表 4-2　常用线型

| 名　称 | | 线　型 | 线　宽 | 适 用 范 围 |
|---|---|---|---|---|
| 实线 | 粗 | ———————— | b | 建筑平面图、剖面图、构造详图的被剖切截面的轮廓线；建筑立面图外轮廓线；图框线 |
| | 中 | ———————— | 0.5b | 建筑设计图中被剖切的次要构件的轮廓线；建筑平面图、顶棚图、立面图、家具三视图中构配件的轮廓线等 |
| | 细 | ———————— | ≤0.25b | 尺寸线、图例线、索引符号、地面材料线及其他细部刻画用线 |
| 虚线 | 中 | - - - - - - - - | 0.5b | 主要用于构造详图中不可见的实物轮廓 |
| | 细 | - - - - - - - - | ≤0.25b | 其他不可见的次要实物轮廓线 |
| 点画线 | 细 | — - — - — - — | ≤0.25b | 轴线、构配件的中心线、对称线等 |
| 折断线 | 细 | ——— ∿ ——— | ≤0.25b | 画图样时的断开界限 |
| 波浪线 | 细 | ∼∼∼∼∼ | ≤0.25b | 构造层次的断开界线，有时也表示省略画出时的断开界限 |

说明：标准实线宽度 b=0.4～0.8mm。

Revit 软件提供了 A0、A1、A2、A3 和修改通知单（A4），共 5 种图纸模板，都包含在"标题栏"文件夹中。

具体操作步骤如下。

（1）在主页中单击"族"→"新建"按钮，或者执行"文件"→"新建"→"族"命令，打开"新族-选择样板文件"对话框，选择"标题栏"文件夹中的"A3 公制.rft"为样板族，单击"打开"按钮进入族编辑器，视图中显示 A3 图幅的边界线。

（2）单击"创建"选项卡"详图"面板中的"线"按钮 ，打开"修改|放置线"选项卡，单击

"修改"面板中的"偏移"按钮⊆，将左侧竖直线向内偏移 25mm，将其他三条直线向内偏移 5mm，并利用"拆分图元"按钮◁□拆分图元，然后删除多余的线段，结果如图 4-18 所示。

（3）单击"管理"选项卡"设置"面板中"其他设置"⚚下拉菜单中的"线宽"按钮☰，打开"线宽"对话框，分别设置 1 号线线宽为 0.3mm，2 号线线宽为 0.5mm，3 号线线宽为 0.7mm，其他采用默认设置，如图 4-19 所示。单击"确定"按钮，完成线宽设置。

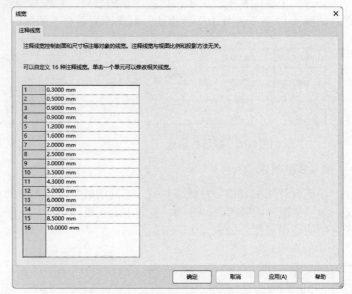

图 4-18　绘制图框　　　　　　　　　　　　　图 4-19　"线宽"对话框

（4）单击"管理"选项卡"设置"面板中的"对象样式"按钮🖳，打开"对象样式"对话框，修改图框线宽为 3 号，中粗线为 2 号，细线为 1 号，如图 4-20 所示，单击"确定"按钮。选取最外面的图幅边界线，将其子类别设置为"细线"。完成图幅和图框线型的设置。

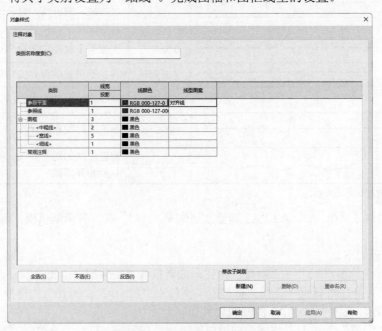

图 4-20　"对象样式"对话框

（5）如果放大视图也看不出线宽效果，则单击"视图"选项卡"图形"面板中的"细线"按钮，使其不为选中状态。

（6）单击"创建"选项卡"详图"面板中的"线"按钮，打开"修改|放置线"选项卡，单击"绘制"面板中的"矩形"按钮，绘制长为 100、宽为 20 的矩形。

（7）将子类别更改为"细线"，单击"绘制"面板中的"线"按钮，根据图绘制会签栏，如图 4-21 所示。

（8）单击"创建"选项卡"文字"面板中的"文字"按钮 **A**，单击"属性"选项板中的"编辑类型"按钮，打开"类型属性"对话框，单击"复制"按钮，打开"名称"对话框，输入"名称"为 2.5mm，单击"确定"按钮，返回到"类型属性"对话框，设置"字体"为"仿宋"，设置"背景"为"透明"，"文字大小"为 2.5mm，然后在会签栏中输入文字，如图 4-22 所示。

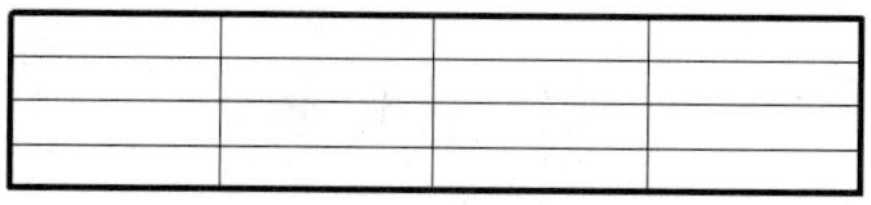

| | | | |
|---|---|---|---|
| | | | |
| | | | |

图 4-21　绘制会签栏

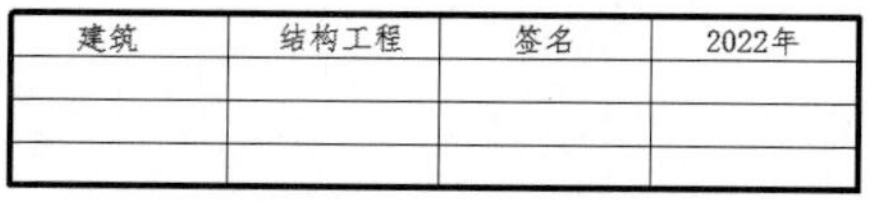

| 建筑 | 结构工程 | 签名 | 2022年 |
|---|---|---|---|
| | | | |
| | | | |

图 4-22　输入文字

（9）单击"修改"选项卡"修改"面板中的"旋转"按钮，将会签栏逆时针旋转 90 度；单击"修改"选项卡"修改"面板中的"移动"按钮，将旋转后的会签栏移动到图框外的左上角，如图 4-23 所示。

（10）单击"创建"选项卡"详图"面板中的"线"按钮，打开"修改|放置线"选项卡，将子类别更改为"图框"，单击"绘制"面板中的"矩形"按钮，以图框的右下角点为起点，绘制长为 140、宽为 35 的矩形。

（11）单击"修改"面板中的"偏移"按钮，将水平直线和竖直直线进行偏移，然后将偏移后的直线子类别更改为"细线"，如图 4-24 所示。

（12）单击"修改"选项卡"修改"面板中的"拆分图元"按钮，删除多余的线段，或拖动直线端点调整直线长度，如图 4-25 所示。

（13）单击"创建"选项卡"文字"面板中的"文字"按钮 **A**，填写标题栏中的文字，如图 4-26 所示。

图 4-23　移动会签栏

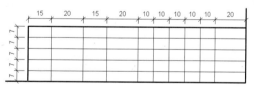

图 4-24　绘制标题栏

| | | | | |
|---|---|---|---|---|
| | | | | |
| | | | | |
| | | | | |

图 4-25　调整线段

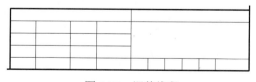

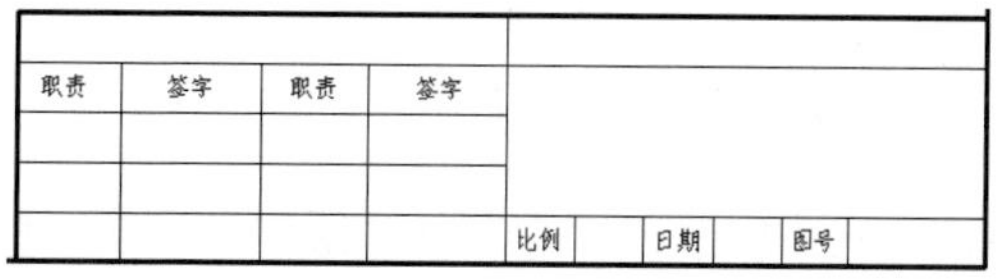

图 4-26　填写文字

（14）单击"创建"选项卡"文字"面板中的"标签"按钮，在标题栏的最大区域内单击，打开"编辑标签"对话框，在"类别参数"列表中选择"图纸名称"，单击"将参数添加到标签"按钮，将图纸名称添加到标签参数栏中，如图4-27所示。

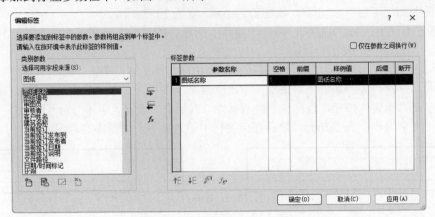

图4-27 "编辑标签"对话框

（15）在属性选项板中单击"编辑类型"按钮，打开"类型属性"对话框，设置背景为"透明"，更改字体为"仿宋GB_2312"，其他采用默认设置，单击"确定"按钮，完成图纸名称标签的添加，如图4-28所示。

（16）采用相同的方法，添加其他标签，结果如图4-29所示。

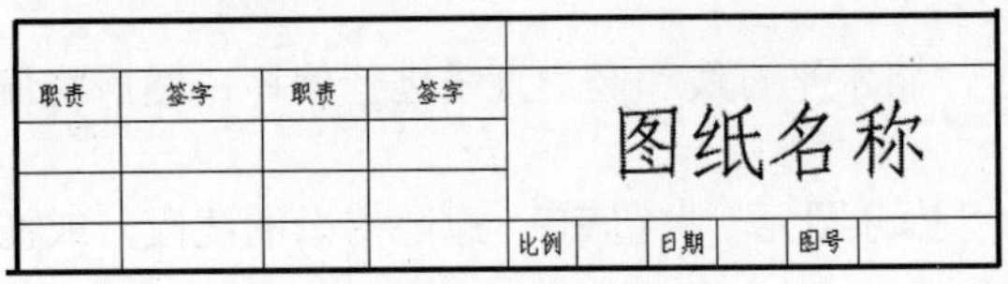

图4-28 添加图纸名称标签 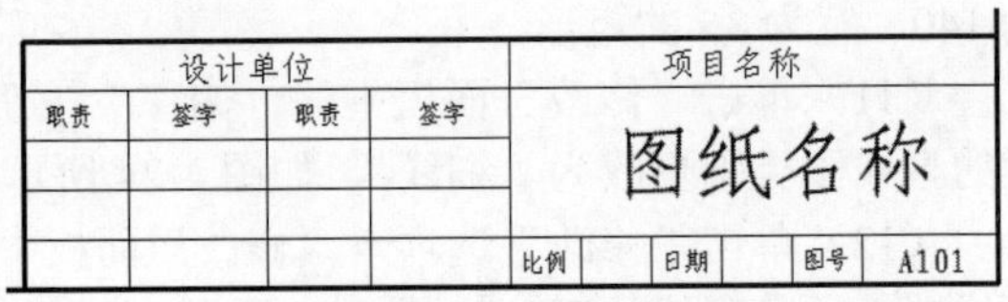　　　　　　　　　　图4-29 添加其他标签

（17）单击快速访问工具栏中的"保存"按钮，打开"另存为"对话框，输入名称为"A3图纸"，单击"保存"按钮，保存族文件。

# 4.3　三维模型族

在"族编辑器"中可以创建实心几何图形和空心几何图形。基于二维截面轮廓进行扫掠可得到实心几何图形，通过布尔运算进行剪切可得到空心几何图形。

## 4.3.1　拉伸

在工作平面上绘制二维轮廓，然后拉伸该轮廓，使其与绘制它的平面垂直，得到拉伸模型。

### 1. 创建拉伸模型

具体操作步骤如下。

（1）在主页中单击"族"→"新建"按钮，或者执行"文件"→"新建"→"族"命令，打开"新族-选择样板文件"对话框，选择"公制常规模型.rft"为样板族，单击"打开"按钮进入族编辑器。

（2）单击"创建"选项卡"形状"面板中的"拉伸"按钮，打开"修改|创建拉伸"选项卡和选项栏，如图 4-30 所示。

图 4-30　"修改|创建拉伸"选项卡和选项栏

（3）单击"修改|创建拉伸"选项卡"绘制"面板中的绘图工具绘制拉伸截面，这里单击"绘制"面板中的"矩形"按钮，绘制如图 4-31 所示的截面。

（4）在"属性"选项板中输入拉伸终点为 350，如图 4-32 所示，或者在选项栏中输入深度为 350，单击"模式"面板中的"完成编辑模式"按钮，完成拉伸模型的创建，如图 4-33 所示。

图 4-31　绘制截面

图 4-32　"属性"选项板

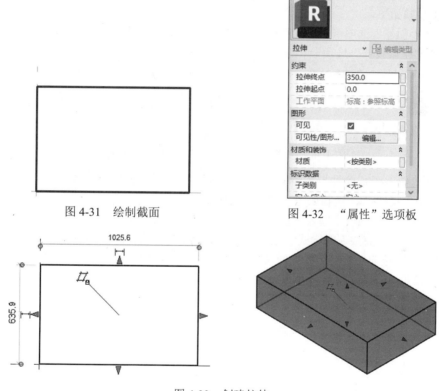

图 4-33　创建拉伸

☑ 要从默认起点 0.0 拉伸轮廓，则在"约束"组的"拉伸终点"文本框中输入一个正/负值作为拉伸深度。

☑ 要从不同的起点拉伸，则在"约束"组的"拉伸起点"文本框中输入值作为拉伸起点。

☑ 要设置实心拉伸的可见性，则在"图形"组中单击"可见性/图形替换"对应的"编辑"按钮，打开如图 4-34 所示的"族图元可见性设置"对话框，然后进行可见性设置。

☑ 要按类别将材质应用于实心拉伸，则在"材质和装饰"组中单击"材质"字段，单击按钮，打开"材质浏览器"，指定材质。

☑  要将实心拉伸指定给子类别，则在"标识数据"组下选择"实心/空心"为"实心"。

（5）拖动模型上的控制点，调整图形的大小，如图4-35所示。

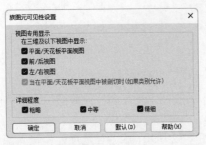

图4-34  "族图元可见性设置"对话框

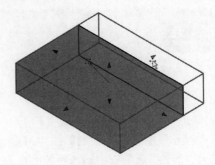

图4-35  调整大小

**2. 创建空心拉伸模型**

具体操作步骤如下。

（1）单击"创建"选项卡"形状"面板中的"空心形状"回下拉列表中的"空心拉伸"按钮回，打开"修改|创建空心拉伸"选项卡和选项栏，如图4-36所示。

图4-36  "修改|创建空心拉伸"选项卡和选项栏

（2）单击"修改|空心拉伸"选项卡"绘制"面板中的绘图工具绘制拉伸截面，这里单击"绘制"面板中的"矩形"按钮□，绘制如图4-37所示的截面。

（3）在"属性"选项板中输入"拉伸终点"值为250，或者在选项栏中输入"深度"为250，单击"模式"面板中的"完成编辑模式"按钮✔，完成空心拉伸模型的创建，如图4-38所示。

（4）如果空心拉伸模型与实体拉伸模型重合，将会在实体模型中减去空心模型。这里将"拉伸终点"设置为-250，结果如图4-39所示。

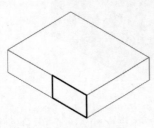

图4-37  绘制截面

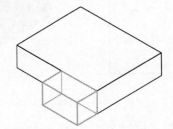

图4-38  空心拉伸模型

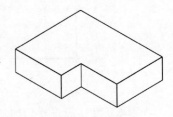

图4-39  减去模型

## 4.3.2  创建旋转模型

旋转是指围绕轴旋转某个形状而创建的形状。

如果轴与旋转造型有接触，则产生一个实心几何图形。如果远离轴旋转几何图形，则旋转体中将有个孔。

具体操作步骤如下。

（1）在主页中单击"族"→"新建"按钮，或者执行"文件"→"新建"→"族"命令，打开"新族-选择样板文件"对话框，选择"公制常规模型.rft"为样板族，单击"打开"按钮进入族编辑器。

（2）单击"创建"选项卡"形状"面板中的"旋转"按钮🌀，打开"修改|创建旋转"选项卡和选项栏，如图4-40所示。

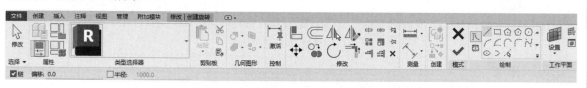

图4-40　"修改|创建旋转"选项卡和选项栏

（3）单击"修改|创建旋转"选项卡"绘制"面板中的"椭圆"按钮⬭，绘制旋转截面，单击"修改|创建旋转"选项卡"绘制"面板中的"轴线"按钮🖉，系统默认激活"线"按钮✐，绘制竖直轴线，如图4-41所示，也可以直接拾取已存在的轴线。

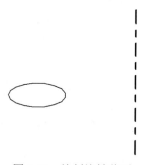

图4-41　绘制旋转截面

（4）系统默认起始角度为0，结束角度为360，可以在属性选项板中更改起始角度和结束角度，单击"模式"面板中的"完成编辑模式"按钮✔，完成旋转模型的创建，如图4-42所示。

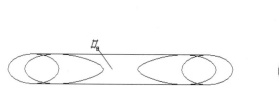

图4-42　完成旋转

## 4.3.3　创建放样模型

通过沿路径放样二维轮廓，用户可以创建三维形状。可以使用放样方式创建饰条、栏杆扶手或简单的管道。

路径既可以是单一的闭合路径，也可以是单一的开放路径。但不能有多条路径。路径可以是直线和曲线的组合。轮廓草图可以是单个闭合环形，也可以是不相交的多个闭合环形。

具体操作步骤如下。

（1）在主页中单击"族"→"新建"按钮，或者执行"文件"→"新建"→"族"命令，打开

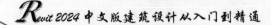

*Note*

"新族-选择样板文件"对话框，选择"公制常规模型.rft"为样板族，单击"打开"按钮进入族编辑器。

（2）单击"创建"选项卡"形状"面板中的"放样"按钮，打开"修改|放样"选项卡，如图 4-43 所示。

图 4-43    "修改|放样"选项卡

（3）单击"放样"面板中的"绘制路径"按钮，打开"修改|放样>绘制路径"选项卡，单击"绘制"面板中的"圆形"按钮，绘制如图 4-44 所示的放样路径。单击"模式"面板中的"完成编辑模式"按钮，完成路径绘制。如果选择现有的路径，则单击"拾取路径"按钮，拾取现有绘制线作为路径。

（4）单击"放样"面板中的"编辑轮廓"按钮，打开如图 4-45 所示的"转到视图"对话框，选择"立面：右"，单击"打开视图"按钮，将视图切换至右立面图。如果在平面视图中绘制路径，应选择立面视图来绘制轮廓。

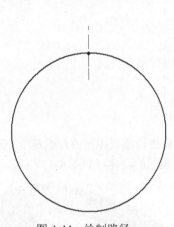

图 4-44    绘制路径

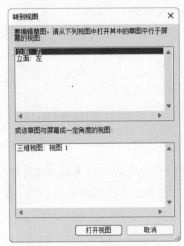

图 4-45    "转到视图"对话框

（5）单击"绘制"面板中的"圆形"按钮，在靠近轮廓平面和路径的交点附近绘制轮廓，如图 4-46 所示。单击"模式"面板中的"完成编辑模式"按钮，结果如图 4-47 所示。

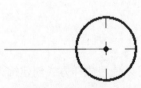

图 4-46    绘制截面

图 4-47    放样

📢注意：绘制的轮廓必须是闭合环，可以是单个闭合环形，也可以是不相交的多个闭合环形。还可以单击"载入轮廓"按钮，载入已经绘制好的轮廓。

## 4.3.4 创建融合模型

融合工具可将两个轮廓（边界）融合在一起。

具体操作步骤如下。

（1）在主页中单击"族"→"新建"按钮，或者执行"文件"→"新建"→"族"命令，打开"新族-选择样板文件"对话框，选择"公制常规模型.rft"为样板族，单击"打开"按钮进入族编辑器。

（2）单击"创建"选项卡"形状"面板中的"融合"按钮，打开"修改|创建融合底部边界"选项卡和选项栏，如图 4-48 所示。

图 4-48 "修改|创建融合底部边界"选项卡和选项栏

（3）单击"绘制"面板中的"矩形"按钮□，绘制边长为 1000 的正方形，如图 4-49 所示。

（4）单击"模式"面板中的"编辑顶部"按钮，单击"绘制"面板中的"圆形"按钮○，绘制半径为 340 的圆，如图 4-50 所示。

（5）在"属性"选项板中的第二端点中输入 500，或者在选项栏中输入"深度"为 500，单击"模式"面板中的"完成编辑模式"按钮，结果如图 4-51 所示。

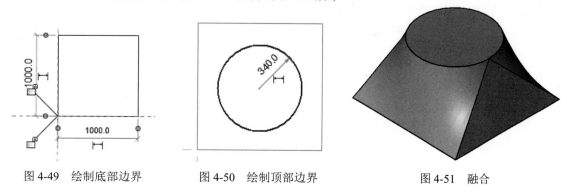

图 4-49 绘制底部边界　　　　图 4-50 绘制顶部边界　　　　图 4-51 融合

## 4.3.5 创建放样融合模型

用户通过放样融合工具可以创建一个具有两个不同轮廓的融合体，然后沿某个路径对其进行放样。放样融合的造型由绘制或拾取的二维路径以及绘制或载入的两个轮廓确定。

单击"创建"选项卡"形状"面板中的"放样融合"按钮，打开"修改|放样融合"选项卡，如图 4-52 所示。

图 4-52 "修改|放样融合"选项卡

创建放样融合模型的具体操作步骤如下。

（1）在主页中单击"族"→"新建"按钮，或者执行"文件"→"新建"→"族"命令，打开"新族-选择样板文件"对话框,选择"公制常规模型.rft"为样板族,单击"打开"按钮,进入族编辑器。

（2）单击"创建"选项卡"形状"面板中的"放样融合"按钮，打开"修改|放样融合"选项卡,如图 4-52 所示。

（3）单击"放样"面板中的"绘制路径"按钮，打开"修改|放样融合>绘制路径"选项卡,单击"绘制"面板中的"样条曲线"按钮，绘制如图 4-53 所示的放样路径。单击"模式"面板中的"完成编辑模式"按钮，完成路径绘制。如果选择现有的路径,则单击"拾取路径"按钮，拾取现有绘制线作为路径。

图 4-53　绘制路径

（4）单击"放样融合"面板中的"选择轮廓 1"按钮，然后单击"编辑轮廓"按钮，打开如图 4-54 所示的"转到视图"对话框,选择"立面:前",单击"打开视图"按钮。绘制如图 4-55 所示的截面轮廓 1。单击"模式"面板中的"完成编辑模式"按钮，完成绘制。

（5）单击"放样融合"面板中的"选择轮廓 2"按钮，然后单击"编辑轮廓"按钮，利用圆弧绘制如图 4-56 所示的截面轮廓 2。单击"模式"面板中的"完成编辑模式"按钮，完成绘制。

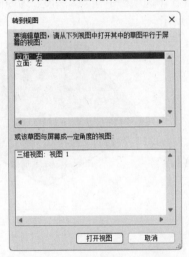

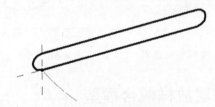

图 4-54　"转到视图"对话框　　　　　　图 4-55　绘制截面 1

（6）单击"模式"面板中的"完成编辑模式"按钮，完成放样融合模型的绘制,结果如图 4-57 所示。

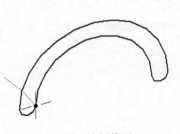

图 4-56　绘制截面 2　　　　　　　　　图 4-57　放样融合

# 第 **5** 章

## 概念体量

### 知识导引

在初始设计中可以使用体量工具表达潜在设计意图，而无须使用项目中的详细程度。可以创建和修改组合成建筑模型图元的几何造型。可以随时拾取体量面并创建建筑模型图元，如墙、楼板、幕墙系统和屋顶。在创建了建筑图元后，可以将视图指定为显示体量图元、建筑图元，或同时显示这两种图元。体量图元和建筑图元不会自动连接。如果修改了体量面，则必须更新建筑面。

- ☑ 创建体量族
- ☑ 内建体量
- ☑ 创建和编辑形状
- ☑ 从体量创建建筑图元

### 任务驱动&项目案例

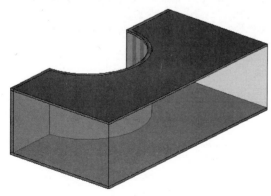

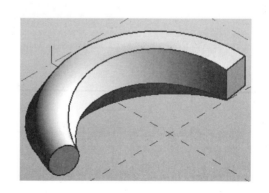

# 5.1　体　量　简　介

体量可以在项目内部（内建体量）或项目外部（可载入体量族）中进行创建。体量是使用体量实例观察、研究和解析建筑形式的过程。

## 5.1.1　体量族

在族编辑器中创建体量族后，可以将族载入项目中，并将体量族的实例放置在项目中。

（1）在主页中单击"族"→"新建"按钮，打开"新族-选择样板文件"对话框，选择"概念体量"文件夹中的"公制体量.rft"文件。

（2）单击"打开"按钮，进入体量族创建环境，如图5-1所示。

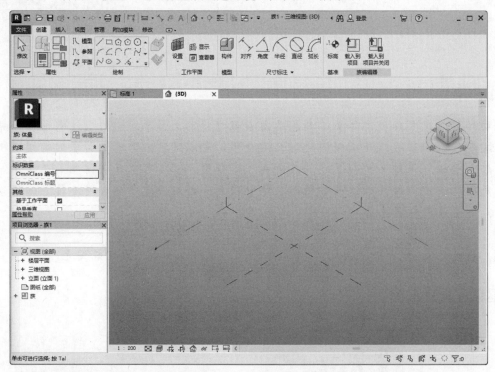

图 5-1　体量族创建环境

## 5.1.2　内建体量

内建体量用于表示项目独特的体量形状。

具体操作步骤如下。

（1）在项目文件中单击"体量和场地"选项卡"概念体量"面板中的"内建体量"按钮，打开"名称"对话框，输入体量名称，如图5-2所示。

（2）单击"确定"按钮，进入体量创建环境，如图5-3所示。

图 5-2　"名称"对话框

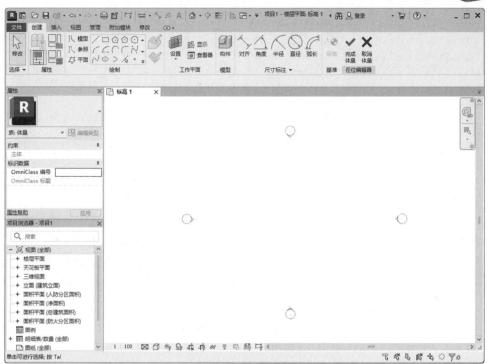

图 5-3  体量创建环境

## 5.1.3  将体量放置在项目中

在族编辑器中创建体量族之后，将族载入项目中，然后将一个或多个体量族实例放置在项目中。

（1）新建一个项目文件。

（2）单击"插入"选项卡"从库中载入"面板中的"载入族"按钮，打开如图 5-4 所示的"载入族"对话框，选取要载入的体量族，单击"打开"按钮，载入族文件。

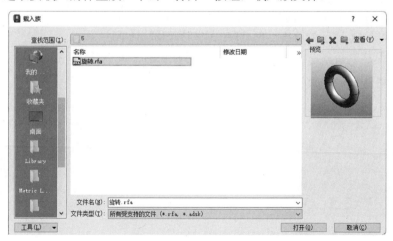

图 5-4  "载入族"对话框

（3）单击"体量和场地"选项卡"概念体量"面板中的"放置体量"按钮，打开如图 5-5 所示的"修改|放置 放置体量"选项卡和选项栏，在选项卡中单击放置类型。

图 5-5　"修改|放置 放置体量"选项卡和选项栏

（4）在绘图区单击，放置载入的体量。

## 5.1.4　在项目中连接体量

可以在一个项目中包含多个体量实例。

为了消除重叠，单击"修改"选项卡"几何图形"面板中"连接" 下拉列表中的"连接几何图形"按钮 ，选取第一个体量，然后选取第二个体量，第一个体量的重叠形式将被插入第二个体量。第二个体量的体量楼层会进行相应的调整，并在体量明细表中报告精确的总楼层面积。

如果移动连接的体量实例，则这些实例的属性会随之更新。如果移动体量实例，导致这些实例不再相交，则会显示警告消息，单击"取消连接几何图形"按钮 ，可取消体量之间的连接。

# 5.2　创 建 形 状

使用创建形状工具可创建任何表面、三维实心或空心形状，然后通过三维形状操纵控件直接进行操纵。

## 5.2.1　创建表面形状

表面形状是基于开放的线或边创建的。

具体操作步骤如下。

（1）新建一个体量族文件。

（2）单击"创建"选项卡"绘制"面板中的"样条曲线"按钮 ，打开"修改|放置线"选项卡和选项栏，绘制如图 5-6 所示的曲线。也可以选取模型线或参照线。

（3）单击"形状"面板"创建形状" 下拉列表中的"实心形状"按钮 ，系统自动创建如图 5-7 所示的曲面。

图 5-6　绘制曲线

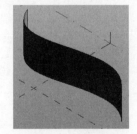

图 5-7　拉伸曲面

（4）选中曲面，可以拖动操纵控件上的箭头，使曲面沿各个方向移动，如图 5-8 所示。

（5）选取曲面的边，在边线中点处显示操控件，拖动操纵控件的箭头，改变曲面形状，如图 5-9 所示。

图 5-8　移动曲面

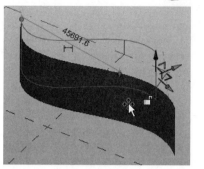

图 5-9　改变形状

（6）选取曲面的角点，显示此点的操纵控件，拖动操纵控件，改变曲面在 3 个方向的形状，也可以分别选择操纵控件上的方向箭头，改变各个方向上的形状，如图 5-10 所示。

（7）也可以直接选取体量的边线，单击"形状"面板"创建形状" 下拉列表中的"实心形状"按钮 ，系统自动创建曲面，如图 5-11 所示。

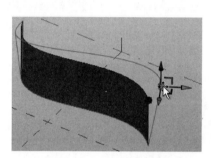

图 5-10　改变角点形状

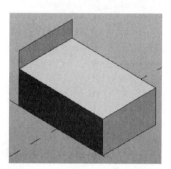

图 5-11　根据边线创建曲面

## 5.2.2　创建拉伸形状

先绘制截面轮廓，然后系统根据截面创建拉伸模型。

具体创建步骤如下。

（1）新建一个体量族文件。

（2）单击"创建"选项卡"绘制"面板中的"矩形"按钮 ，打开如图 5-12 所示的"修改|放置 线"选项卡和选项栏，绘制如图 5-13 所示的封闭轮廓。

图 5-12　"修改|放置 线"选项卡和选项栏

（3）单击"形状"面板"创建形状" 下拉列表中的"实心形状"按钮 ，系统自动创建如图 5-14 所示的拉伸模型。

（4）单击深度尺寸，输入新的尺寸值，按 Enter 键修改拉伸深度，如图 5-15 所示。

（5）拖动模型上的操纵控件的任意方向箭头，可以改变倾斜角度，如图 5-16 所示。

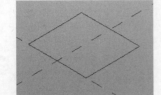

图 5-13　绘制封闭轮廓

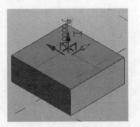

图 5-14　拉伸模型

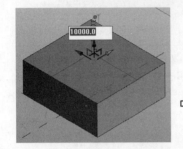

单击尺寸

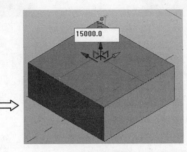

输入新尺寸

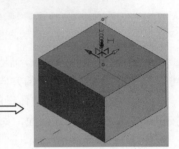

更改体量深度

图 5-15　修改深度

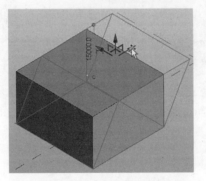

图 5-16　改变倾斜角度

（6）选取模型上的边线，显示此边线的操纵控件，拖动操纵控件上的箭头，可以修改模型的局部形状，如图 5-17 所示。

（7）选取模型的端点，显示此点的操纵控件，可以拖动操纵控件，改变该点在 3 个方向上的形状，如图 5-18 所示。

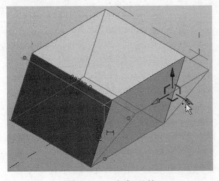

图 5-17　改变形状

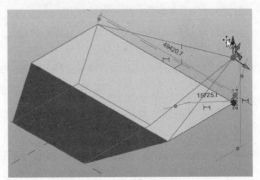

图 5-18　拖动端点

## 5.2.3　创建旋转形状

从线和共享工作平面的二维轮廓来创建旋转形状。

具体操作步骤如下。

（1）新建一个体量族文件。

（2）单击"创建"选项卡"绘制"面板中的"线"按钮 ，绘制一条直线段作为旋转轴。

（3）单击"绘制"面板中的"线"按钮 ，绘制旋转截面，如图 5-19 所示。

（4）选取轴和截面，单击"形状"面板"创建形状" 下拉列表中的"实心形状"按钮 ，系统自动创建如图 5-20 所示的旋转模型。

（5）选取旋转模型上的面或边线，显示操纵控件，拖动操纵控件上的紫色箭头，可以改变模型大小，如图 5-21 所示。

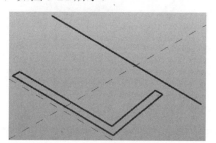
图 5-19　绘制截面

图 5-20　旋转模型

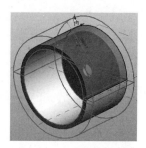
图 5-21　改变模型大小

## 5.2.4　创建放样形状

从线和垂直于线绘制的二维轮廓创建放样形状。放样中的线定义了放样二维轮廓来创建三维形态的路径。轮廓由线组成，线垂直于用于定义路径的一条或多条线而绘制。

如果轮廓是基于闭合环生成的，可以使用多分段的路径来创建放样。如果轮廓不是闭合的，则不会沿多分段路径进行放样。如果路径是一条线构成的段，则使用开放的轮廓创建扫描。

具体创建步骤如下。

（1）新建一个体量族文件。

（2）单击"创建"选项卡"绘制"面板中的"圆弧"按钮 ，绘制一条圆弧曲线作为放样路径，如图 5-22 所示。

（3）单击"创建"选项卡"绘制"面板中的"点图元"按钮 ，在路径上放置参照点，如图 5-23 所示。

（4）选择参照点，放大图形，将工作平面显示出来，如图 5-24 所示。

图 5-22　绘制路径

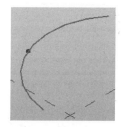
图 5-23　创建参照点

图 5-24　显示工作平面

（5）单击"绘制"面板中的"内接多边形"按钮，在选项栏中取消选中"根据闭合的环生成表面"复选框，在工作平面上绘制截面轮廓，如图5-25所示。

（6）选取路径和截面轮廓，单击"形状"面板"创建形状"下拉列表中的"实心形状"按钮，系统自动创建如图5-26所示的放样模型。

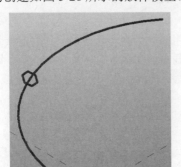

图 5-25  绘制截面轮廓

图 5-26  放样模型

## 5.2.5  创建放样融合形状

从垂直于线绘制的线和两个或多个二维轮廓创建放样融合形状。放样融合中的线定义了放样并融合二维轮廓来创建三维形状的路径。轮廓由线组成，线垂直于用于定义路径的一条或多条线而绘制。

与放样形状不同，放样融合无法沿着多段路径创建。但是，轮廓可以打开、闭合或是两者的组合。

具体创建步骤如下。

（1）新建一个体量族文件。

（2）单击"创建"选项卡"绘制"面板中的"起点-终点-半径弧"按钮，绘制一条曲线作为路径，如图5-27所示。

（3）单击"创建"选项卡"绘制"面板中的"点图元"按钮，沿路径放置放样融合轮廓的参照点，如图5-28所示。

（4）选择起点参照点，放大图形，将工作平面显示出来，单击"绘制"面板中的"圆"按钮，在工作平面上绘制第一个截面轮廓，如图5-29所示。

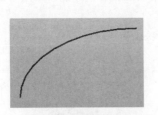

图 5-27  绘制路径

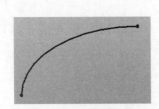

图 5-28  创建参照点

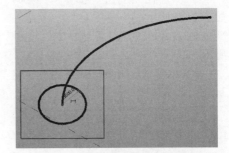

图 5-29  绘制第一个截面轮廓

（5）选择终点的参照点，放大图形，将工作平面显示出来，单击"绘制"面板中的"矩形"按钮，在工作平面上绘制第二个截面轮廓，如图5-30所示。

（6）选取所有的路径和截面轮廓，单击"形状"面板"创建形状"下拉列表中的"实心形状"按钮，系统自动创建如图5-31所示的放样融合模型。

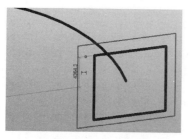

图 5-30　绘制第二个截面轮廓

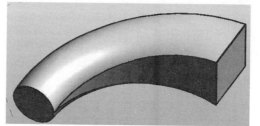

图 5-31　放样融合模型

## 5.2.6　创建空心形状

使用"创建空心形状"工具可创建负几何图形（空心）以剪切实心几何图形。

具体创建步骤如下。

（1）新建一个体量族文件。

（2）单击"创建"选项卡"绘制"面板中的"矩形"按钮 □，绘制如图 5-32 所示的封闭轮廓。

（3）单击"形状"面板"创建形状" 下拉列表中的"实心形状"按钮 ，系统自动创建如图 5-33 所示的拉伸模型。

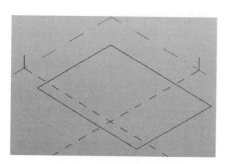

图 5-32　绘制封闭轮廓

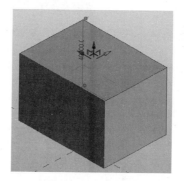

图 5-33　拉伸模型

（4）单击"绘制"面板中的"圆"按钮 ，在拉伸模型的侧面绘制截面轮廓，如图 5-34 所示。

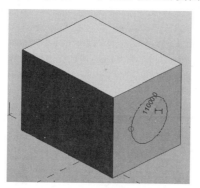

图 5-34　绘制截面

（5）单击"形状"面板"创建形状" 下拉列表中的"空心形状"按钮 ，系统自动创建了一个空心形状拉伸。默认孔底为如图 5-35 所示的平底，也可以单击 按钮，更改孔底为圆弧底，如图 5-36 所示。

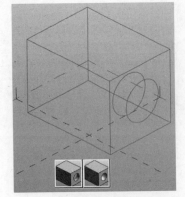

图 5-35　平底

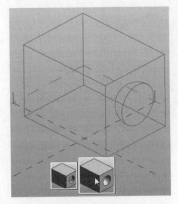

图 5-36　圆弧底

（6）拖动操纵控件调整孔的深度，或者直接修改尺寸，创建通孔，结果如图 5-37 所示。

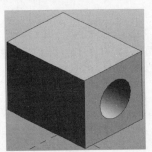

图 5-37　创建通孔

# 5.3　编　辑　形　状

## 5.3.1　编辑形状轮廓

通过更改轮廓或路径可编辑形状。

具体编辑步骤如下。

（1）打开前面绘制的放样融合形状文件。在视图中选择侧面，打开"修改|形式"选项卡，单击"模式"面板中的"编辑轮廓"按钮 ，打开"修改|形式>编辑轮廓"选项卡，并进入路径编辑模式，更改路径的形状和大小，如图 5-38 所示。

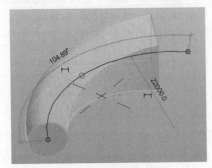

图 5-38　编辑路径

（2）单击"模式"面板中的"完成编辑模式"按钮✔，完成对路径的更改。

（3）选取放样融合的端面，单击"模式"面板中的"编辑轮廓"按钮，进入轮廓编辑模式，对截面轮廓进行编辑，如图 5-39 所示。

（4）单击"模式"面板中的"完成编辑模式"按钮✔，结果如图 5-40 所示。

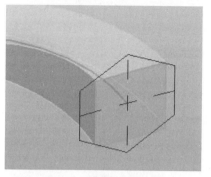

图 5-39　编辑端面轮廓

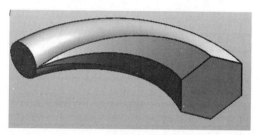

图 5-40　编辑形状

## 5.3.2　在透视模式中编辑形状

在概念设计环境中，透视模式将形状显示为透明，显示了其路径、轮廓和系统生成的引导。透视模式显示所选形状的基本几何骨架，可以更直接地与组成形状的各图元交互。透视模式一次仅适用于一个形状。如果显示了多个平铺的视图，当在一个视图中对某个形状使用透视模式时，其他视图中也会显示透视模式。

也可以在透视模式中添加和删除轮廓、边和顶点。

具体编辑步骤如下。

（1）选择形状模型，打开"修改|形式"选项卡，单击"形状图元"面板中的"透视"按钮，进入透视模式，如图 5-41 所示。透视模式会显示形状的几何图形和节点。

（2）选择形状和三维控件显示的任意图元以重新定位节点和线，如图 5-42 所示。

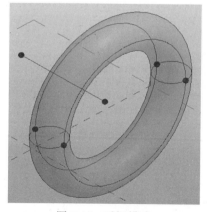

图 5-41　透视模式

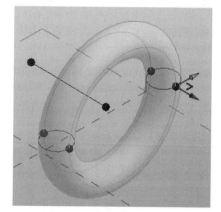

图 5-42　重新定位节点和线

（3）选择并拖动节点，更改截面大小，如图 5-43 所示。

（4）单击"添加边"按钮，在轮廓线上添加节点以增加边，如图 5-44 所示。

（5）选择增加的点，拖动控件，改变截面形状，如图 5-45 所示。

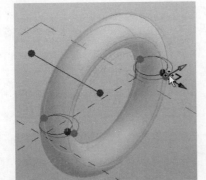

图 5-43　更改截面大小

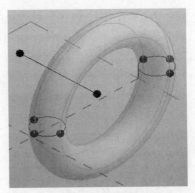

图 5-44　增加边

（6）再次单击"形状图元"面板中的"透视"按钮，退出透视模式，结果如图 5-46 所示。

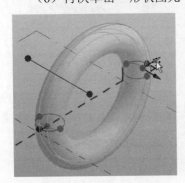

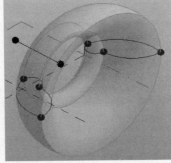

图 5-45　改变形状

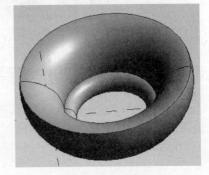

图 5-46　编辑形状

## 5.3.3　分割路径

可以分割路径和形状边以定义放置在设计中自适应构件上的节点。

在概念设计中分割路径时，将应用节点以表示构件的放置位置。通过确定分割数、分割之间的距离或通过与参照（标高、垂直参照平面或其他分割路径）的交点来执行分割。

具体操作步骤如下。

（1）打开已经绘制好的形状，这里打开放样融合形状。

（2）选择形状的一条边线，如图 5-47 所示。

（3）打开"修改|形式"选项卡，单击"分割"面板中的"分割路径"按钮，默认情况下，路径将被分割为具有 6 个等距离节点的 5 段（英制样板）或具有 5 个等距离节点的 4 段（公制样板），如图 5-48 所示。

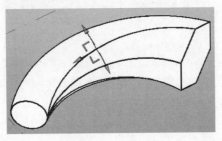

图 5-47　选择边线

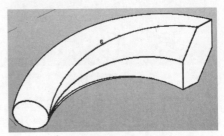

图 5-48　分割路径

（4）在属性选项板中设置"布局"为"固定距离"，更改"距离"值为6000，如图5-49所示，也可以直接在视图中选择节点数字，输入节点编号为7，如图5-50所示。

图5-49 "属性"选项板

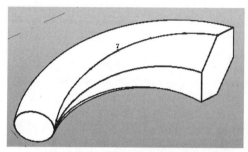

图5-50 更改节点编号

☑ 布局：指定如何沿分割路径分布节点。包括"无""固定数量""固定距离""最小距离"和"最大距离"。

　　➤ 无：将移除使用"分割路径"工具创建的节点并对路径产生影响。

　　➤ 固定数量：默认为此布局，它指定以相等间距沿路径分布的节点数。默认情况下，该路径将分割为5段6个等距离节点（英制样板）或4段5个等距离节点（公制样板）。

🔊 注意：当"弦长度"的"测量类型"仅与复杂路径的几个分割点一起使用时，生成的系列点可能不像图中所示的那样非常接近曲线。当路径的起点和终点相互靠近时会发生这种情况。

　　➤ 固定距离：指定节点之间的距离。默认情况下，一个节点放置在路径的起点，新节点按路径的"距离"实例属性定义的间距放置。通过指定"对齐"实例属性，也可以将第一个节点指定在路径的"中心"或"末端"。

　　➤ 最小距离：是指以相等间距沿节点之间距离最短的路径分布节点。

　　➤ 最大距离：是指以相等间距沿节点之间距离最长的路径分布节点。

☑ 编号：指定用于分割路径的节点数。

☑ 距离：沿分割路径指定节点之间的距离。

☑ 对正：用于测量 U/V 网格的位置，包括"起点""中心"和"终点"。

☑ 测量类型：指定测量节点之间距离所使用的长度类型。包括"弦长"和"线段长度"两种。

　　➤ 弦长：指的是节点之间的直线长度。

　　➤ 线段长度：指的是节点之间沿路径的长度。

☑ 节点总数：指定根据分割和参照交点创建的节点总数。

☑ 显示节点编号：设置在选择路径时是否显示每个节点的编号。

☑ 翻转方向：选中此复选框，则沿分割路径翻转节点的数字方向。

☑ 起始缩进：指定分割路径起点处的缩进长度。缩进取决于测量类型，分布时创建的节点不会延伸到缩进范围。

☑ 末尾缩进：指定分割路径终点的缩进长度。

☑ 路径长度：指定分割路径的长度。

### 5.3.4 分割表面

在概念设计中沿着表面应用分割网格。

具体操作步骤如下。

（1）选择形状的一个面，如图 5-51 所示。

（2）打开"修改|形式"选项卡，单击"分割"面板中的"分割表面"按钮，打开"修改|分割的表面"选项卡和选项栏。

默认情况下，U/V 网格的数量为 10，如图 5-52 所示。

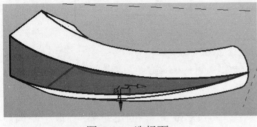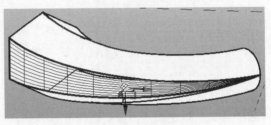

图 5-51　选择面　　　　　　　　　　　图 5-52　分割表面

（3）可以在选项栏中更改 U/V 网格的编号或距离，也可以在"属性"选项板中更改 U/V 网格的编号或距离，如图 5-53 所示。

（4）在视图中单击"配置 UV 网格布局"按钮，UV 网格编辑控件即显示在分割表面上，如图 5-54 所示。根据需要调整 UV 网格的间距、旋转和网格定位。

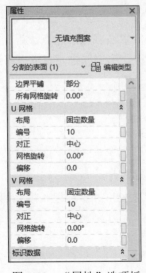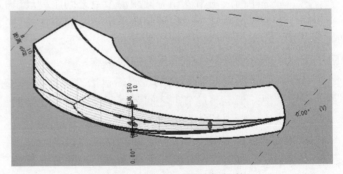

图 5-53　"属性"选项板　　　　　　　图 5-54　UV 网格编辑控件

（5）可以单击"UV 网格和交点"面板中的"U 网格"按钮和"V 网格"按钮来控制 UV 网格的关闭或显示，如图 5-55 所示。

（6）单击"表面表示"面板中的"表面"按钮，控制分割表面后的网格显示，默认状态下系统激活此按钮，显示网格，再次单击此按钮，关闭网格显示。

（7）单击"表面表示"面板中的"显示属性"按钮，打开"表面表示"对话框，默认情况下选中"UV 网格和相交线"复选框，如图 5-56 所示，如果选中"原始表面"和"节点"复选框，则显示原始表面和节点，如图 5-57 所示。

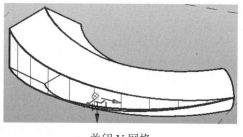

关闭 V 网格　　　　　　　　　　　　关闭 U/V 网格

图 5-55　UV 网格的显示控制

图 5-56　"表面表示"对话框

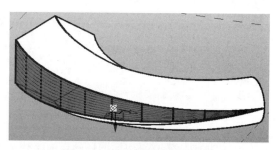

图 5-57　显示原始表面和节点

提示：在选择面或边线时，单击"分割"面板中的"默认分割设置"按钮，打开如图 5-58 所示的"默认分割设置"对话框，可以设置分割表面时的 U/V 网格数量和分割路径时的布局编号。

图 5-58　"默认分割设置"对话框

# 5.4　从体量创建建筑图元

可以从体量实例、常规模型、导入的实体和多边形网格的面创建建筑图元，具体如下。

☑　抽象模型：如果要对建筑进行抽象建模，或者要将总体积、总表面积和总楼层面积录入明细表，请使用体量实例。

☑　常规模型：如果必须创建一个唯一的、与众不同的形状，并且不需要对整个建筑进行抽象建模，请使用常规模型。墙、屋顶和幕墙系统可以从常规模型族中的面来创建。

☑ 导入的实例：要从导入实体的面创建图元，在创建体量族时必须将这些实体导入概念设计环境中，或者在创建常规模型时必须将它们导入族编辑器中。

☑ 多边形网格：可以从各种文件类型导入多边形网格对象。对于多边形网格几何图形，推荐使用常规模型族，因为体量族不能从多边形网格提取体积的信息。

## 5.4.1 从体量面创建墙

使用"面墙"工具，通过拾取线或面从体量实例创建墙。此工具将墙放置在体量实例或常规模型的非水平面上。

具体创建步骤如下。

（1）打开 5.2 节绘制的体量实例或直接绘制体量。

（2）单击"体量和场地"选项卡"面模型"面板中的"墙"按钮，打开"修改|放置 墙"选项卡和选项栏，如图 5-59 所示。

图 5-59　"修改|放置 墙"选项卡和选项栏

（3）在选项栏中设置所需的标高、高度和定位线。

（4）在"属性"选项板中选择墙的类型为"基本墙 常规-200mm"，其他采用默认设置。

（5）在视图中选择一个体量面，如图 5-60 所示。

（6）系统会立即将墙放置在该面上，如图 5-61 所示。

（7）继续选取其他体量面，创建面墙，结果如图 5-62 所示。

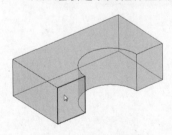
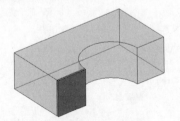
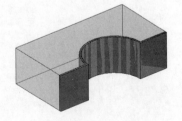

图 5-60　选择体量面　　　　图 5-61　创建面墙　　　　图 5-62　创建多个面墙

## 5.4.2 从体量面创建楼板

具体操作步骤如下。

（1）打开 5.4.1 节绘制的体量实例。

（2）选取体量实例，打开"修改|体量"选项卡，单击"模型"面板中的"体量楼层"按钮，打开"体量楼层"对话框，选中"标高 1"和"标高 2"复选框，如图 5-63 所示。单击"确定"按钮，创建体量楼层，如图 5-64 所示。

图 5-63 "体量楼层"对话框

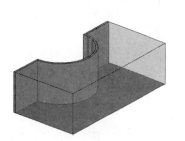

图 5-64 创建体量楼层

（3）单击"体量和场地"选项卡"面模型"面板中的"楼板"按钮，打开"修改|放置面楼板"选项卡，如图 5-65 所示。

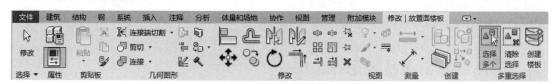

图 5-65 "修改|放置面楼板"选项卡

（4）单击"多重选择"面板中的"选择多个"按钮，禁用此选项（默认状态下，此选项处于启用状态）。

（5）在"属性"选项板中选择楼板类型为"楼板 常规-150mm"，其他采用默认设置。

（6）在视图中选择标高 1 体量楼层，如图 5-66 所示，创建楼板，结果如图 5-67 所示。

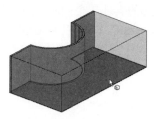

图 5-66 选取体量楼层

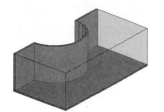

图 5-67 创建楼板

## 5.4.3 从体量面创建屋顶

使用"面屋顶"工具可以在体量的任何非垂直面上创建屋顶，如图 5-68 所示。

具体操作步骤如下。

（1）打开 5.4.2 节绘制的体量实例。

（2）单击"体量和场地"选项卡"面模型"面板中的"屋顶"按钮，打开"修改|放置面楼板"选项卡，单击"多重选择"面板中的"选择多个"按钮，禁用此选项（默认状态下，此选项处于启用状态）。

图 5-68 屋顶

（3）在"属性"选项板中选择楼板类型为"楼板 常规-125mm"，其他采用默认设置，如图 5-69 所示。

（4）在视图中选择体量实例的上表面，如图 5-70 所示，创建屋顶，结果如图 5-71 所示。

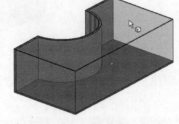

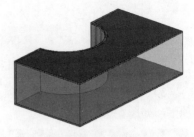

图 5-69　"属性"选项板　　　　图 5-70　选取体量楼层　　　　图 5-71　创建屋顶

## 5.4.4　从体量面创建幕墙系统

使用"面幕墙系统"工具可以在任何体量面或常规模型面上创建幕墙系统。

具体操作步骤如下。

（1）打开 5.4.3 节绘制的体量实例。

（2）单击"体量和场地"选项卡"面模型"面板中的"幕墙系统"按钮，打开"修改|放置面幕墙系统"选项卡。

（3）系统默认启用"选择多个"按钮，在视图中选择图形的其他 3 个侧面，如图 5-72 所示。

（4）在"属性"选项板中选择幕墙类型为"幕墙系统 1500×3000mm"，其他采用默认设置，如图 5-73 所示。

（5）选取面后，单击"多重选择"面板中的"创建系统"按钮，创建幕墙系统，结果如图 5-74 所示。

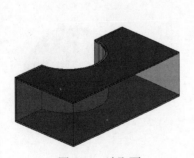

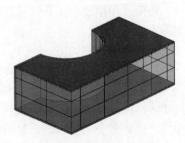

图 5-72　选取面　　　　　　　图 5-73　"属性"选项板　　　　图 5-74　幕墙系统

# 第 2 篇

# 提高篇

本篇将以别墅为例介绍标高、轴网、结构构件、各个建筑单元的设计、漫游和渲染、施工图设计以及明细表的实现过程。通过本篇的学习，读者将掌握建筑设计方法及其相应的 Revit 制图技巧。

- ☑ 了解建筑设计的方法和特点
- ☑ 掌握建筑设计 Revit 制图操作技巧

第**6**章

标高和轴网

## 知识导引

在 Revit 中，标高和轴网是用来定位和定义楼层高度和视图平面的，也就是设计基准，其中轴网确定了一个不可见的工作平面。轴网编号以及标高符号样式均可定制修改。

☑ 标高　　　　　　　　　　　　　　☑ 轴网

## 任务驱动&项目案例

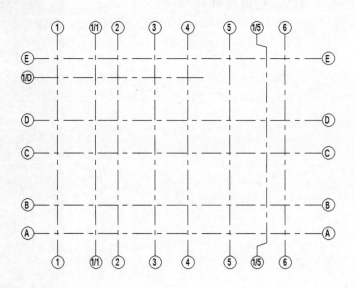

# 6.1 标 高

在 Revit 中几乎所有的建筑构件都是基于标高创建的，标高不仅可以作为楼层层高，还可以作为窗台和其他构件的定位。当标高修改后，这些建筑构件会随着标高的改变而发生高度上的变化。

在 Revit 中，标高由标头和标高线组成，如图 6-1 所示。标头包括标高的标头符号样式、标高值、标高名称等，标头符号由该标高采用的标头族定义。标高线用于反映标高对象投影的位置和线型、线宽和线颜色等，它由标高类型参数中对应的参数定义。

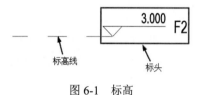

图 6-1 标高

## 6.1.1 创建别墅标高

使用"标高"工具可定义垂直高度或建筑内的楼层标高。可为每个已知楼层或其他必须的建筑参照（如第二层、墙顶或基础底端）创建标高。

在 Revit 中，"标高"命令必须在立面和剖面视图中才能使用，因此在正式开始项目设计之前，必须先打开一个立面视图。

具体操作步骤如下。

（1）单击主页上的"模型"→"新建"按钮 [新建]，打开"新建项目"对话框，在"样板文件"下拉列表中选择"建筑样板"，选中"项目"单选按钮，如图 6-2 所示。单击"确定"按钮，新建项目 1 文件，并显示楼层平面标高 1。

（2）在如图 6-3 所示的项目浏览器中的"立面"节点下双击"东"，将视图切换至东立面视图。在东立面视图中显示预设的标高 1 和标高 2，且标高 1 为±0.000m，标高 2 为 4.000m，如图 6-4 所示。

图 6-2 "新建项目"对话框

图 6-3 项目浏览器

图 6-4 预设标高

（3）单击"建筑"选项卡"基准"面板中的"标高"按钮 ，打开"修改|放置 标高"选项卡

和选项栏，如图 6-5 所示。默认激活"线"按钮。

图 6-5 "修改|放置 标高"选项卡和选项栏

☑ 创建平面视图：默认选中此复选框，所创建的每个标高都是一个楼层，并且拥有关联楼层平面视图和天花板投影平面视图。如果取消选中此复选框，则认为标高是非楼层的标高或参照标高，并且不创建关联的平面视图。墙及其他以标高为主体的图元可以将参照标高用作自己的墙顶定位标高或墙底定位标高。

☑ 平面视图类型：单击此按钮，打开如图 6-6 所示的"平面视图类型"对话框，指定视图类型。

（4）当放置光标以创建标高时，如果光标与现有标高线对齐，则光标和该标高线之间会显示一个临时的垂直尺寸标注，如图 6-7 所示。单击确定标高的起点。

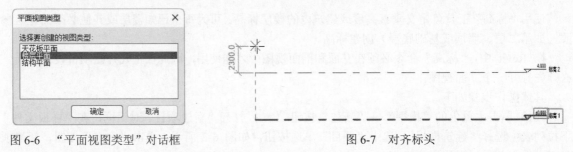

图 6-6 "平面视图类型"对话框

图 6-7 对齐标头

（5）通过水平移动光标绘制标高线，直到捕捉到另一侧标头，如图 6-8 所示，单击确定标高线的终点。

图 6-8 对齐另一侧

（6）选择与其他标高线对齐的标高线时，将会出现一个锁以显示对齐，如图 6-9 所示。如果水平移动标高线，则全部对齐的标高线会随之移动。

图 6-9 锁定对齐

（7）采用相同的方法，绘制其他标高线，如图 6-10 所示。

图 6-10　绘制标高

💡提示：如果想生成多个标高，还可以利用"复制" 🖺和"阵列" ▦创建多个标高，只是利用这两种工具只能单纯地创建标高符号而不会生成相应的视图，所以需要手动创建平面视图。

（8）执行"文件"→"另存为"→"项目"命令，打开"另存为"对话框，指定保存位置并输入文件名，单击"保存"按钮。

## 6.1.2　修改别墅标高

当标高创建完成后，还可以修改标高的标头样式、标高线型，调整标高标头位置。

具体操作步骤如下。

（1）单击主页上的"模型"→"打开"按钮📂 **打开...**，打开"打开"对话框，选取 6.1.1 节保存的文件。

（2）选中视图中的标高，显示临时尺寸值，双击尺寸值 4000.0，在文本框中输入新的尺寸值为 3000，按 Enter 键更改标高的高度，系统将自动调整标高位置，如图 6-11 所示。

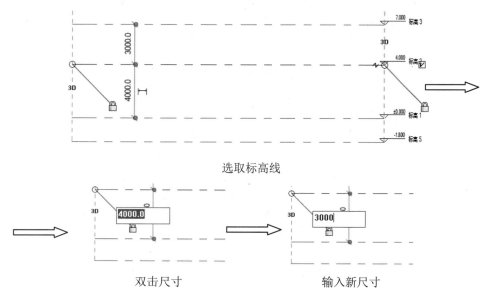

图 6-11　更改标高高度的过程

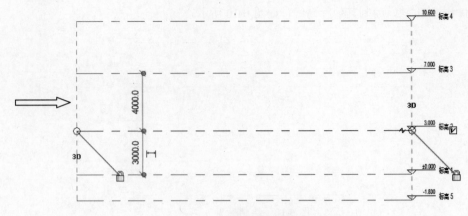

调整标高高度

图 6-11 更改标高高度的过程（续）

（3）双击标高 3 标头上的尺寸值 7.000，在文本框中输入新的尺寸值 6（标头上显示的尺寸值是以 m 为单位），按 Enter 键更改标高的高度，系统自动调整标高线的位置，如图 6-12 所示。

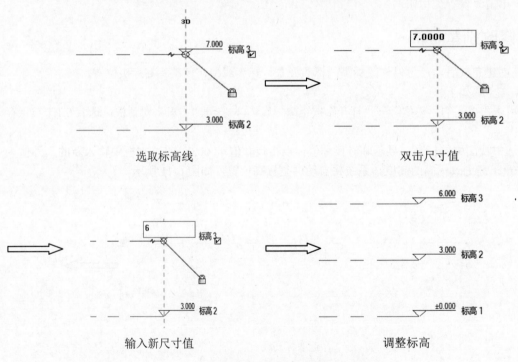

图 6-12 更改标头尺寸的过程

（4）重复步骤（2）或步骤（3）中的方法，更改其他标高尺寸，结果如图 6-13 所示。

（5）选取标高 5，单击标高的名称，在文本框中输入新的名称为"室外标高"，按 Enter 键，打开如图 6-14 所示的"确认标高重命名"对话框，单击"是"按钮，则相关的楼层平面和天花板投影平面的名称也将随之更新，如图 6-15 所示。

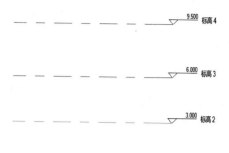

图 6-13　修改标高高度

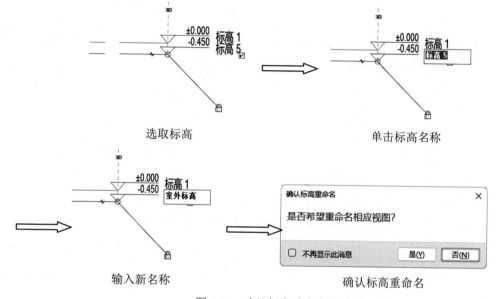

选取标高　　　　　　　　　　　单击标高名称

输入新名称　　　　　　　　　确认标高重命名

图 6-14　确认标高重命名的过程

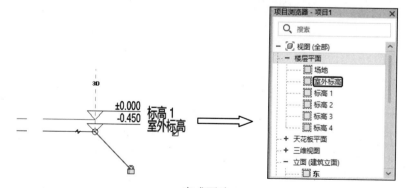

完成更改

图 6-15　更改标高名称的过程

（6）采用相同的方法更改其他标头名称，结果如图 6-16 所示。

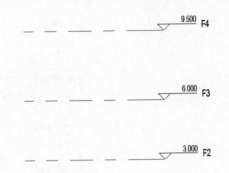

图 6-16　更改标高名称

提示：如果输入的名称已存在，则会打开如图 6-17 所示的 "Autodesk Revit 2024" 提示对话框，单击 "取消" 按钮，重新输入名称即可。

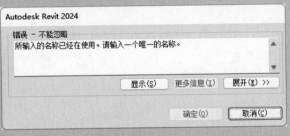

图 6-17　"Autodesk Revit 2024" 提示对话框

注意：在绘制标高时，要注意鼠标的位置，如果鼠标在现有标高的上方，则会在当前标高上方生成标高，如果鼠标在现有标高的下方位置，则会在当前标高的下方生成标高。在拾取时，视图中会以虚线表示即将生成的标高位置，可以根据此预览来判断标高位置是否正确。

（7）选取室外标高，在属性选项板中更改类型，如图 6-18 所示。

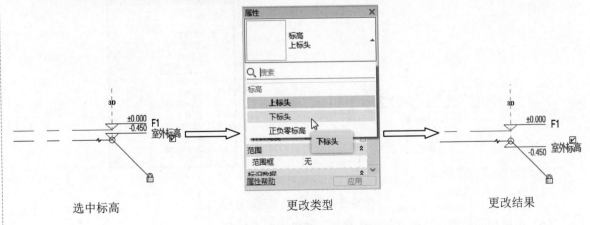

选中标高　　　　　　　　更改类型　　　　　　　　更改结果

图 6-18　更改标高类型的过程

（8）选取标高线，拖动标高线两端的操纵柄，向左或向右移动鼠标，调整标高线的长度，如图 6-19 所示。

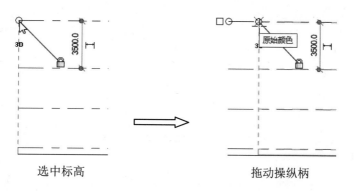

图 6-19　调整标高线长度的过程

（9）选取一条标高线，在标高编号的附近会显示"隐藏或显示编号"复选框，取消选中此复选框，将隐藏标头，选中此复选框，将显示标头，如图 6-20 所示。

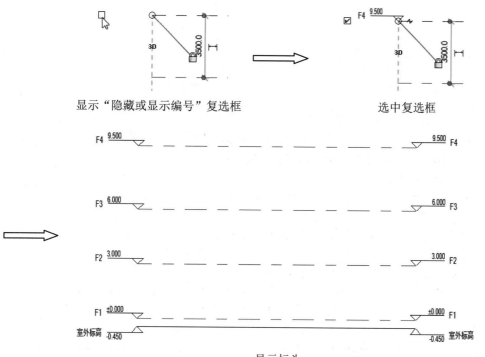

图 6-20　显示标头的过程

（10）当相邻两个标高靠得很近时，有时会出现标头文字重叠的现象，可以单击"添加弯头"按钮，拖动控制柄到适当的位置，如图 6-21 所示。

（11）选取标高后，单击"3D"字样，将标高切换到 2D 属性，如图 6-22 所示。这时拖曳标头延长标高线后，其他视图不会受到影响。

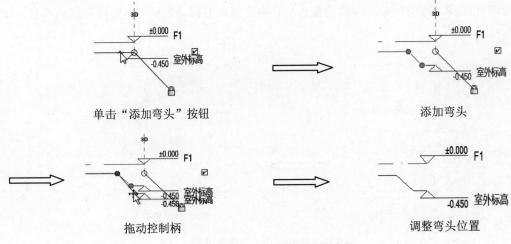

单击"添加弯头"按钮　　　　　　　　　　　添加弯头

拖动控制柄　　　　　　　　　　　调整弯头位置

图 6-21　调整位置的过程

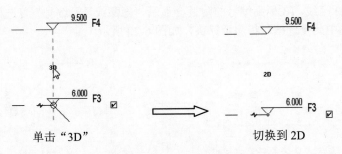

单击"3D"　　　　　　　　　　　切换到 2D

图 6-22　3D 与 2D 切换的过程

（12）还可以在"属性"选项板中通过修改实例属性来指定标高的高程、计算高度和名称，如图 6-23 所示。对实例属性的修改只会影响当前所选中的图元。

- ☑　立面：标高的垂直高度。
- ☑　上方楼层：与"建筑楼层"参数结合使用，此参数指示该标高的下一个建筑楼层。默认情况下，"上方楼层"是下一个启用"建筑楼层"的最高标高。
- ☑　计算高度：在计算房间周长、面积和体积时要使用的标高之上的距离。
- ☑　名称：标高的标签。可以为该属性指定任何所需的标签或名称。
- ☑　结构：将标高标识为主要结构（如钢顶部）。
- ☑　建筑楼层：指示标高对应于模型中的功能楼层或楼板，与其他标高（如平台和保护墙）相对。

（13）单击"属性"选项板中的"编辑类型"按钮，打开如图 6-24 所示的"类型属性"对话框，可以在该对话框中修改标高类型的"基面""线宽""颜色"等属性。

- ☑　高程基准：包括项目基点和测量点。如果选择项目基点，则在某一标高上报告的高程基于项目原点。如果选择测量点，则报告的高程基于固定测量点。
- ☑　线宽：设置标高类型的线宽。可以从值列表中选择线宽型号。
- ☑　颜色：设置标高线的颜色。单击颜色，打开"颜色"对话框，从对话框的颜色列表中选择颜色或自定义颜色。
- ☑　线型图案：设置标高线的线型图案。线型图案可以为实线或虚线和圆点的组合。可以从 Revit 定义的值列表中选择线型图案，或自定义线型图案。
- ☑　符号：确定标高线的标头是否显示编号中的标高号（标高标头-圆圈）、显示标高号但不显示编号（标高标头-无编号）或不显示标高号（<无>）。

图 6-23 "属性"选项板

图 6-24 "类型属性"对话框

☑ 端点 1 处的默认符号：默认情况下，在标高线的左端点处不放置编号，选中此复选框，显示编号。

☑ 端点 2 处的默认符号：默认情况下，在标高线的右端点处放置编号。选择标高线时，标高编号旁边将显示复选框，取消选中此复选框，隐藏编号。

（14）执行"文件"→"另存为"→"项目"命令，打开"另存为"对话框，指定保存位置并输入文件名，单击"保存"按钮。

# 6.2 轴 网

轴网用于为构件定位，在 Revit 中轴网确定了一个不可见的工作平面。软件目前可以绘制弧形和直线轴网，不支持折线轴网。

## 6.2.1 创建别墅轴网

使用"轴网"工具，可以在建筑设计中放置柱轴网线。轴网可以是直线、圆弧或多段线。

在 Revit 中轴网只需要在任意剖面视图中绘制一次，其他平面、立面、剖面视图中都将自动显示。具体操作步骤如下。

（1）打开 6.1 节绘制的文件，在项目浏览器中的楼层平面节点下双击 F1，将视图切换至 F1 平面，楼层平面视图中的符号○表示本项目中东、南、西、北各立面视图的位置，双击此符号将视图切换至对应的立面视图。

（2）单击"建筑"选项卡"基准"面板中的"轴网"按钮器，打开"修改|放置 轴网"选项卡和选项栏，如图 6-25 所示。系统默认激活"线"按钮 。

（3）单击确定轴线的起点，然后拖动鼠标向下移动，系统将在鼠标指示的位置和起点之间显示轴线预览，并给出当前轴线方向与水平方向的临时角度，如图 6-26 所示，移动鼠标到适当位置并单击，确定轴线的终点，完成一条竖直直线的绘制，结果如图 6-27 所示。

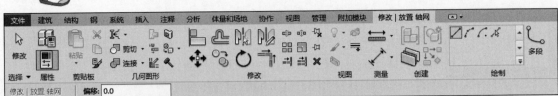

图 6-25　"修改|放置 轴网"选项卡和选项栏

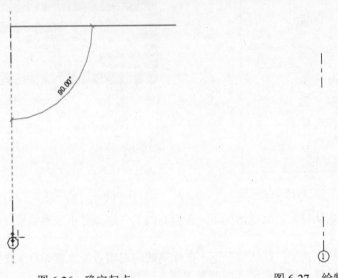

图 6-26　确定起点　　　　　　　　　　　　图 6-27　绘制轴线

（4）移动鼠标到轴线 1 起点的右侧，系统将自动捕捉该轴线的起点，给出端点对齐捕捉参考线，并在鼠标和轴线之间显示临时尺寸，单击确定轴线的起点，向下移动鼠标，直到捕捉轴线 1 另一侧端点时，单击鼠标，确定轴线的端点，完成轴线 2 的绘制，系统自动对该轴线编号为 2，如图 6-28 所示。

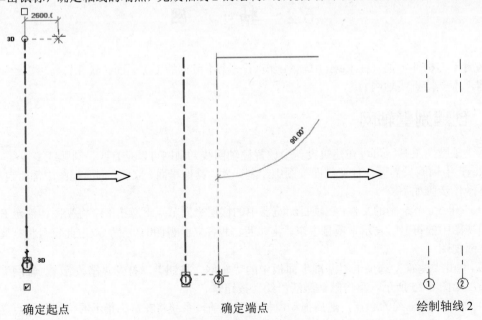

确定起点　　　　　　　　　　确定端点　　　　　　　　　　绘制轴线 2

图 6-28　绘制轴线 2 的过程

（5）也可以单击"修改"选项卡"修改"面板中的"复制"按钮 ，框选上步中已绘制的轴线2，然后按 Enter 键，指定起点，移动鼠标到适当位置，单击确定终点，如图 6-29 所示。也可以直接输入尺寸值确定两轴线之间的距离。复制的轴线编号是自动排序的。

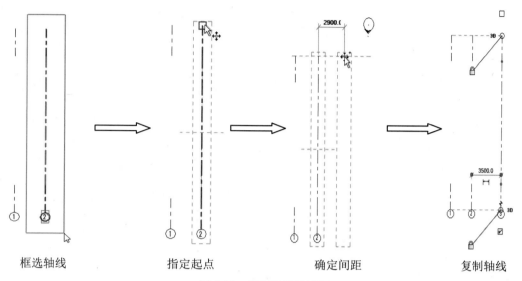

框选轴线　　　　　指定起点　　　　　确定间距　　　　　复制轴线

图 6-29　复制轴线的过程

（6）继续绘制其他竖直轴线，如图 6-30 所示。如果轴线是对齐的，则选择线时会出现一个锁，以指明对齐。如果移动轴网范围，则所有对齐的轴线都会随之移动。

（7）继续指定轴线的起点，水平移动鼠标到适当位置，单击确定终点，绘制一条水平轴线，如图 6-31 所示。系统将自动按轴线编号累计 1 的方式，自动命名轴线编号为 9。

图 6-30　绘制竖直轴线　　　　　　　　　图 6-31　绘制水平轴线

（8）单击"修改"选项卡"修改"面板中的"阵列"按钮 ，选取上步绘制的水平轴线，然后指定阵列起点，在选项栏中选中"成组并关联"复选框，选择"最后一个"选项，拖动鼠标向下移动，指定阵列最后一个图形的位置，单击确定，并输入阵列个数为 6，按 Enter 键确定，绘制过程如图 6-32所示。从图中可以看出采用"最后一个"选项阵列出来的轴线编号不是按顺序编号的，但是采用"第二个"选项阵列出来的轴线编号是按顺序编号的。

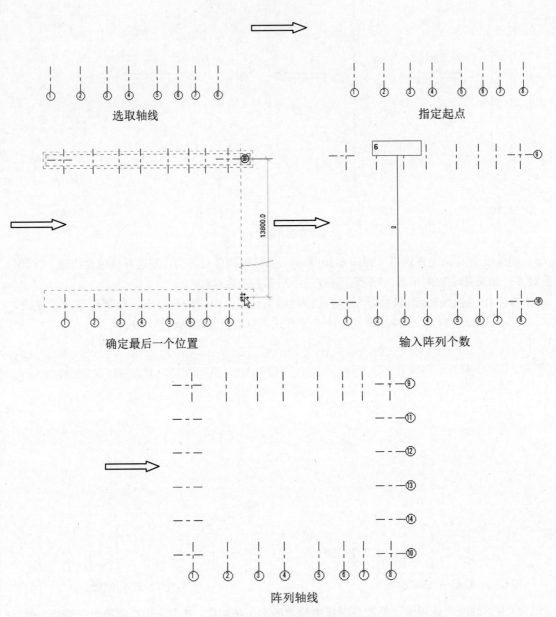

图 6-32　阵列轴线的过程图

（9）通过"阵列"命令创建的轴线分别是模型组，所以选取上步创建的轴线 9～轴线 14，单击"修改|模型组"选项卡"成组"面板中的"解组"按钮，将轴线模型组恢复为图元。

（10）执行"文件"→"另存为"→"项目"命令，打开"另存为"对话框，指定保存位置并输入文件名，单击"保存"按钮。

## 6.2.2 编辑别墅轴网

绘制完轴网后会发现轴网中有的地方不符合要求，需要进行修改。

具体操作步骤如下。

（1）打开 6.2.1 节绘制的文件，选取所有轴线，然后在"属性"选项板中选择如图 6-33 所示的轴网类型，更改后的结果如图 6-34 所示。

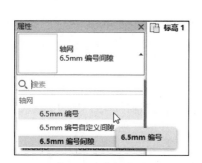

图 6-33 选择类型

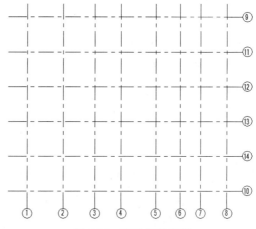

图 6-34 更改轴线类型

（2）一般情况下，横向轴线的编号是按从左到右的顺序编写，纵向轴线的编号则用大写的拉丁字母从下到上编写，不能用 I 和 O 字母。选择最下端水平轴线，单击"10"数字，更改为"A"，按Enter 键确认，如图 6-35 所示。

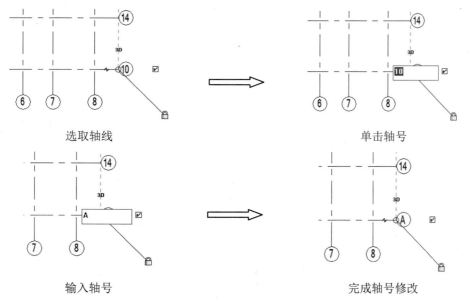

选取轴线 单击轴号

输入轴号 完成轴号修改

图 6-35 修改轴号的过程

（3）采用相同方法更改其他纵向轴线的编号，结果如图 6-36 所示。

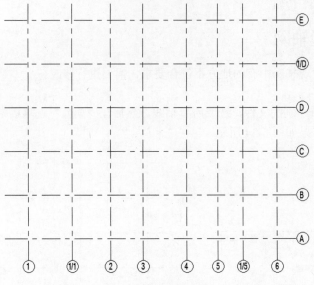

图 6-36　更改轴编号

（4）选取轴线 1/1，图中将会显示临时尺寸，单击轴线 1/1 左侧的临时尺寸 3000，输入新的尺寸值 2445，按 Enter 键确认，轴线会根据新的尺寸值移动位置，如图 6-37 所示。

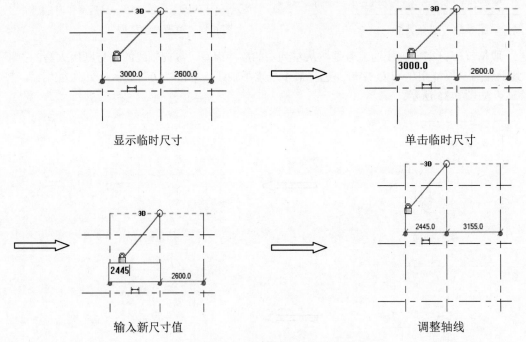

图 6-37　修改轴线之间尺寸的过程

（5）采用相同的方法，更改轴线之间的所有尺寸，如图 6-38 所示。也可以直接拖动轴线，调整轴线之间的距离。

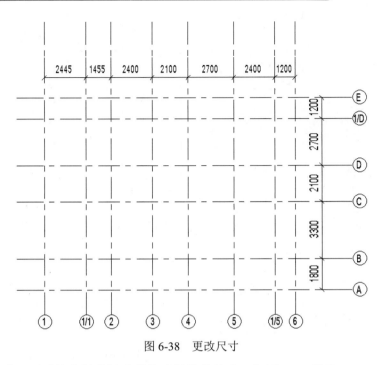

图 6-38　更改尺寸

（6）选取轴线，通过拖曳轴线端点，修改轴线的长度，如图 6-39 所示。

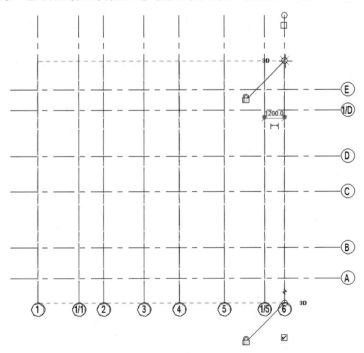

图 6-39　调整轴线长度

（7）框选视图中所有的轴线，单击"属性"选项板中的"编辑类型"按钮 ，打开如图 6-40 所示的"类型属性"对话框，可以在该对话框中修改轴线类型"符号""颜色"等属性。选中"平面视图轴号端点 1（默认）"选项，单击"确定"按钮，结果如图 6-41 所示。

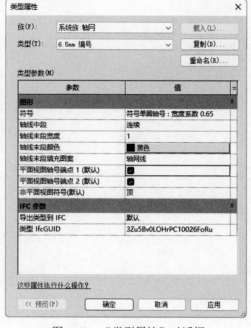

图 6-40　"类型属性"对话框

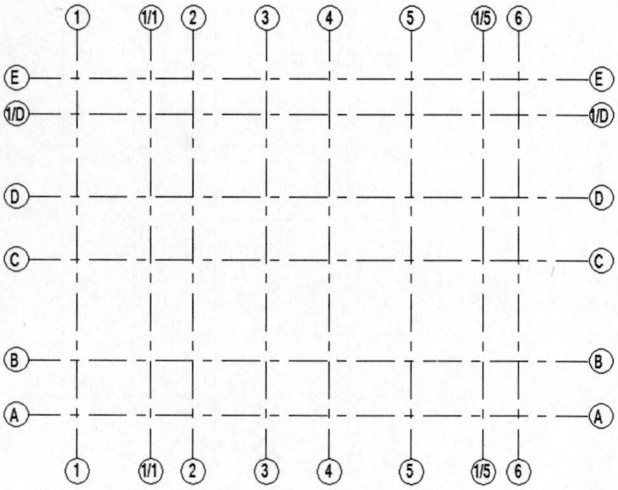

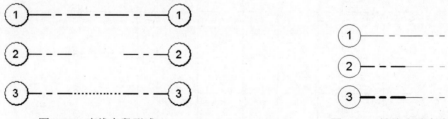

图 6-41　显示端点 1 的轴号

- ☑ 符号：用于轴线端点的符号。
- ☑ 轴线中段：在轴线中显示的轴线中段的类型。包括"无""连续"或"自定义"，如图 6-42 所示。
- ☑ 轴线末段宽度：表示连续轴线的线宽，或者在"轴线中段"为"无"或"自定义"的情况下表示轴线末段的线宽，如图 6-43 所示。

图 6-42　直线中段形式

图 6-43　轴线末端宽度

- ☑ 轴线末段颜色：表示连续轴线的线颜色，或者在"轴线中段"为"无"或"自定义"的情况下表示轴线末段的线颜色，如图 6-44 所示。
- ☑ 轴线末段填充图案：表示连续轴线的线样式，或者在"轴线中段"为"无"或"自定义"的情况下表示轴线末段的线样式，如图 6-45 所示。

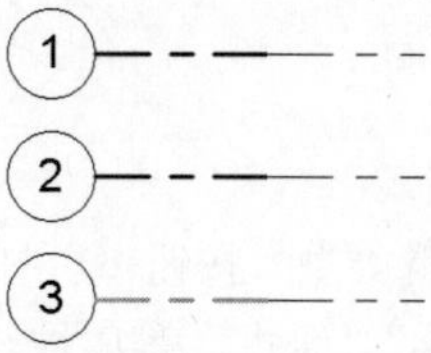

图 6-44　轴线末段颜色

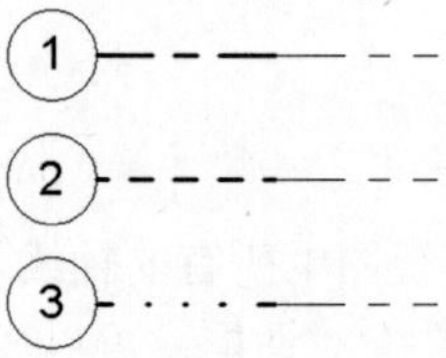

图 6-45　轴线末段填充图案

☑ 平面视图轴号端点 1（默认）：在平面视图中，在轴线的起点处显示编号的默认设置。也就是说，在绘制轴线时，编号在其起点处显示。

☑ 平面视图轴号端点 2（默认）：在平面视图中，在轴线的终点处显示编号的默认设置。也就是说，在绘制轴线时，编号显示在其终点处。

☑ 非平面视图符号（默认）：在非平面视图的项目视图（例如，立面视图和剖面视图）中，轴线上显示编号的默认位置："顶""底""两者"（顶和底）和"无"。 如果需要，可以显示或隐藏视图中各轴网线的编号。

（8）从图 6-41 中可以看出轴线 1/5 和轴线 6 两条轴线之间相距太近，可以选取 1/5 轴线，单击"添加弯头"按钮 ，拖动控制点，调整轴线位置，结果如图 6-46 所示。

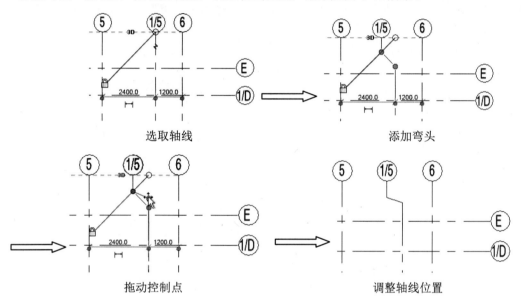

图 6-46 添加弯头的过程

（9）采用相同的方法在轴线 1/5 另一端添加弯头，结果如图 6-47 所示。

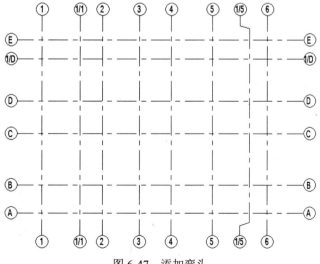

图 6-47 添加弯头

（10）选取轴线 1/D，取消选中轴线右侧的方框☑，以关闭轴号显示，如图 6-48 所示。

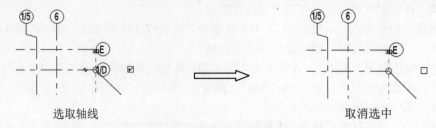

图 6-48　关闭轴号的过程

（11）选取轴线 1/D，单击轴线右侧的"创建或删除长度或对齐约束"按钮⬝，使其变为⬝，删除对齐约束，拖动轴线 1/D 右侧的控制点，调整轴线 1/D 的长度，如图 6-49 所示。

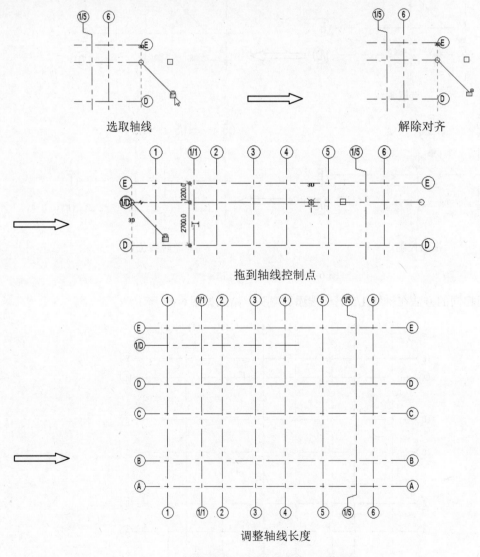

图 6-49　调整轴线 1/D 的过程

（12）将视图切换至 F2 平面视图，从图中可以看出轴线 1/5 没有像 F1 楼层平面视图中那样添加弯头，这是由于添加的弯头仅对当前视图有效。将视图切换至 F1 平面视图，选取轴线 1/5 和 1/D，单击"修改|轴网"选项卡"基准"面板中的"影响范围"按钮，打开"影响基准范围"对话框，在视图列表中选中"楼层平面：F2""楼层平面：F3""楼层平面：F4"和"楼层平面：室外标高"复选框，如图 6-50 所示，单击"确定"按钮，系统将在 F2、F3、F4 层调整轴线 1/5 和 1/D。

图 6-50　"影响基准范围"对话框

（13）执行"文件"→"另存为"→"项目"命令，打开"另存为"对话框，指定保存位置并输入文件名，单击"保存"按钮。

# 第 7 章

# 结构构件

### 知识导引

　　柱和梁是建筑结构中经常出现的构件。梁承托着建筑物上部构架中的构件及屋面的全部重量，是建筑上部构架中最为重要的部分。在框架结构中，梁把各个方向的柱连接成整体；在墙结构中，洞口上方的连梁将两个墙肢连接起来，使之共同工作。

☑　柱　　　　　　　　　　　　　　　☑　梁

### 任务驱动&项目案例

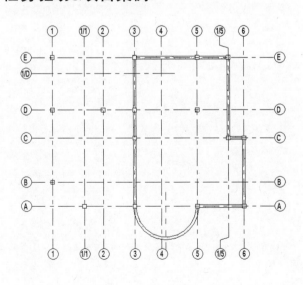

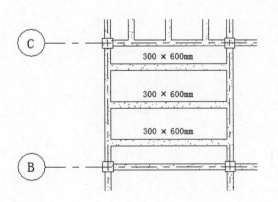

# 7.1 柱

Revit 包含两种柱，分别是结构柱和建筑柱，结构柱是用于承重的，而建筑柱是用来装饰和围护的。

## 7.1.1 创建别墅结构柱

结构柱就是在框架结构中承受梁和板传来的荷载，并将荷载传给基础，是主要的竖向受力构件，如图 7-1 所示。

图 7-1 结构柱

尽管结构柱与建筑柱共享许多属性，但结构柱还具有许多由它自己的配置和行业标准定义的其他属性，可提供不同的行为。结构柱具有一个可用于数据交换的分析模型。

（1）打开 6.2.2 节绘制的别墅轴网。在项目浏览器中的楼层平面节点下双击室外标高，将视图切换至室外标高平面。

（2）单击"建筑"选项卡"构建"面板"柱" 下拉列表中的"结构柱"按钮，打开"修改|放置 结构柱"选项卡和选项栏，如图 7-2 所示。默认激活"垂直柱"按钮，绘制垂直柱。

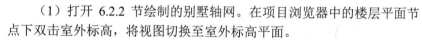

图 7-2 "修改|放置 结构柱"选项卡和选项栏

"修改|放置 结构柱"选项卡和选项栏中的选项说明如下。

☑ 放置后旋转：选择此选项可以在放置柱后立即将其旋转。

☑ 深度：此设置为从柱的底部向下绘制。要从柱的底部向上绘制，则选择"高度"。

☑ 标高/未连接：选择柱的顶部标高，或者选择"未连接"，然后指定柱的高度。

（3）在"选项栏"中设置结构柱的参数，如放置后是否旋转，结构柱的深度等。

（4）在"属性"选项板的类型下拉列表中选择结构柱的类型，系统默认的只有"UC-普通柱-柱"，需要载入其他结构柱类型。单击"模式"面板中的"载入族"按钮，打开"载入族"对话框，选择"Chinese\结构\柱\混凝土"文件夹中的"混凝土-矩形-柱.rfa"，如图 7-3 所示。

（5）单击"打开"按钮，加载"混凝土-矩形-柱.rfa"族文件，此时"属性"选项板如图 7-4 所示。

"属性"选项板中的选项说明如下。

☑ 随轴网移动：将垂直柱限制条件改为轴网。

☑ 房间边界：将柱限制条件改为房间边界条件。

☑ 结构材质：显示模型材质。

☑ 钢筋保护层-顶面：只适用于混凝土柱，设置与柱顶面间的钢筋保护层距离。

☑ 钢筋保护层-底面：只适用于混凝土柱，设置与柱底面间的钢筋保护层距离。

☑ 钢筋保护层-其他面：只适用于混凝土柱，设置从柱到其他图元面间的钢筋保护层距离。

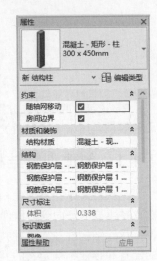

图 7-3 "载入族"对话框　　　　　　　　　　　图 7-4 "属性"选项板

（6）在"属性"选项板中单击"编辑类型"按钮 ，打开"类型属性"对话框，单击"复制"按钮，打开"名称"对话框，输入名称为"300×300mm"，单击"确定"按钮，返回"类型属性"对话框，更改 b 为 300，h 为 300，其他采用默认设置，单击"确定"按钮，完成"混凝土–矩形-柱 300×300mm"类型的创建。

（7）在选项栏中指定高度为 F4，柱放置在轴网交点时，两组网格线将高亮显示，如图 7-5 所示，单击放置柱。

💡 提示：放置柱时，使用空格键更改柱的方向。每次按空格键时，柱将发生旋转，以便与选定位置的相交轴网对齐。在不存在任何轴网的情况下，按空格键时会使柱旋转 90 度。

（8）单击"多个"面板中的"在轴网处"按钮，框选视图中所有的轴网，所选的轴线将以蓝色高亮显示，并在轴线交点处预显示结构柱，如图 7-6 所示。

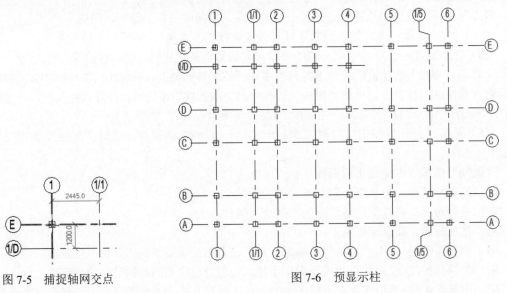

图 7-5 捕捉轴网交点　　　　　　　　　　图 7-6 预显示柱

（9）按住 Shift 键，当鼠标变成 ，单击轴线 1/D 和轴线 4，取消这两根轴线的选取，如图 7-7

所示。

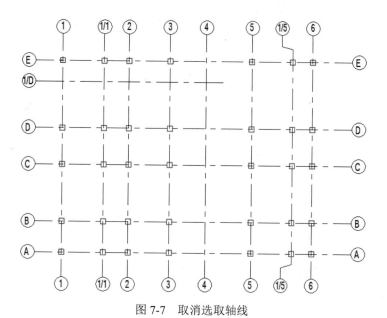

图 7-7 取消选取轴线

（10）在"修改|放置 结构柱>在轴网交点处"选项卡中单击"完成"按钮，系统将在所有的轴线交点处生成结构柱，并分别对齐至各结构柱中心，如图 7-8 所示，按 Esc 键退出结构柱命令。

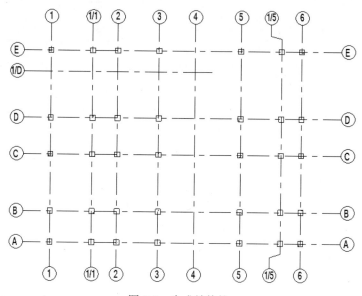

图 7-8 生成结构柱

（11）选取视图中不需要的结构柱，按 Delete 键删除，结果如图 7-9 所示。

（12）按 Ctrl 键选取如图 7-10 所示的结构柱，在"属性"选项板中更改"顶部标高"为 F3。采用相同的方法选取轴线 C 与轴线 1/1 和轴线 2 上的结构柱，更改"顶部标高"为 F2。

（13）执行"文件"→"另存为"→"项目"命令，打开"另存为"对话框，指定保存位置并输入文件名，单击"保存"按钮。

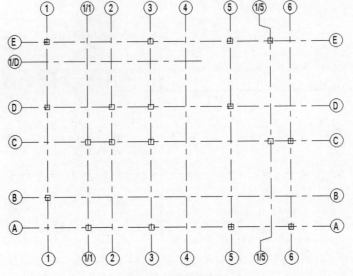

图 7-9　删除结构柱

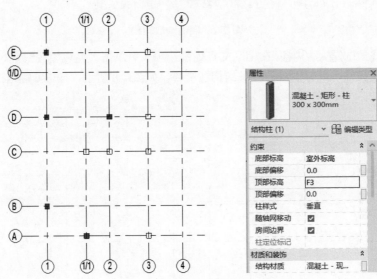

图 7-10　更改结构柱标高

## 7.1.2　建筑柱

可以使用建筑柱围绕结构柱创建柱框外围模型，并将其用于装饰，如图 7-11 所示。墙的复合层包络建筑柱。这并不适用于结构柱。

可以在平面视图和三维视图中添加柱。

具体操作过程如下。

（1）新建项目文件。

（2）单击"建筑"选项卡"构建"面板"柱" 下拉列表中的"柱：建筑"按钮，打开"修改|放置 柱"选项卡和选项

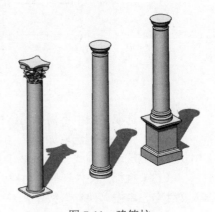

图 7-11　建筑柱

栏，如图 7-12 所示。

图 7-12 "修改|放置 柱"选项卡和选项栏

（3）在选项栏设置结构柱的参数。

（4）在"属性"选项板的"类型"下拉列表中选择建筑柱的类型，系统默认的只有"矩形柱"，可以单击"模式"面板中的"载入族"按钮，打开"载入族"对话框，在"Chinese\建筑\柱"文件夹中选择需要的柱，这里选择"柱 4.rfa"。

（5）单击"打开"按钮，加载"柱 4.rfa"，此时"属性"选项板如图 7-13 所示。

（6）单击放置柱，切换到三维视图，观察柱，如图 7-14 所示。通常，通过选择轴线或墙放置柱时将会对齐柱。

图 7-13 属性选项板

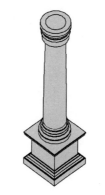

图 7-14 三维建筑柱

# 7.2 梁

由支座支承，承受的外力以横向力和剪力为主，以弯曲为主要变形的构件称为梁。

将梁添加到平面视图中时，必须将底剪裁平面设置为低于当前标高；否则，梁在该视图中不可见。但是如果使用结构样板，视图范围和可见性设置会相应地显示梁。每个梁的图元是通过特定梁族的类型属性定义的。此外，还可以修改各种实例属性来定义梁的功能。

可以使用以下任一方法，将梁附着到项目中的任何结构图元。

☑ 绘制单个梁。

☑ 创建梁链。

☑ 选择位于结构图元之间的轴线。

☑ 创建梁系统。

## 7.2.1 创建别墅上的梁

梁及其结构属性还具有以下特性。

☑ 可以使用"属性"选项板修改默认的"结构用途"设置。

☑ 可以将梁附着到任何其他结构图元（包括结构墙）上，但是它们不会连接到非承重墙上。

☑ 结构用途参数可以包括在结构框架明细表中，这样便可以计算大梁、托梁、檩条和水平支撑的数量。

☑ 结构用途参数值可确定粗略比例视图中梁的线样式。可使用"对象样式"对话框修改结构用途的默认样式。

☑ 梁的另一结构用途是作为结构桁架的弦杆。

具体操作过程如下。

（1）打开第 7.1.1 节绘制的文件，如图 7-15 所示。

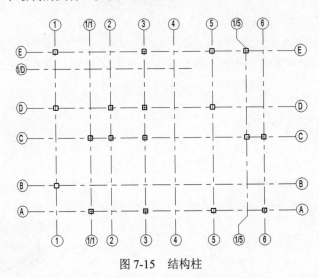

图 7-15    结构柱

（2）单击"结构"选项卡"结构"面板中的"梁"按钮，打开"修改|放置 梁"选项卡和选项栏，如图 7-16 所示。默认激活"线"按钮。

图 7-16    "修改|放置 梁"选项卡和选项栏

（3）在"属性"选项板中只有"热轧 H 型钢"类型的梁。

（4）单击"模式"面板中的"载入族"按钮，打开"载入族"对话框，选择"Chinese\结构\框架\混凝土"文件夹中的"混凝土-矩形梁.rfa"。

（5）在属性选项板中选择"混凝土-矩形梁 400×800mm"，如图 7-17 所示。单击"编辑类型"按钮，打开"类型属性"对话框，单击"复制"按钮，打开"名称"对话框，输入名称为 300×450mm，单击"确定"按钮，返回到"类型属性"对话框，输入 b 为 300，h 为 450，其他采用默认设置，如图 7-18 所示。

提示：在 Revit 中提供了混凝土和钢梁两种不同属性的梁，其属性参数也稍有不同。

混凝土梁的"属性"选项板中的选项说明如下。

☑ 参照标高：标高限制。这是一个只读的值，取决于放置梁的工作平面。

Note

图 7-17 混凝土梁的"属性"选项板

图 7-18 "类型属性"对话框

☑ YZ 轴对正：包括统一和独立两个选项。使用"统一"可为梁的起点和终点设置相同的参数。使用"独立"可为梁的起点和终点设置不同的参数。

☑ Y 轴对正：指定物理几何图形相对于定位线的位置，有"原点""左侧""中心"和"右侧"。

☑ Y 轴偏移值：几何图形偏移的数值。在"Y 轴对正"参数中设置的定位线与特性点之间的距离。

☑ Z 轴对正：指定物理几何图形相对于定位线的位置，有"原点""顶部""中心"和"底部"。

☑ Z 轴偏移值：在"Z 轴对正"参数中设置的定位线与特性点之间的距离。

（6）在"属性"选项板的结构材质栏中单击⬚按钮，打开"材质浏览器"对话框，选择"混凝土-现场浇注混凝土"材质，其他采用默认设置，如图 7-19 所示，单击"确定"按钮，完成矩形梁材质的设置。

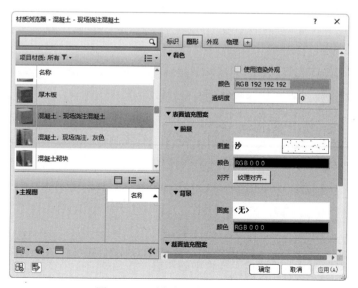

图 7-19 "材质浏览器"对话框

（7）在选项栏中设置放置平面为"标高:F1"，其他采用默认设置。

（8）在绘图区域单击柱的中点作为梁的起点，如图 7-20 所示。

（9）移动鼠标，光标将捕捉到其他结构图元（如柱的质心或墙的中心线），状态栏将显示光标的捕捉位置，这里捕捉另一个柱的中心，如图 7-21 所示。若要在绘制时指定梁的精确长度，在起点处单击，然后按其延伸的方向移动光标。先键入所需长度，然后按 Enter 键以放置梁。

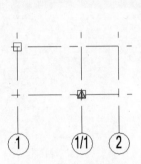

图 7-20　指定梁的起点

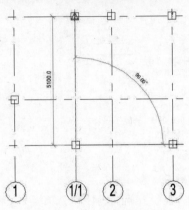

图 7-21　指定梁的中点

（10）此时系统会弹出警告，提示绘制的梁在当前视图中不可见（是因为绘制的梁是在当前楼层平面下），如图 7-22 所示。按 Esc 键退出梁绘制命令，在"楼层平面"属性选项板的视图范围栏中单击"编辑"按钮　编辑...，打开"视图范围"对话框，设置剖切面偏移为-200，底部偏移为-200，视图深度中的标高偏移为-200，其他采用默认设置，如图 7-23 所示，单击"确定"按钮，显示上步绘制的梁，如图 7-24 所示。

图 7-22　警告

图 7-23　"视图范围"对话框

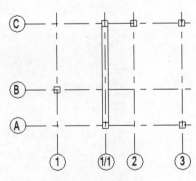

图 7-24　显示梁

（11）单击"结构"选项卡"结构"面板中的"梁"按钮，打开"修改|放置 梁"选项卡和选项栏。

（12）单击"多个"面板上的"在轴网上"按钮，打开"修改|放置 梁>在轴网线上"选项卡，如图 7-25 所示。

图 7-25　"修改|放置梁>在轴网线上"选项卡

（13）选取如图 7-26 所示的轴线，在轴线上的柱之间生成梁。

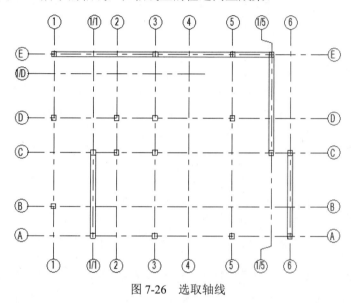

图 7-26　选取轴线

（14）单击"多个"面板中的"完成"按钮，生成的梁如图 7-27 所示。

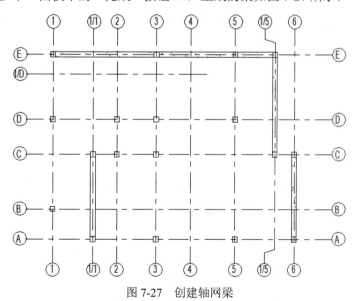

图 7-27　创建轴网梁

（15）重复上述步骤，绘制其他位置上的梁，如图 7-28 所示。

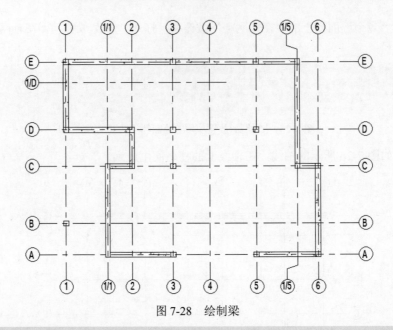

图 7-28　绘制梁

> **提示**：Revit 沿轴线放置梁时，它将使用下列条件。
> ☑　将扫描所有与轴线相交的可能支座，如柱、墙或梁。
> ☑　如果墙位于轴线上，则不会在该墙上放置梁。墙的各端将被用作支座。
> ☑　如果梁与轴线相交并穿过轴线，则此梁被认为是中间支座，因为此梁支座在轴线上创建了新梁。
> ☑　如果梁与轴线相交但不穿过轴线，则此梁由在轴线上创建的新梁支撑。

（16）单击"建筑"选项卡"工作平面"面板中的"参照平面"按钮，打开"修改|放置 参照平面"选项卡，默认激活"线"按钮，如图 7-29 所示。

图 7-29　"修改|放置 参照平面"选项卡

（17）在轴线 4 的右侧绘制参照平面，然后更改临时尺寸，距离轴线为 2400，如图 7-30 所示。

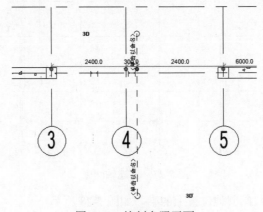

图 7-30　绘制参照平面

（18）重复"梁"命令，在"修改|放置 梁"选项卡的"绘制"面板中单击"圆心-端点弧"按钮 ⌒，以参照平面和轴线 A 的交点为圆心，分别以轴线 3、轴线 5 与轴线 A 的交点为起点和终点，绘制弧形梁，如图 7-31 所示。

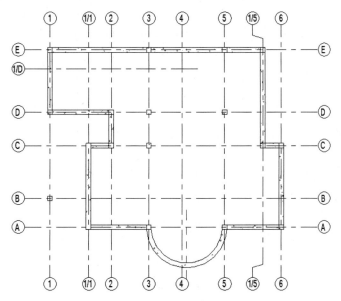

图 7-31　绘制弧形梁

（19）将视图切换至 F2 楼层平面，重复"梁"命令，在"属性"选项板中单击"编辑类型"按钮 ，打开"类型属性"对话框，单击"复制"按钮，打开"名称"对话框，输入名称为"200×400mm"，单击"确定"按钮，返回到"类型属性"对话框，更改 b 为 200，h 为 400，其他采用默认设置，单击"确定"按钮。

（20）根据轴网和柱，绘制二层的梁，如图 7-32 所示。

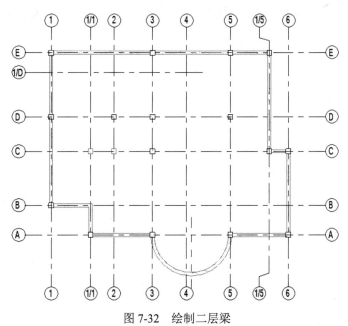

图 7-32　绘制二层梁

（21）将视图切换至 F3 楼层平面视图，重复"梁"命令，根据轴网和柱，绘制 2 层的梁，如图 7-33 所示。

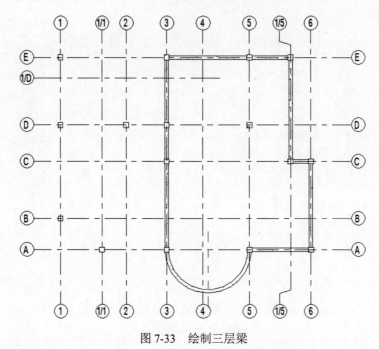

图 7-33　绘制三层梁

（22）执行"文件"→"另存为"→"项目"命令，打开"另存为"对话框，指定保存位置并输入文件名，单击"保存"按钮。

## 7.2.2　创建梁系统

梁系统参数随设计中的改变而调整。如果重新定位了一个柱，梁系统参数将自动随其位置的改变而调整。

创建梁系统时，如果两个面积的形状和支座不相同，则粘贴的梁系统面积可能不会如期望的那样附着到支座。在这种情况下，可能需要修改梁系统。

具体操作过程如下。

（1）打开源文件中的"创建梁系统"，单击"结构"选项卡"结构"面板中的"梁系统"按钮，在打开的选项卡中单击"绘制梁系统"按钮，打开"修改|创建梁系统边界"选项卡和选项栏，如图 7-34 所示。

图 7-34　"修改|创建梁系统边界"选项卡和选项栏

（2）在"属性"选项板的"填充图案"栏中设置"梁类型"，在"固定间距"中输入两个梁之间的距离，输入立面高度，这里采用默认设置，如图 7-35 所示。

（3）单击"绘制"面板中的"线"按钮，绘制边界线，如图 7-36 所示。

*Note*

图 7-35 "属性"选项板

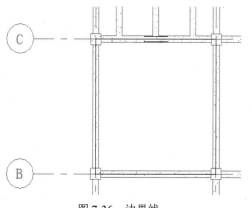

图 7-36 边界线

**注意：** 梁系统的布置方向同绘制的第一条边界线方向。

（4）单击"模式"面板中的"完成编辑模式"按钮 ✔，完成的结构梁系统如图 7-37 所示。

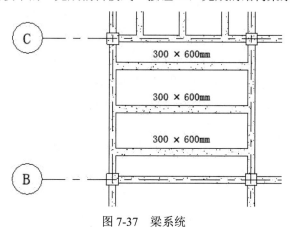

300 × 600mm

300 × 600mm

300 × 600mm

图 7-37 梁系统

（5）选取梁系统，打开"修改|结构梁系统"选项卡，如图 7-38 所示，然后单击"编辑边界"按钮 🔲，进入编辑边界环境。

图 7-38 "修改|结构梁系统"选项卡

（6）单击"绘制"面板中的"梁方向"按钮 ⊞，拾取如图 7-39 所示的直线为梁方向，单击"模式"面板中的"完成编辑模式"按钮 ✔，更改梁系统的方向。

（7）选取梁系统，打开"修改|结构梁系统"选项卡，如图 7-38 所示，然后单击"编辑边界"按钮 🔲，进入编辑边界环境。

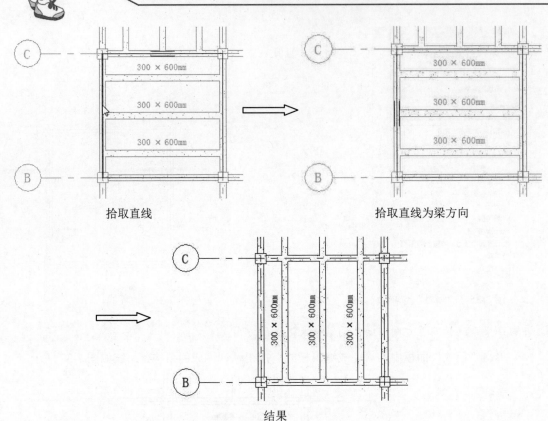

拾取直线                     拾取直线为梁方向

结果

图 7-39　更改梁系统方向的过程

（8）可用草图工具进行任何必要的修改。可以在边界内绘制闭合环，以在梁系统中剪切出一个洞口，如图 7-40 所示。

（9）单击"模式"面板中的"完成编辑模式"按钮✔，更改梁系统的边界，结果如图 7-41 所示。

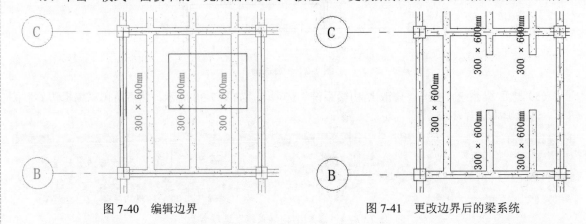

图 7-40　编辑边界                         图 7-41　更改边界后的梁系统

（10）选取梁系统，打开"修改|结构梁系统"选项卡，单击"删除梁系统"按钮 ，删除梁系统并将梁系统的框架图元保持在原来的位置。

# 第8章

## 墙

### 知识导引

墙体是建筑物重要的组成部分，起着承重、围护和分隔空间的作用，同时还具有保温、隔热、隔声等功能。墙体的材料和构造方法的选择，将直接影响房屋的质量和造价，因此，合理地选择墙体材料和构造方法十分重要。

本章主要介绍墙、墙饰条以及幕墙的创建方法。

☑ 墙体          ☑ 幕墙

☑ 墙饰条

### 任务驱动&项目案例

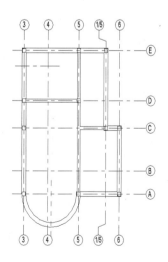

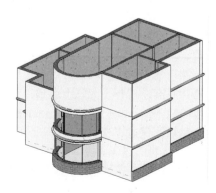

# 8.1　绘制别墅墙体

与建筑模型中的其他基本图元类似，墙也是预定义系统族类型的实例之一，表示墙功能、组合和厚度的标准变化形式。通过修改墙的类型属性来添加或删除层、将层分割为多个区域，以及修改层的厚度或指定的材质，可以自定义这些特性。

通过单击"墙"工具，选择所需的墙类型，并将该类型的实例放置在平面视图或三维视图中，可以将墙添加到建筑模型中。

可以在功能区中选择一个绘制工具，在绘图区域中绘制墙的线性范围，或者通过拾取现有线、边或面来定义墙的线性范围。墙相对于所绘制路径或所选现有图元的位置由墙的某个实例属性的值来确定，即"定位线"。

## 8.1.1　绘制第一层墙

### 1.　绘制复合外墙

（1）打开 7.2.1 节绘制的文件，在项目浏览器中双击楼层平面节点下的室外标高，将视图切换到室外标高楼层平面视图。

（2）单击"建筑"选项卡"构建"面板中的"墙"按钮🗋，打开"修改|放置 墙"选项卡和选项栏，如图 8-1 所示。默认激活"线"按钮🖉。

图 8-1　"修改|放置 墙"选项卡和选项栏

"修改|放置 墙"选项卡和选项栏说明如下。

☑　高度：为墙的墙顶定位标高并选择标高，或者默认设置"未连接"，然后输入高度值。

☑　定位线：指定使用墙的哪一个垂直平面相对于所绘制的路径或在绘图区域中指定的路径来定位墙，包括墙中心线（默认）"核心层中心线""面层面：外部""面层面：内部""核心面：外部""核心面：内部"；在简单的砖墙中，"墙中心线"和"核心层中心线"平面将会重合，然而它们在复合墙中可能会不同，从左到右绘制墙时，其外部面（面层面：外部）在默认情况下位于顶部。

☑　链：选中此复选框，以绘制一系列在端点处连接的墙分段。

☑　偏移：输入一个距离值，以指定墙的定位线与光标位置或选定的线或面之间的偏移。

☑　连接状态：选择"允许"选项以在墙相交位置自动创建对接（默认）。选择"不允许"选项以防止各墙在相交时连接。每次打开软件时默认选择"允许"选项，但上一选定选项在当前会话期间保持不变。

（3）在"属性"选项板中单击"编辑类型"按钮🖼，打开如图 8-2 所示的"类型属性"对话框，单击"复制"按钮，打开"名称"对话框，输入名称为"外墙 350mm"，如图 8-3 所示，单击"确定"按钮，返回到"类型属性"对话框。

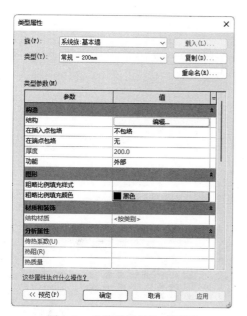

图 8-2 "类型属性"对话框

图 8-3 "名称"对话框

（4）单击"编辑"按钮，打开"编辑部件"对话框，如图 8-4 所示。

（5）单击"插入"按钮 ，插入一个构造层，连续单击"插入"按钮 3 次，则在层列表框插入 3 个新的构造层，默认厚度为 0，功能均为"结构[1]"，如图 8-5 所示。

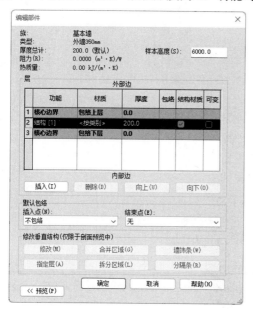

图 8-4 "编辑部件"对话框

| 层 | | | | | | |
| --- | --- | --- | --- | --- | --- | --- |
| | | | | 外部边 | | |
| | 功能 | 材质 | 厚度 | 包络 | 结构材质 | 可变 |
| 1 | 核心边界 | 包络上层 | 0.0 | | | |
| 2 | 结构 [1] | <按类别> | 0.0 | | ☐ | ☐ |
| 3 | 结构 [1] | <按类别> | 0.0 | ☐ | ☐ | ☐ |
| 4 | 结构 [1] | <按类别> | 0.0 | | ☐ | ☐ |
| 5 | 结构 [1] | <按类别> | 200.0 | ☐ | ☑ | ☐ |
| 6 | 核心边界 | 包络下层 | 0.0 | | | |

图 8-5 插入新层

（6）选取编号 2 的构造层，在功能下拉列表中选择"面层 1[4]"，如图 8-6 所示，单击"材质"栏中的"浏览"按钮 ，打开"材质浏览器"对话框，如图 8-7 所示，选择"涂料-黄色"材质，单击鼠标右键，在弹出的快捷菜单中执行"复制"命令，并重命名为"涂料-米黄色"。单击"着色"组中"颜色"栏的右侧，打开"颜色"对话框，输入红（R）绿（G）蓝（U）为（250，250，180），如图 8-8 所示，连续单击"确定"按钮，返回到"编辑部件"对话框，输入"厚度"值为 20。

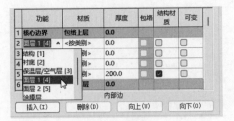

图 8-6　设置功能

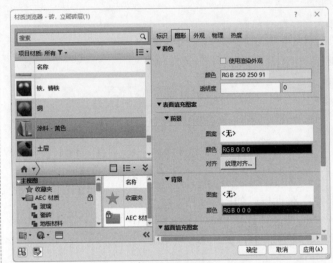

图 8-7　"材质浏览器"对话框

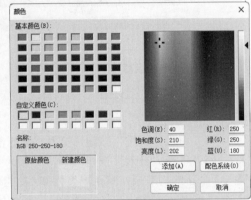

图 8-8　"颜色"对话框

提示：Revit 提供了 6 种层，分别为结构[1]、衬底[2]、保温层/空气层[3]、面层 1[4]、面层 2[5]和涂膜层。

☑　结构[1]：支撑其余墙、楼板或屋顶的层。

☑　衬底[2]：作为其他材质基础的材质（如胶合板或石膏板）。

☑　保温层/空气层[3]：隔绝并防止空气渗透。

☑　面层 1[4]：面层 1 通常是外层。

☑　面层 2[5]：面层 2 通常是内层。

☑　涂膜层：通常用于防止水蒸气渗透的薄膜，涂膜层的厚度为 0。

层的功能具有优先顺序，其规则如下。

☑　结构层具有最高优先级（优先级 1）。

☑　"面层 2"具有最低优先级（优先级 5）。

Revit 首先连接优先级高的层，然后连接优先级低的层。

例如，假设连接两面复合墙，第一面墙中优先级 1 的层会连接到第二面墙中优先级 1 的层上。优先级 1 的层可穿过其他优先级较低的层与另一个优先级 1 的层相连接。优先级低的层不能穿过优先级相同或优先级较高的层进行连接。

当层连接时，如果两个层都具有相同的材质，则接缝会被清除。如果两个不同材质的层进行连接，则连接处会出现一条线。

对于 Revit 来说，每一层都必须带有指定的功能，以使其准确地进行层匹配。

墙核心内的层可穿过连接墙核心外的优先级较高的层。即使核心层被设置为优先级 5，核心中的层也可延伸到连接墙的核心。

（7）选取编号 3 的构造层，在"功能"下拉列表中选择"保温层/空气层[3]"，单击"材质"栏中的"浏览"按钮，打开"材质浏览器"对话框，在"材质库"中选择"AEC 材质"→"隔热层"，在列表中选择"纤维填充"，然后单击"将材质添加到文档中"按钮，将"纤维填充"材质添加到"项目材质"列表中，其他采用默认设置，如图 8-9 所示，单击"确定"按钮，返回到"编辑部件"对话框，输入"厚度"值为 60。

（8）选取编号 6 的构造层，在功能下拉列表中选择"衬底[2]"，单击"材质"栏中的"浏览"按钮，打开"材质浏览器"对话框，选取"粉刷，米色，平滑"材质，选取"表面填充图案"组"前景"中"图案"右侧的"无"区域，打开"填充样式"对话框，选择"沙"样式，如图 8-10 所示。使用相同的方法设置"截面填充图案"的前景图案为"交叉线 3mm"，其他具体设置如图 8-11 所示。单击"确定"按钮，返回到"编辑部件"对话框，输入"厚度"值为 30，单击"向下"按钮 向下(O)，将其调整到"核心边界"层的下方。

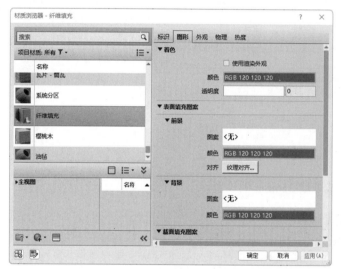

图 8-9　"纤维填充"材质

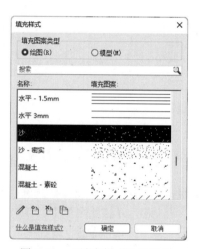

图 8-10　"填充样式"对话框

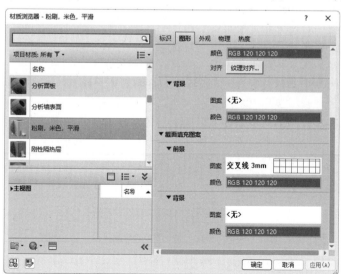

图 8-11　"材质浏览器"对话框

（9）选择"结构[1]"层，单击"材质"栏中的"浏览"按钮，打开"材质浏览器"对话框，选择"砌体-普通砖75×225mm"材质，单击"确定"按钮，返回"编辑部件"对话框，输入"厚度"值为240，如图8-12所示。

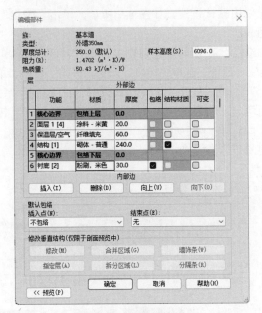

图8-12　设置结构层

（10）连续单击"确定"按钮，完成外墙350mm的设置。

提示：在编辑复合墙的结构时，要遵循以下原则。

☑ 在预览窗格中，样本墙的各个行必须保持从左到右的顺序显示。要测试样本墙，按顺序选择行号，然后在预览窗格中观察选择内容。如果层不是按从左到右顺序高亮显示，Revit就不能生成该墙。

☑ 同一行不能指定给多个层。

☑ 不能将同一行同时指定给核心层两侧的区域。

☑ 不能为涂膜层指定厚度。

☑ 非涂膜层的厚度不能小于1/8"（约为0.33厘米）或4毫米。

☑ 核心层的厚度必须大于0。不能将核心层指定为涂膜层。

☑ 外部和内部核心边界以及涂膜层不能上升或下降。

☑ 只能将厚度添加到从墙顶部直通到底部的层。不能将厚度添加到复合层。

☑ 不能水平拆分墙并随后不顾其他区域而移动区域的外边界。

☑ 层功能优先级不能按从核心边界到面层面升序排列。

（11）在选项栏中设置墙体高度为F2，定位线为"墙中心线"，其他采用默认设置，如图8-13所示。

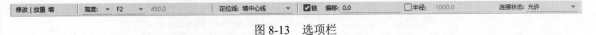

图8-13　选项栏

（12）在视图中捕捉轴网的交点为墙的起点，移动鼠标到适当位置，确定墙体的终点，接着绘制墙体，完成350墙的绘制，如图8-14所示。

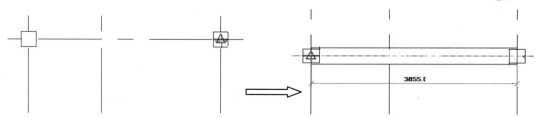

指定墙体起点          指定终点

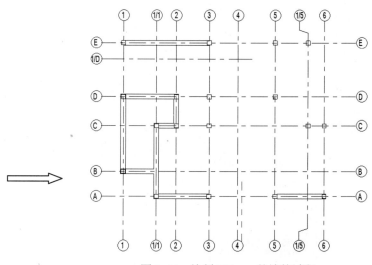

图 8-14　绘制 350mm 外墙的过程

可以使用以下 3 种方法来放置墙。

☑ 绘制墙：使用默认的"线"工具可通过在图形中指定起点和终点来放置直墙分段。或者，可以指定起点，沿所需方向移动光标，然后输入墙长度值。

☑ 沿着现有的线放置墙：使用"拾取线"工具可以沿在图形中选择的线来放置墙分段。线可以是模型线、参照平面或图元（如屋顶、幕墙嵌板和其他墙）的边缘。

☑ 将墙放置在现有面上：使用"拾取面"工具可以将墙放置于在图形中选择的体量面或常规模型面上。

2．绘制叠层墙

（1）单击"建筑"选项卡"构建"面板中的"墙"按钮 ，在"属性"选项板中选择"叠层墙 外部-砌块勒脚砖墙"类型。

（2）单击"编辑类型"按钮 ，打开"类型属性"对话框，如图 8-15 所示。单击"编辑"按钮，打开"编辑部件"对话框，单击"预览"按钮 ，预览当前墙体的结构，如图 8-16 所示。

（3）在"类型"框的编号 1 的"名称"下拉列表中选择"外墙 350mm"，如图 8-17 所示。

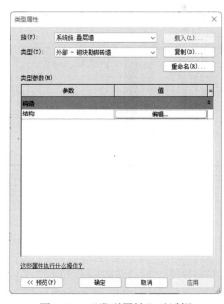

图 8-15　"类型属性"对话框

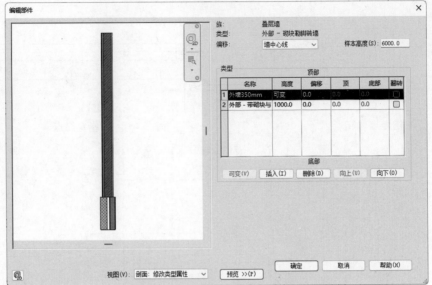

图 8-16 "编辑部件"对话框

图 8-17 选取墙

（4）设置"偏移"为"面层面：内部"，设置"外部–带砌块与金属立筋龙骨复合墙"的"高度"为 1000，其他采用默认设置，如图 8-18 所示。连续单击"确定"按钮，完成叠层墙的设置。

（5）在"属性"选项板中设置"定位线"为"面层面：内部"，"底部约束"为"室外标高"，"顶部约束"为"直到标高：F2"，其他采用默认设置，如图 8-19 所示。

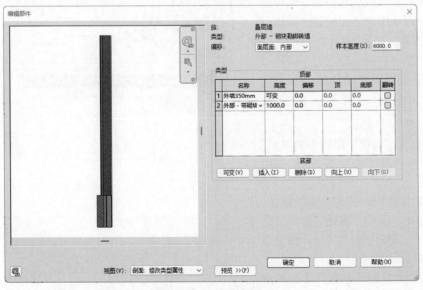

图 8-18 设置叠层墙

图 8-19 属性选项板

（6）单击"绘制"面板中的"线"按钮，绘制叠层墙，单击"修改墙方向"按钮，调整墙的方向，使米黄色的涂漆面向外，如图8-20所示。

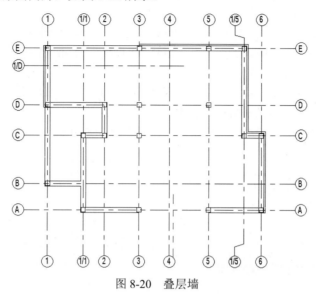

图 8-20 叠层墙

（7）在"属性"选项板中设置"定位线"为"墙中心线"，"底部约束"为"室外标高"，"顶部约束"为"未连接"，"无连接高度"为1000，其他采用默认设置。

（8）单击"绘制"面板中的"圆心-端点弧"按钮，以参照平面和轴线 A 的交点为圆心，分别以轴线 3、轴线 5 与轴线 A 的交点为起点和终点，绘制弧形外墙，单击"修改墙方向"按钮，调整墙的方向，如图8-21所示。

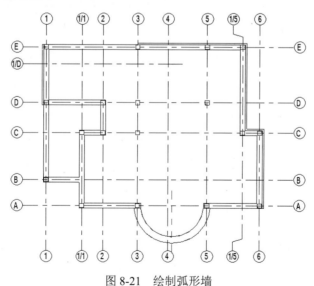

图 8-21 绘制弧形墙

3. 绘制内部隔墙

（1）单击"建筑"选项卡"构建"面板中的"墙"按钮，在"属性"选项板中选择"基本墙 外墙 350mm"类型。

（2）单击"编辑类型"按钮，打开"类型属性"对话框，单击"复制"按钮，打开"名称"

对话框，输入名称为"内墙 240mm"，单击"确定"按钮，返回到"类型属性"对话框。单击"编辑"按钮，打开"编辑部件"对话框，选取编号 3 的保温层/空气层，单击"删除"按钮  将其删除，后面的构造层编号依次向上移。

（3）设置编号 2 的"面层 1[4]"材质为"粉刷，米色，平滑"，"厚度"为 20；设置"结构[1]"的"厚度"为 200；设置编号 5 的功能为"面层 2[5]"，"厚度"为 20，如图 8-22 所示。连续单击"确定"按钮，完成内墙 240mm 的设置。

（4）在"属性"选项板中设置"定位线"为"墙中心线"，"底部约束"为"室外标高"，"顶部约束"为"直到标高：F2"，其他采用默认设置。

（5）单击"绘制"面板中的"线"按钮，绘制内墙，如图 8-23 所示。

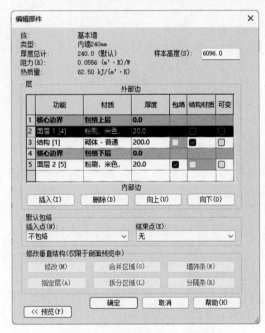

图 8-22　"编辑部件"对话框

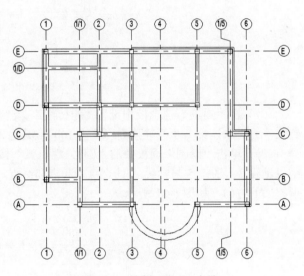

图 8-23　绘制 240mm 内墙

## 8.1.2　创建第二层墙

具体创建过程如下。

（1）在项目浏览器中双击楼层平面节点下的 F2，将视图切换到 F2 楼层平面视图。

（2）单击"建筑"选项卡"构建"面板中的"墙"按钮，在"属性"选项板中选择"基本墙 外墙 350mm"，设置"定位线"为"墙中心线"，"底部约束"为 F2，"底部偏移"为 0，"顶部约束"为"直到标高：F3"。

（3）系统默认激活"线"按钮，根据轴网和结构柱绘制二层的外墙，如图 8-24 所示。

（4）单击"建筑"选项卡"构建"面板中的"墙"按钮，在"属性"选项板中选择"基本墙 外墙 350mm"，设置"定位线"为"墙中心线"，"底部约束"为 F2，"底部偏移"为-400，"顶部约束"为"未连接"，"无连接高度"为 1000。

（5）单击"绘制"面板中的"圆心-端点弧"按钮，以参照平面和轴线 A 的交点为圆心，分别以轴线 3、轴线 5 与轴线 A 的交点为起点和终点，绘制弧形外墙，单击"修改墙方向"按钮，调整墙的方向，如图 8-25 所示。

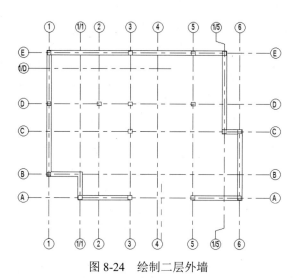

图 8-24 绘制二层外墙

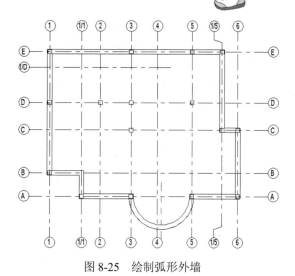

图 8-25 绘制弧形外墙

（6）单击"建筑"选项卡"构建"面板中的"墙"按钮，在"属性"选项板中选择"基本墙 内墙 240"，设置"底部约束"为 F2，"顶部约束"为"直到标高：F3"，其他采用默认设置。

（7）系统默认激活"线"按钮，根据轴网和结构柱绘制内墙，如图 8-26 所示。

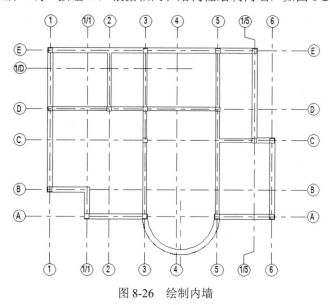

图 8-26 绘制内墙

## 8.1.3 创建第三层墙

具体创建过程如下。

（1）在项目浏览器中双击楼层平面节点下的 F3，将视图切换到 F3 楼层平面视图。

（2）单击"建筑"选项卡"构建"面板中的"墙"按钮，在"属性"选项板中选择"基本墙 外墙 350mm"，设置"定位线"为"墙中心线"，"底部约束"为 F3，"底部偏移"为 0，"顶部约束"为"直到标高：F4"。

（3）系统默认激活"线"按钮，根据轴网和结构柱绘制三层的外墙，如图 8-27 所示。

（4）单击"建筑"选项卡"构建"面板中的"墙"按钮，在"属性"选项板中选择"基本墙 外墙 350mm"，设置"定位线"为"墙中心线"，"底部约束"为 F3，"底部偏移"为-400，"顶部约束"为"直到标高：F4"，其他采用默认设置。

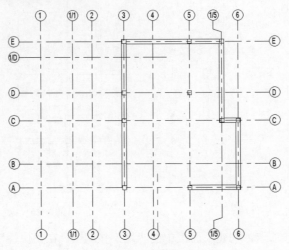

图 8-27　绘制三层外墙

（5）单击"绘制"面板中的"圆心-端点弧"按钮，以参照平面和轴线 A 的交点为圆心，分别以轴线 3、轴线 5 与轴线 A 的交点为起点和终点，绘制弧形外墙，单击"修改墙方向"按钮，调整墙的方向，如图 8-28 所示。

（6）单击"建筑"选项卡"构建"面板中的"墙"按钮，在"属性"选项板中选择"基本墙内墙 240"，其他采用默认设置，根据轴网和结构柱绘制内墙，如图 8-29 所示。按 ESC 键取消。

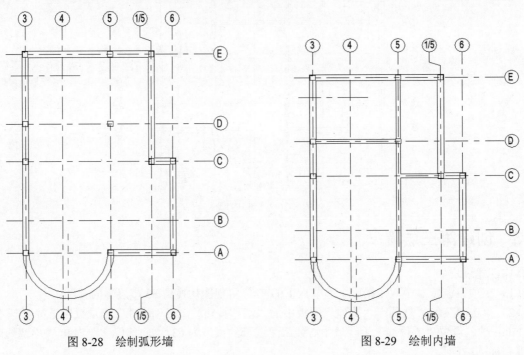

图 8-28　绘制弧形墙　　　　　　　　　　图 8-29　绘制内墙

（7）执行"文件"→"另存为"→"项目"命令，打开"另存为"对话框，指定保存位置并输入文件名，单击"保存"按钮。

# 8.2 幕　　墙

　　幕墙是建筑物的外墙围护,像幕布一样挂上去,故又称为悬挂墙,是大型和高层建筑常用的带有装饰效果的轻质墙体,由结构框架与镶嵌板材组成,是不承担主体结构载荷与作用的建筑围护结构。

　　幕墙是利用各种强劲、轻盈、美观的建筑材料取代传统的砖石或窗墙结合的外墙工法,是包围在主结构的外围而使整栋建筑达到美观,使用功能健全而又安全的外墙工法,简言之,是为建筑穿上一件漂亮的外衣。

　　在一般应用中,幕墙常常被定义为薄的、通常带铝框的墙,包含填充的玻璃、金属嵌板或薄石。绘制幕墙时,单个嵌板可延伸墙的长度。如果所创建的幕墙具有自动幕墙网格,则该墙将被再分为几个嵌板。

　　在幕墙中,网格线定义放置竖梃的位置。竖梃是分割相邻窗单元的结构图元。可通过选择幕墙并单击鼠标右键访问关联菜单,从而修改该幕墙。在关联菜单中有几个用于操作幕墙的选项,如选择嵌板和竖梃。

　　可以使用默认 Revit 幕墙类型设置幕墙。这些墙类型提供 3 种复杂程度,可以对其进行简化或增强。

☑　幕墙-没有网格或竖梃。没有与此墙类型相关的规则。此墙类型的灵活性最强。

☑　外部玻璃-具有预设网格。如果设置不合适,可以修改网格规则。

☑　店面-具有预设网格和竖梃。如果设置不合适,可以修改网格和竖梃规则。

## 8.2.1　绘制别墅幕墙

　　具体绘制过程如下。

　　(1)打开上一节绘制的文件,在项目浏览器中双击楼层平面节点下的 F1,将视图切换到 F1 楼层平面视图。

　　(2)单击“建筑”选项卡“构建”面板中的“墙”按钮🗋,打开“修改|放置 墙”选项卡和选项栏。

　　(3)从“属性”选项板的“类型”下拉列表中选择“幕墙”类型。

　　(4)在“属性”选项板中设置“底部约束”为 F1,“底部偏移”为 550,“顶部约束”为“直到标高:F2”,“顶部偏移”为-400。

　　(5)单击“编辑类型”按钮🖵,打开“类型属性”对话框,选中“自动嵌入”复选框,设置幕墙嵌板为“系统嵌板:玻璃”,“连接条件”为“垂直网格连续”,“垂直网格布局”为“最大间距”,“间距”为 1800,水平网格布局为“无”,垂直/水平竖梃的“内部类型”为“矩形竖梃:50×150mm”,其他采用默认设置,如图 8-30 所示,单击“确定”按钮。

　　“类型属性”对话框选项说明如下。

☑　功能:指定墙的作用,包括“外部”“内部”“挡土墙”“基础墙”“檐底板”和“核心竖井”。

☑　自动嵌入:指示幕墙是否自动嵌入墙中。

☑　幕墙嵌板:设置幕墙图元的幕墙嵌板族类型。

☑　连接条件:控制在某个幕墙图元类型中在交点处截断哪些竖梃。

☑　布局:沿幕墙长度方向设置幕墙网格线的自动垂直/水平布局,包括“固定距离”“固定数量”“最大间距”和“最小间距”。

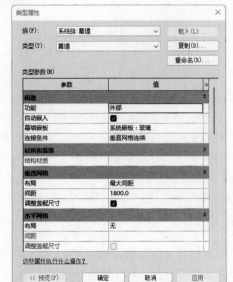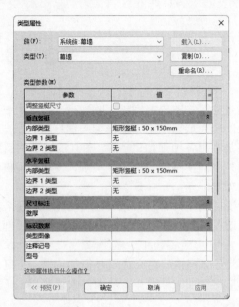

图 8-30　"类型属性"对话框

☑　间距：当将"布局"设置为"固定距离"或"最大间距"时启用。如果将布局设置为固定距离，则 Revit 将使用确切的"间距"值。如果将布局设置为最大间距，则 Revit 将使用不大于指定值的值对网格进行布局。

☑　调整竖梃尺寸：调整网格线的位置，以确保幕墙嵌板的尺寸相等（如果可能）。有时，放置竖梃时，尤其放置在幕墙主体的边界处时，可能会导致嵌板的尺寸不相等；即使"布局"的设置为"固定距离"，也是如此。

（6）单击"绘制"面板中的"圆心-端点弧"按钮 ，以参照平面和轴线 A 的交点为圆心，分别以轴线 3、轴线 5 与轴线 A 的交点为起点和终点，绘制弧形幕墙，结果如图 8-31 所示。

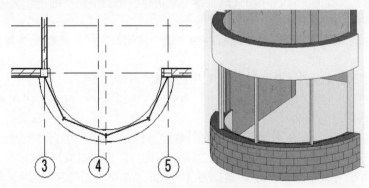

图 8-31　绘制弧形幕墙

（7）在项目浏览器中双击楼层平面节点下的 F2，将视图切换到 F2 楼层平面视图。

（8）单击"建筑"选项卡"构建"面板中的"墙"按钮 ，打开"修改|放置 墙"选项卡和选项栏。

（9）在"属性"选项板中选择"幕墙"类型，设置"底部约束"为 F2，"底部偏移"为 400，"顶部约束"为"直到标高：F3"，"顶部偏移"为-400，其他采用默认设置。

（10）单击"绘制"面板中的"圆心-端点弧"按钮 ，以参照平面和轴线 A 的交点为圆心，分别以轴线 3、轴线 5 与轴线 A 的交点为起点和终点，绘制二层弧形幕墙，结果如图 8-32 所示。

（11）执行"文件"→"另存为"→"项目"命令，打开"另存为"对话框，指定保存位置并输入文件名，单击"保存"按钮。

## 8.2.2 幕墙网格

幕墙网格主要控制整个幕墙的划分，横梃、竖梃以及幕墙嵌板都要基于幕墙网格建立。如果绘制了不带自动网格的幕墙，可以手动添加网格。

将幕墙网格放置在墙、玻璃斜窗和幕墙系统上时，幕墙网格将捕捉到可见的标高、网格和参照平面。另外，在选择公共角边缘时，幕墙网格将捕捉到其他幕墙网格。

具体绘制过程如下。

（1）新建一个项目文件，并绘制一段幕墙，如图 8-33 所示。

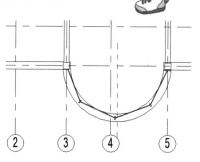

图 8-32 二层弧形幕墙

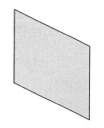

图 8-33 绘制幕墙

（2）单击"建筑"选项卡"构建"面板中的"幕墙 网格"按钮⊞，打开"修改|放置 幕墙网格"选项卡，如图 8-34 所示。

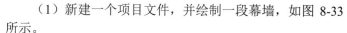

图 8-34 "修改|放置 幕墙网格"选项卡

"修改|放置 幕墙网格"选项卡中的说明如下。

☑ 全部分段＋：单击此按钮，添加整条网格线。

☑ 一段＋：单击此按钮，添加一段网格线细分嵌板。

☑ 除拾取外的全部＋：单击此按钮，先添加一条红色的整条网格线，然后单击某段删除，其余的嵌板添加网格线。

（3）在选项卡中选择放置类型，默认激活"全部分段"按钮＋。

（4）沿着墙体边缘放置光标，会出现一条临时网格线，如图 8-35 所示。

（5）在适当位置单击放置网格线，继续绘制其他网格线，如图 8-36 所示。

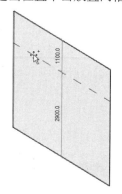

图 8-35 临时网格线

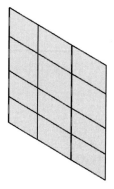

图 8-36 绘制幕墙网格

（6）选中视图中的幕墙，如图8-37所示，单击"配置网格布局"按钮，在幕墙网格面上打开幕墙网格布局界面，如图 8-38 所示。使用此界面，可以图形方式修改面的实例参数值。在其他位置单击退出此界面。

- ☑ 对正原点：单击箭头可修改网格的对正方案。水平箭头用于修改垂直网格的对正；垂直箭头用于修改水平网格的对正。
- ☑ 垂直幕墙网格的原点和角度：单击控制柄可修改垂直网格相应的值。
- ☑ 水平幕墙网格的原点和角度：单击控制柄可修改水平网格相应的值。

（7）选中幕墙中的网格线，可以输入尺寸值更改数值，也可以拖动网格线改变位置。

（8）选中幕墙中的网格线，打开"修改|幕墙网格"选项卡，单击"幕墙网格"面板中的"添加/删除线段"按钮，然后在视图中选择不需要的网格，网格线被删除，如图8-39所示。

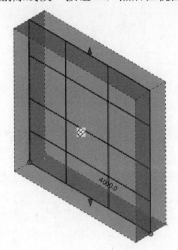

图 8-37　选中幕墙

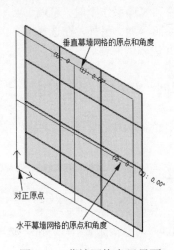

图 8-38　幕墙网格布局界面

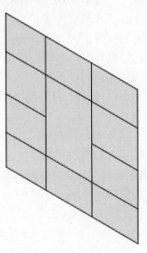

图 8-39　删除网格线

## 8.2.3　竖梃

幕墙竖梃是幕墙的龙骨，是根据幕墙网格来创建的，如图8-40所示。

图 8-40　幕墙竖梃

具体绘制步骤如下。

（1）单击"建筑"选项卡"构建"面板中的"竖梃"按钮，打开"修改|放置 竖梃"选项卡，如图8-41所示。

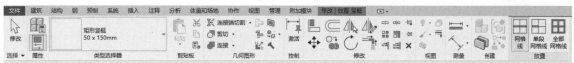

图 8-41　"修改|放置 竖梃"选项卡

（2）在选项卡中选择竖梃的放置方式，包括"网格线""单段网格线"和"全部网格线"。这里选择"单段网格线"放置方式。

☑　网格线▦：创建当前选中的连续的水平或垂直的网格线，从头到尾创建，如图 8-42 所示。

☑　单段网格线▦：创建当前所选网格中的一段竖梃，如图 8-43 所示。

☑　全部网格线▦：创建当前幕墙中所有网格线上的竖梃，如图 8-44 所示。

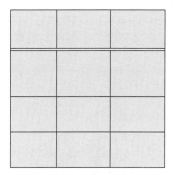
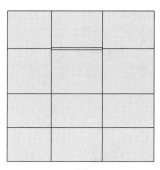
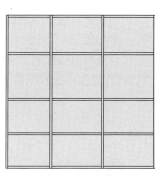

图 8-42　网格线竖梃　　　　图 8-43　单段网格线竖梃　　　　图 8-44　全部网格线竖梃

（3）在"属性"选项板的"类型"下拉列表中选择竖梃类型，这里选择"矩形竖梃 50×150mm"类型。

竖梃类型说明如下。

☑　L 形角竖梃：幕墙嵌板或玻璃斜窗与竖梃的支脚端部相交，如图 8-45 所示。可以在竖梃的类型属性中指定竖梃支脚的长度和厚度。

☑　V 形角竖梃：幕墙嵌板或玻璃斜窗与竖梃的支脚侧边相交，如图 8-46 所示。可以在竖梃的类型属性中指定竖梃支脚的长度和厚度。

☑　梯形角竖梃：幕墙嵌板或玻璃斜窗与竖梃的侧边相交，如图 8-47 所示。可以在竖梃的类型属性中指定沿着与嵌板相交的侧边的中心宽度和长度。

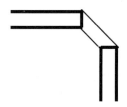

图 8-45　L 形角竖梃　　　　　图 8-46　V 形角竖梃　　　　　图 8-47　梯形角竖梃

☑　四边形角竖梃：幕墙嵌板或玻璃斜窗与竖梃的支脚侧边相交。如果两个竖梃部分相等并且连接不是 90 度角，则竖梃会呈现风筝的形状，如图 8-48（a）所示。如果连接角度为 90 度并且各部分不相等，则竖梃是矩形的，如图 8-48（b）所示。如果两个部分相等并且连接处是 90 度角，则竖梃是方形的，如图 8-48（c）所示。

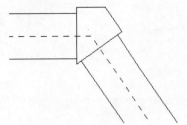

（a）风筝形状

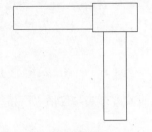

（b）矩形

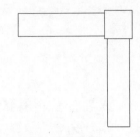

（c）方形

图 8-48　四边形角竖梃

☑　矩形竖梃：常作为幕墙嵌板之间的分隔或幕墙边界，可以通过定义角度、偏移、轮廓、位置和其他属性来创建矩形竖梃，如图 8-49 所示。

☑　圆形竖梃：常作为幕墙嵌板之间的分隔或幕墙边界，可以通过定义竖梃的半径以及距离幕墙嵌板的偏移来创建圆形竖梃，如图 8-50 所示。

（4）在视图中选择网格线，创建竖梃，如图 8-51 所示。

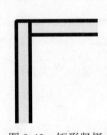

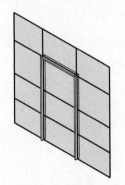

图 8-49　矩形竖梃　　　　图 8-50　圆形竖梃　　　　图 8-51　绘制矩形竖梃

（5）继续绘制一段墙体，如图 8-52 所示。

（6）单击"建筑"选项卡"构建"面板中的"竖梃"按钮⊞，打开"修改|放置 竖梃"选项卡，选择"网格线"选项⊞。

（7）在"属性"选项板中选择"L形角竖梃"类型，在视图中选择两面墙交汇处的网格线，如图 8-53 所示。在网格线处生成 L 形角竖梃，如图 8-54 所示。

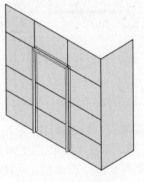

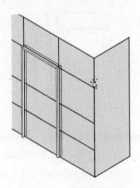

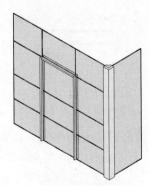

图 8-52　绘制墙体　　　　图 8-53　选择网格线　　　　图 8-54　L 形角竖梃

# 8.3 墙 饰 条

在图纸中放置墙后，可以添加墙饰条或分隔缝、编辑墙的轮廓，以及插入主体构件，如门和窗。

## 8.3.1 绘制别墅墙饰条

使用"墙：饰条"工具向墙中添加踢脚板、冠顶饰或其他类型的装饰用水平或垂直投影。

具体绘制过程如下。

（1）打开 8.2.1 节绘制的文件，在项目浏览器中双击三维视图节点下的 3D，将视图切换到三维视图。

（2）执行"文件"→"新建"→"族"命令，打开"新族-选择样板文件"对话框，选择"公制轮廓"选项，单击"打开"按钮，进入轮廓族创建界面。

（3）单击"创建"选项卡"详图"面板中的"线"按钮 ⌐，打开"修改|放置线"选项卡，单击"绘制"面板中的"线"按钮 ✎，绘制如图 8-55 所示的墙饰条轮廓。

（4）单击快速访问工具栏中的"保存"按钮 🖫，打开"另存为"对话框，输入文件名为"墙饰条轮廓"，单击"保存"按钮，保存绘制的轮廓。

（5）单击"族编辑器"面板中的"载入到项目并关闭"按钮 🖫，关闭族文件，进入别墅绘图区。

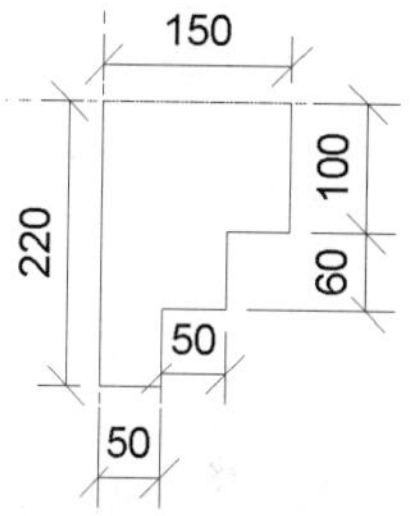

图 8-55 绘制轮廓

（6）单击"建筑"选项卡"构建"面板中"墙" ▽ 列表下的"墙：饰条"按钮 🖾，打开"修改|放置 墙饰条"选项卡，单击"放置"面板中的"水平"按钮 ⬛，如图 8-56 所示。

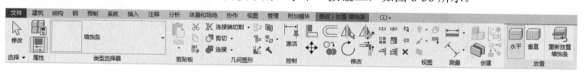

图 8-56 "修改|放置 墙饰条"选项卡

（7）在"属性"选项板中单击"编辑类型"按钮 🖾，打开"类型属性"对话框，单击"复制"按钮，新建"墙饰条"，在"轮廓"下拉列表中选取"墙饰条轮廓"，在材质栏中单击 🔲 按钮，打开"材质浏览器"对话框，选取"粉刷，米色，平滑"材质，将其复制并重命名为"粉刷，白色，平滑"，然后更改颜色为白色，单击"确定"按钮，返回到"类型属性"对话框，其他采用默认设置，如图 8-57 所示。单击"确定"按钮。

"类型属性"对话框中的选项说明如下。

☑ 剪切墙：选中此复选框，当几何图形和主体墙发生重叠时，墙饰条将从主体墙中剪切掉几何图形。取消选中此复选框，将会提高带有许多墙饰条的大型建筑模型的性能。

☑ 被插入对象剪切：指定门和窗等插入对象是否会从墙饰条中剪切几何图形。

☑ 默认收进：指定墙饰条从每个相交的墙附属件收进的距离。

☑ 轮廓：指定用于创建墙饰条的轮廓族。

☑ 材质：单击此栏中的 🔲 按钮，打开"材质浏览器"对话框，选取墙饰条的材质。

☑ 墙的子类别：默认情况下包括"公共边""墙饰条-檐口"和"隐藏线"，可以在"对象样式"对话框中新建墙的子类别。

（8）将光标放在墙上以高亮显示墙饰条位置，如图 8-58 所示，单击以放置墙饰条。

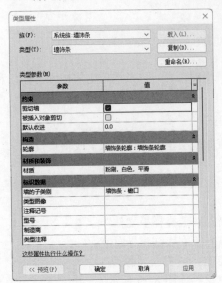

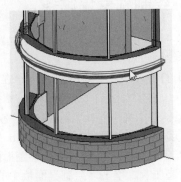

图 8-57　"类型属性"对话框　　　　　　　　图 8-58　放置墙饰条

（9）继续为相邻墙添加墙饰条，Revit 会在各相邻墙体上预选墙饰条的位置。选取墙饰条，可以通过拖曳操纵柄来调整其大小，也可以单击"翻转"按钮，调整位置，结果如图 8-59 所示。

提示：要在不同的位置放置墙饰条，需要单击"放置"面板中的"重新放置装饰条"按钮，将光标移到墙上所需的位置。

（10）采用相同的方法，添加二层上的墙饰条，如图 8-60 所示。

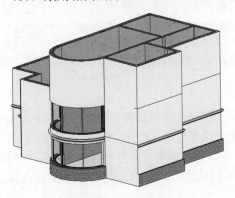

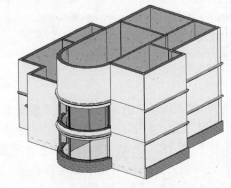

图 8-59　添加墙饰条　　　　　　　　　　图 8-60　添加二层墙饰条

注意：如果在不同高度创建多个墙饰条，然后将这些墙饰条设置为同一高度，这些墙饰条将在连接处斜接。

（11）执行"文件"→"另存为"→"项目"命令，打开"另存为"对话框，指定保存位置并输入文件名，单击"保存"按钮。

## 8.3.2　分隔条

使用"分隔条"工具可将装饰用水平或垂直剪切添加到立面视图或三维视图中的墙。

具体绘制过程如下。

（1）新建一个项目文件，并绘制墙体，如图 8-61 所示。

图 8-61 绘制墙体

（2）单击"建筑"选项卡"构建"面板中"墙"列表下的"墙：分隔条"按钮，打开"修改|放置 分隔条"选项卡，如图 8-62 所示。

图 8-62 "修改|放置 分隔条"选项卡

（3）在"属性"选项板中选择分隔条的类型，默认为檐口。

（4）在"修改|放置 分隔条"选项卡中选择装饰条的方向为"水平"或"垂直"。

（5）将光标放在墙上以高亮显示分隔条的位置，如图 8-63 所示，单击以放置分隔条。

（6）继续为相邻墙添加分隔条，Revit 会在各相邻墙体上预选分隔条的位置，如图 8-64 所示。

图 8-63 放置分隔条

图 8-64 添加相邻分隔条

（7）要在不同的位置放置分隔条，需要单击"放置"面板中的"重新放置分隔条"按钮，将光标移到墙上所需的位置，如图 8-65 所示，单击鼠标以放置分隔条，结果如图 8-66 所示。

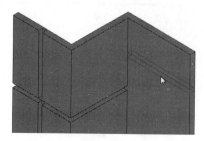

图 8-65 添加不同位置的分隔条

图 8-66 分隔条

# 第9章

# 门窗

## 知识导引

门窗按其所处的位置不同分为围护构件或分隔构件，是建筑物围护结构系统中重要的组成部分。

门窗是基于墙体放置的，删除墙体，门窗也随之被删除。在 Revit 中，门窗是可载入族，可以自己创建门窗族载入，也可以直接载入系统自带的门窗族。

☑ 门 ☑ 窗

## 任务驱动&项目案例

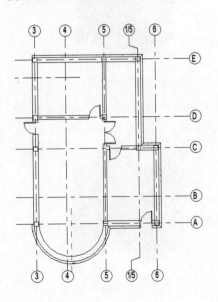

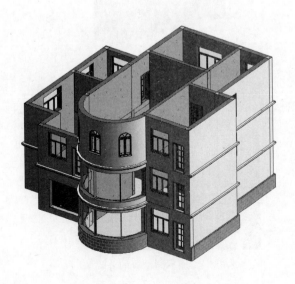

# 9.1 门

门是基于主体的构件,可以添加到任何类型的墙内。可以在平面视图、剖面视图、立面视图或三维视图中添加门。选择要添加的门类型,然后指定门在墙上的位置,Revit 将自动剪切洞口并放置门。

## 9.1.1 放置别墅一层门

具体绘制步骤如下。

(1)打开 8.3.1 节绘制的墙体文件,在项目浏览器中双击楼层平面节点下的 F1,将视图切换到 F1 楼层平面视图。

(2)单击"建筑"选项卡"构建"面板中的"门"按钮,打开如图 9-1 所示的"修改|放置 门"选项卡和选项栏。

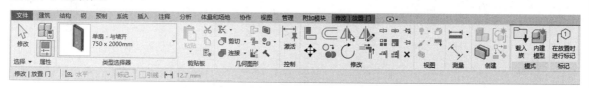

图 9-1 "修改|放置门"选项卡和选项栏

(3)在"属性"选项板中选择门类型,系统默认的只有"单扇-与墙对齐"类型。

(4)需要在入口处添加双开门。单击"模式"面板中的"载入族"按钮,打开"载入族"对话框,选择"Chinese\建筑\门\普通门\平开门\双扇"文件夹中的"双面嵌板镶玻璃门 12.rfa"。单击"打开"按钮,载入"双面嵌板镶玻璃门 12.rfa"族文件。

(5)在"属性"选项板中选择"双面嵌板镶玻璃门 12 1500×2100mm"类型,其他采用默认设置,如图 9-2 所示。

"属性"选项板中的选项说明如下。

☑ 底高度:设置相对于放置比例的标高的底高度。

☑ 框架类型:门框类型。

☑ 带贴面:选中后将显示贴面。

☑ 框架材质:框架使用的材质。

☑ 完成:应用于框架和门的面层。

☑ 图像:单击 按钮,打开"管理图像"对话框,添加图像作为门标记。

☑ 注释:显示输入或从下拉列表中选择的注释,输入注释后,便可以为同一类别中图元的其他实例选择该注释,无须考虑类型或族。

☑ 标记:用于添加自定义标示的数据。

☑ 顶高度:指定相对于放置此实例的标高的实例顶高度,修改此值不会修改实例尺寸。

☑ 防火等级:设定当前门的防火等级。

图 9-2 "属性"选项板

（6）将光标移到墙上以显示门的预览图像，在平面视图中放置门时，按空格键可将开门方向从左开翻转为右开。默认情况下，临时尺寸标注指示从门中心线到最近垂直墙的中心线的距离，如图9-3所示。

（7）单击放置门，Revit 将自动剪切洞口并放置双扇门，如图9-4所示。

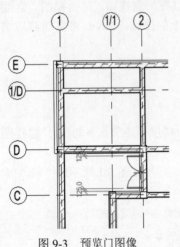

图9-3　预览门图像

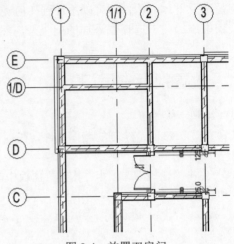

图9-4　放置双扇门

（8）在"属性"选项板中选择"双面嵌板镶玻璃门 12 1200×2100mm"类型，其他采用默认设置。

（9）将光标移到餐厅的墙上，放置到适当位置，如图9-5所示。

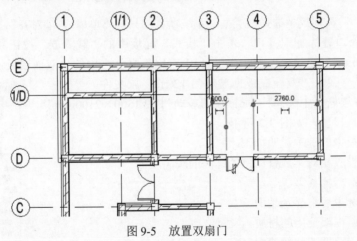

图9-5　放置双扇门

（10）单击图9-6中的临时尺寸，临时尺寸呈编辑状态，在文本框中输入新的尺寸值 400，按 Enter 键确认，门会根据新的尺寸值调整位置，如图9-6所示。

（11）单击"模式"面板中的"载入族"按钮 ，打开"载入族"对话框，选择"Chinese\建筑\门\普通门\平开门\单扇"文件夹中的"单嵌板镶玻璃门 13.rfa"，单击"打开"按钮，载入"单嵌板镶玻璃门 13.rfa"族文件。

（12）在"属性"选项板中选取"单嵌板镶玻璃门 13 800×2100mm"类型，将光标移到卫生间的墙上并放置到适当位置，如图9-7所示。

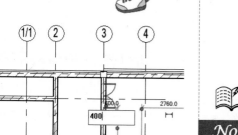

选取临时尺寸　　　　　　　　　　　　输入新尺寸

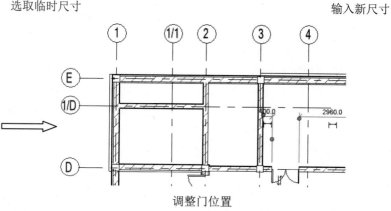

调整门位置

图 9-6　修改门的位置尺寸的过程

（13）单击"翻转实例面"按钮，调整门的放置方向，单击"翻转实例开门方向"按钮，调整门的开启方向，结果如图 9-8 所示。

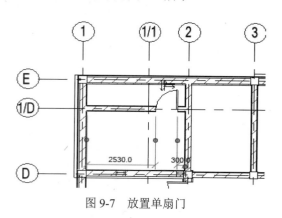

图 9-7　放置单扇门

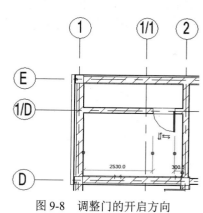

图 9-8　调整门的开启方向

（14）采用相同的方法，在厨房、餐厅、卧室以及外墙上放置单嵌板镶玻璃门，如图 9-9 所示。

（15）单击"模式"面板中的"载入族"按钮，打开"载入族"对话框，选择"Chinese\建筑\门\卷帘门"文件夹中的"滑升门.rfa"。

（16）将滑升门放置到车库的外墙中间位置，如图 9-10 所示。

（17）选取已布置的门，然后在"属性"选项板中选取其他类型的门，可以更改门类型，例如，选取卫生间的单嵌板镶玻璃门，然后在"属性"选项板中选取"双面嵌板镶玻璃门口 1500×2100mm"，更改类型。

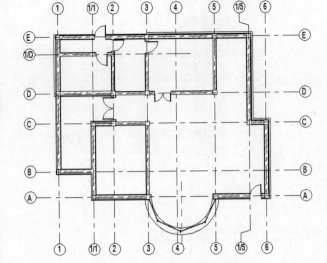

图 9-9　放置单嵌板镶玻璃门

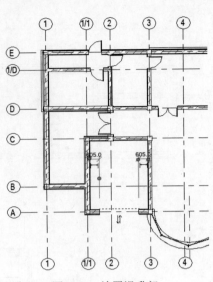

图 9-10　放置滑升门

## 9.1.2　放置别墅二层门

具体绘制步骤如下。

（1）在项目浏览器中双击楼层平面节点下的 F2，将视图切换到 F2 楼层平面视图。

（2）单击"建筑"选项卡"构建"面板中的"门"按钮 ，打开"修改|放置 门"选项卡。

（3）在"属性"选项板中选择"双面嵌板镶玻璃门 12 1500×2100mm"类型，其他采用默认设置。

（4）将双面嵌板镶玻璃门放置在楼梯间的墙上，如图 9-11 所示。

（5）在"属性"选项板中选取"单嵌板镶玻璃门 13 800×2100mm"类型，在如图 9-12 所示的位置放置单嵌板镶玻璃门，门到墙的距离为 200mm。

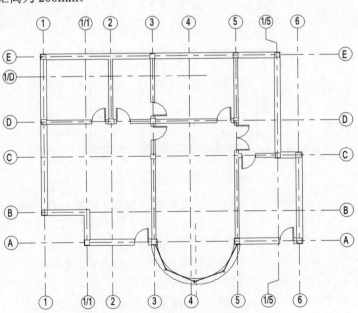

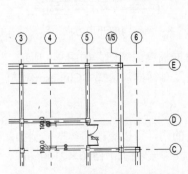

图 9-11　放置双面嵌板镶玻璃门

图 9-12　放置单嵌板镶玻璃门

### 9.1.3 放置别墅三层门

具体绘制步骤如下。

（1）在项目浏览器中双击楼层平面节点下的 F3，将视图切换到 F3 楼层平面视图。

（2）单击"建筑"选项卡"构建"面板中的"门"按钮，打开"修改|放置 门"选项卡。

（3）在"属性"选项板中选择"双面嵌板镶玻璃门 12 1500×2100mm"类型，其他采用默认设置。

（4）将双面嵌板镶玻璃门放置在楼梯间的墙上，如图 9-13 所示。

（5）在"属性"选项板中选取"单嵌板镶玻璃门 13 800×2100mm"类型，在如图 9-14 所示的位置放置单嵌板镶玻璃门，门到墙的距离为 200mm。

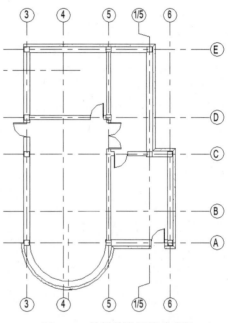

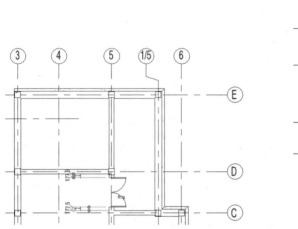

| | |
|---|---|
| 图 9-13 放置双面嵌板镶玻璃门 | 图 9-14 放置单嵌板镶玻璃门 |

提示：如果在三维视图中不显示门把手，将控制栏中的详细程度更改为精细。

（6）执行"文件"→"另存为"→"项目"命令，打开"另存为"对话框，指定保存位置并输入文件名，单击"保存"按钮。

# 9.2 窗

窗是基于主体的构件，可以添加到任何类型的墙内（对于天窗，可以添加到内建屋顶）。选择要添加的窗类型，然后指定窗在墙上的位置。Revit 将自动剪切洞口并放置窗。

### 9.2.1 放置别墅一层窗

具体绘制步骤如下。

（1）打开 9.1.3 节绘制的文件，在项目浏览器中双击楼层平面节点下的 F1，将视图切换到 F1 楼层平面视图。

（2）单击"建筑"选项卡"构建"面板中的"窗"按钮，打开如图 9-15 所示的"修改|放置 窗"选项卡和选项栏。

图 9-15 "修改|放置 窗"选项卡和选项栏

（3）在"属性"选项板中选择窗类型，系统默认的只有"固定"类型。

（4）单击"模式"面板中的"载入族"按钮，打开"载入族"对话框，选择"Chinese\建筑\窗\普通窗\组合窗"文件夹中的"组合窗-双层单列（推拉+固定+推拉）.rfa"，单击"打开"按钮，载入"组合窗-双层单列（推拉+固定+推拉）.rfa"族文件。

（5）在"属性"选项板中选择"组合窗-双层单列（推拉+固定+推拉）2100×1800mm"类型，单击"编辑类型"按钮，打开"类型属性"对话框，如图 9-16 所示，单击"复制"按钮，打开"名称"对话框，输入名称为 1500×1800mm，单击"确定"按钮，返回"类型属性"对话框，更改"宽度"为 1500，单击"框架材质"栏中的按钮，打开"材质浏览器"对话框，如图 9-17 所示，选择"金属-铝-白色"材质，采用默认设置，单击"确定"按钮，返回"类型属性"对话框，单击"确定"按钮。

图 9-16 "类型属性"对话框

图 9-17 "材质浏览器"对话框

"类型属性"对话框中的选项说明如下。

☑ 墙闭合：用于设置窗周围的层包络，包括"按主体""两者都不""内部""外部"和"两者"。

☑ 构造类型：设置窗的构造类型。

☑ 玻璃：设置玻璃的材质，可以单击按钮，打开"材质浏览器"对话框，设置玻璃的材质。

☑ 框架材质：设置框架的材质。

☑ 粗略宽度：设置窗的粗略洞口的宽度，可以生成明细表或导出。

☑ 粗略高度：设置窗的粗略洞口的高度，可以生成明细表或导出。

☑ 高度：设置窗洞口的高度。

☑ 宽度：设置窗的宽度。

（6）在"属性"选项板中输入"底高度"值为800，其他采用默认设置，如图9-18所示。

（7）将光标移到墙上以显示窗的预览图像，默认情况下，临时尺寸标注指示从窗中心线到最近垂直墙的中心线的距离，如图9-19所示。

图9-18 "属性"选项板

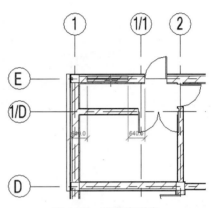

图9-19 预览窗图像

（8）单击放置窗，Revit将自动剪切洞口并放置窗，如图9-20所示。

（9）采用相同的方法，在其他房间布置 1500×1800mm 的推拉窗，如图9-21所示。

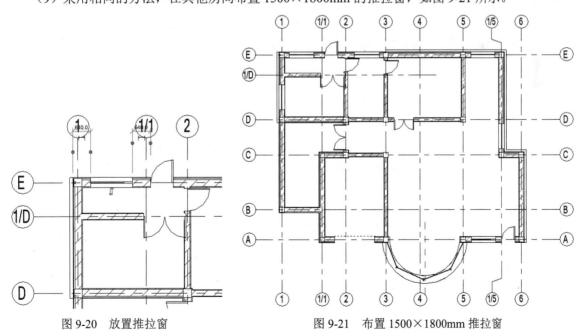

图9-20 放置推拉窗

图9-21 布置 1500×1800mm 推拉窗

（10）在"属性"选项板中选择"组合窗-双层单列（推拉+固定+推拉）2100×1800mm"类型，

将光标移到餐厅的墙上，在适当位置单击并放置，如图9-22所示。

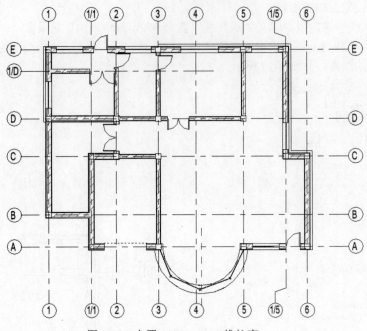

图9-22  布置2100×1800推拉窗

## 9.2.2  创建第二、三层窗

具体绘制步骤如下。

（1）在项目浏览器中双击立面（建筑立面）节点下的北，将视图切换到北立面视图，如图9-23所示。

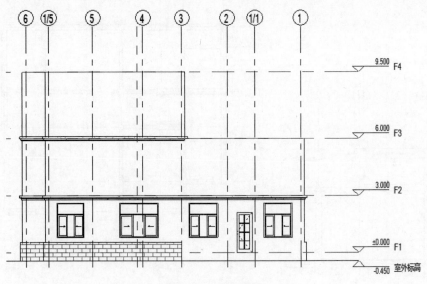

图9-23  北立面图

（2）单击"修改"选项卡"修改"面板中的"复制"按钮，按住Ctrl键选取一层上的四扇窗户，然后按空格键。选取 F1 标高线上任意一点为起点，垂直向上移动鼠标，在标高线 F2 上单击（即复制距离为 F1 到 F2 的标高距离），如图 9-24 所示。

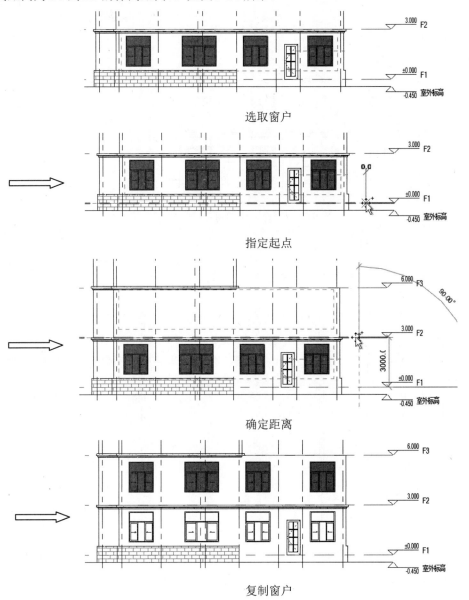

图 9-24 创建二层的窗户的过程

（3）采用相同的方法，在 F3 层上复制右侧的两扇窗户，如图 9-25 所示。

（4）在项目浏览器中双击楼层平面节点下的 F2，将视图切换到 F2 楼层平面视图。

（5）单击"建筑"选项卡"构建"面板中的"窗"按钮■，打开"修改|放置 窗"选项卡。在"属性"选项板中选择"组合窗-双层单列（推拉+固定+推拉）1500×1800mm"类型，设置底高度为 800，在如图 9-26 所示的位置放置窗户，也可以切换到其他立面视图，复制窗户。

（6）在"属性"选项板中选择"组合窗-双层单列（推拉+固定+推拉）2100×1800mm"类型，设置底高度为 800，在如图 9-27 所示的位置放置窗户，也可以切换到其他立面视图，复制窗户。

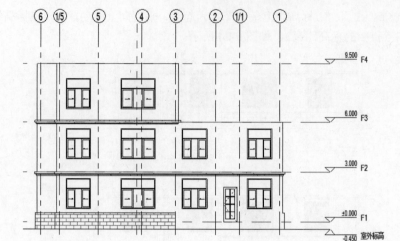

图 9-25　创建三层的窗户

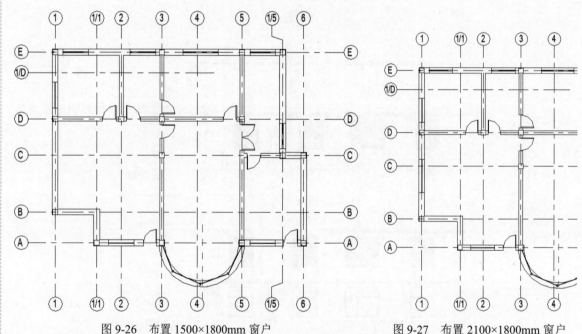

图 9-26　布置 1500×1800mm 窗户　　　　　图 9-27　布置 2100×1800mm 窗户

（7）在项目浏览器中双击楼层平面节点下的 F3，将视图切换到 F3 楼层平面视图。

（8）单击"建筑"选项卡"构建"面板中的"窗"按钮，单击"模式"面板中的"载入族"按钮，打开"载入族"对话框，选择"Chinese\建筑\窗\装饰窗\西式"文件夹中的"弧顶窗 2.rfa"，单击"打开"按钮，载入弧顶窗族。

（9）在"属性"选项板中单击"编辑类型"按钮，打开"类型属性"对话框，设置"窗台材质"为"金属-铝-白色"，如图 9-28 所示，其他采用默认设置，单击"确定"按钮。

（10）在"属性"选项板中设置底高度为 900，其他采用默认设置。

（11）将窗户放置到如图 9-29 所示的弧形墙上。

（12）在"属性"选项板中选择"组合窗-双层单列（推拉+固定+推拉）1500×1800mm"类型，在如图 9-30 所示的位置放置窗户。

图 9-28　"类型属性"对话框

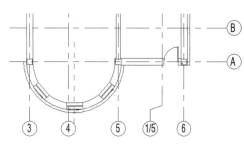

图 9-29　放置弧顶窗

（13）至此窗户创建完毕，将视图切换至三维视图，观察模型，如图 9-31 所示。

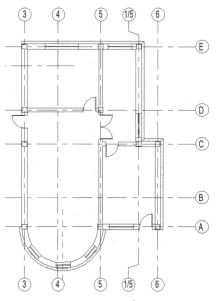

图 9-30　放置 1500×1800mm 窗户

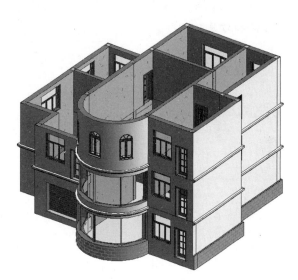

图 9-31　三维模型

（14）执行"文件"→"另存为"→"项目"命令，打开"另存为"对话框，指定保存位置并输入文件名，单击"保存"按钮。

第**10**章

# 楼板、天花板、屋顶和房檐

## 知识导引

楼板、天花板、屋顶以及房檐是建筑的普遍构成要素，本章将介绍创建这几种要素的工具的使用方法。

- ☑ 楼板
- ☑ 天花板
- ☑ 屋顶
- ☑ 房檐

## 任务驱动&项目案例

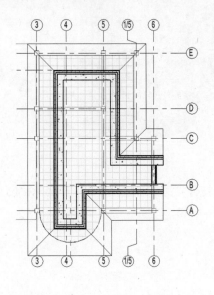

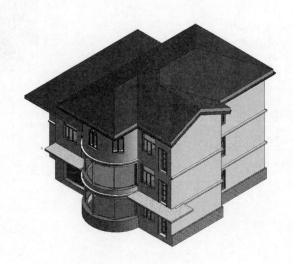

# 10.1 楼　　板

楼板是一种分隔承重构件，楼板层中的承重部分将房屋垂直分隔为若干层，并把人和家具等竖向荷载及楼板自重通过墙体、梁或柱传给基础。

## 10.1.1 创建别墅结构楼板

选择支撑框架、墙或绘制楼板范围来创建结构楼板。

具体绘制步骤如下。

（1）打开 9.2.2 节绘制的文件。在项目浏览器中双击楼层平面节点下的 F1，将视图切换到 F1 楼层平面视图。

单击"建筑"选项卡"构建"面板中"楼板" 下拉列表中的"楼板：结构"按钮 ，打开"修改|创建楼层边界"选项卡和选项栏，如图 10-1 所示。

图 10-1　"修改|创建楼层边界"选项卡和选项栏

☑　偏移：指定相对于楼板边缘的偏移值。

☑　延伸到墙中（至核心层）：测量到墙核心层之间的偏移。

（2）在"属性"选项板中选择"楼板 现场浇注混凝土 225mm"类型，设置"自标高的高度偏移"为-50，如图 10-2 所示。

"属性"选项板中的选项说明如下。

☑　标高：将楼板约束到的标高。

☑　自标高的高度偏移：指定楼板顶部相对于标高参数的高程。

☑　房间边界：指定楼板是否作为房间边界图元。

☑　与体量相关：指定此图元是从体量图元创建的。

☑　结构：指定此图元有一个分析模型。

☑　钢筋保护层-顶面：指定与楼板顶面之间的钢筋保护层距离。

☑　钢筋保护层-底面：指定与楼板底面之间的钢筋保护层距离。

☑　钢筋保护层-其他面：指从楼板到邻近图元面之间的钢筋保护层距离。

☑　坡度：将坡度定义线修改为指定值，而无须编辑草图。如果有一条坡度定义线，则此参数最初会显示一个值。如果没有坡度定义线，则此参数为空并被禁用。

☑　周长：设置楼板的周长。

（3）单击"绘制"面板中的"边界线"按钮 和"拾取墙"按钮 （默认状态下，系统会激活这两个按钮），选择边界墙，如图 10-3 所示。

图 10-2　"属性"选项板

（4）根据所选边界墙生成如图 10-4 所示的边界线，单击"翻转"按钮 ⊞⊞，调整边界线的位置，如图 10-5 所示。

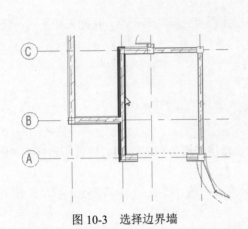

图 10-3 选择边界墙

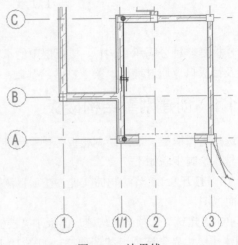

图 10-4 边界线

（5）采用相同的方法，提取其他边界线，结果如图 10-6 所示。

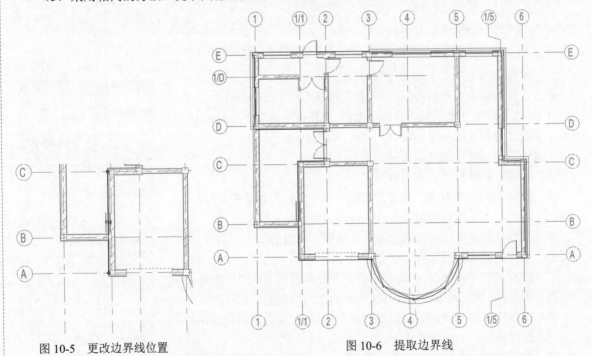

图 10-5 更改边界线位置

图 10-6 提取边界线

（6）按 Esc 键退出"拾取墙"命令，选取边界线，按键盘上的方向键微调边界线的位置，使边界线与墙体的结构层边线重合，如图 10-7 所示。

（7）放大视图，观察边界线是否封闭，如图 10-8 所示的位置，边界线没有闭合。

（8）选取竖直边界线，拖动边界线的端点，调整边界线的长度，直到水平边界线，然后拖动水平边界线的端点，使其与竖直边界线重合，如图 10-9 所示。

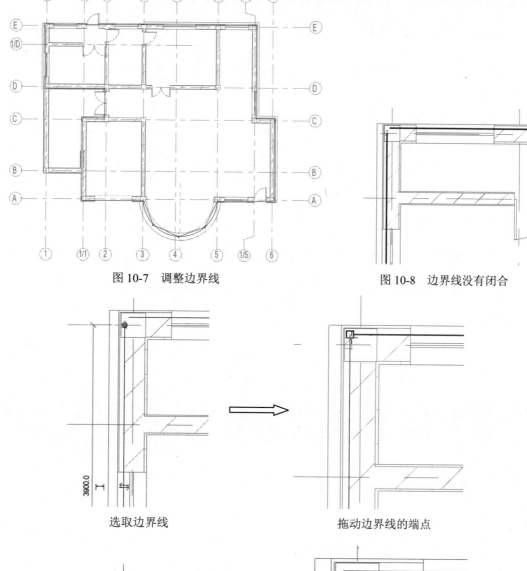

图 10-7 调整边界线        图 10-8 边界线没有闭合

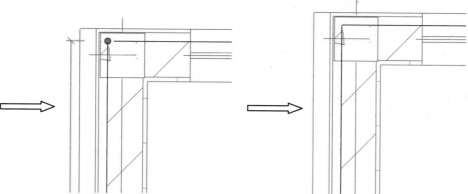

选取边界线            拖动边界线的端点

直到水平边界线        拖动水平边界线，使其与竖直边界线重合

图 10-9 调整边界线长度的过程

（9）采用相同的方法，使边界形成闭合环，如图 10-10 所示。

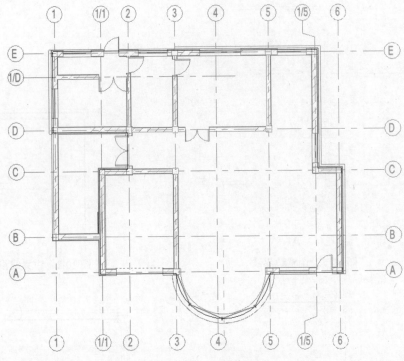

图 10-10　闭合边界

提示：如果边界线没有形成闭环，单击"完成编辑模式"按钮 ✔，将弹出如图 10-11 所示的提示对话框，提示视图中相交的边界线或没有闭环的边界线会高亮显示。

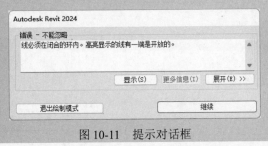

图 10-11　提示对话框

（10）单击"模式"面板中的"完成编辑模式"按钮 ✔，弹出如图 10-12 所示的提示是否载入跨方向符号族对话框，单击"是"按钮，将在楼板上显示跨方向符号，这里单击"否"按钮，完成楼板的添加。如果楼板与墙体重叠，会弹出如图 10-13 所示的提示楼板与墙重叠对话框，单击"是"按钮即可，生成如图 10-14 所示的楼板。

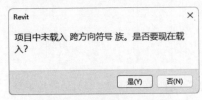

图 10-12　提示对话框 1

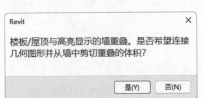

图 10-13　提示对话框 2

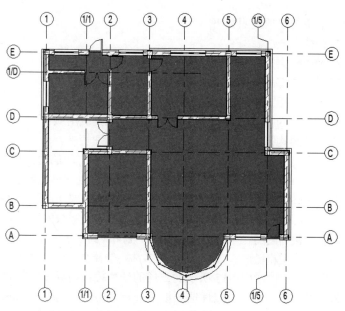

图 10-14 一层结构楼板

（11）在项目浏览器中双击楼层平面节点下的 F2，将视图切换到 F2 楼层平面视图。

（12）重复执行"楼板：结构"命令，在"属性"选项板中选择"楼板 常规-150mm"类型，输入自标高的"高度偏移"为-50，单击"编辑类型"按钮，打开如图 10-15 所示的"类型属性"对话框，单击"编辑"按钮，打开"编辑部件"对话框，在结构栏的材质列表中单击 按钮，打开"材质浏览器"对话框，选择"混凝土-现场浇注混凝土"材质，单击"确定"按钮，返回"编辑部件"对话框，其他采用默认设置，如图 10-16 所示。然后连续单击"确定"按钮。

图 10-15 "类型属性"对话框

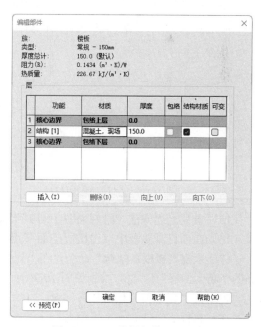

图 10-16 "编辑部件"对话框

"类型属性"对话框中的选项说明如下。

- ☑ 结构：创建复合楼板合成。
- ☑ 默认厚度：指示楼板类型的厚度，通过累加楼板层的厚度得出。
- ☑ 功能：指示楼板是内部的还是外部的。
- ☑ 粗略比例填充样式：指定粗略比例视图中楼板的填充样式。
- ☑ 粗略比例填充颜色：为粗略比例视图中的楼板填充图案应用颜色。
- ☑ 结构材质：为图元结构指定材质。此信息可包含于明细表中。
- ☑ 传热系数（U）：用于计算热传导，通常通过流体和实体之间的对流和阶段变化得出。
- ☑ 热阻（R）：用于测量对象或材质抵抗热流量（每时间单位的热量或热阻）的温度差。
- ☑ 热质量：对建筑图元蓄热能力进行测量的一个单位，是每个材质层质量和指定热容量的乘积。
- ☑ 吸收率：对建筑图元吸收辐射能力进行测量的一个单位，是吸收的辐射与事件总辐射的比率。
- ☑ 粗糙度：表示表面粗糙度的一个指标，其值从 1 到 6（其中 1 表示粗糙，6 表示平滑，3 则是大多数建筑材质的典型粗糙度），用于确定许多常用热计算和模拟分析工具中的气垫阻力值。

（13）重复上述方法，绘制如图 10-17 所示的二层的结构楼板边界线，创建结构楼板。

（14）重复"楼板：结构"命令，在属性选项板中选择"楼板 常规-150mm"类型，输入自标高的高度偏移为 0，绘制如图 10-18 所示的左侧阳台边界线。单击"模式"面板中的"完成编辑模式"按钮 ✔。

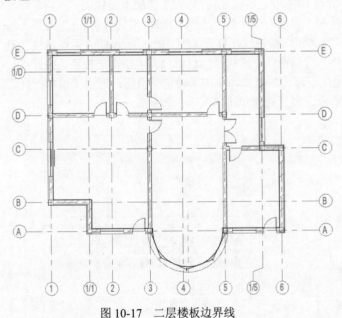

图 10-17　二层楼板边界线

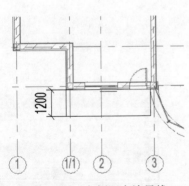

图 10-18　左侧阳台边界线

（15）重复上述方法，绘制如图 10-19 所示的右侧阳台楼板边界线，创建结构楼板。

（16）在项目浏览器中双击楼层平面节点下的 F3，将视图切换到 F3 楼层平面视图。

（17）重复"楼板：结构"命令，在"属性"选项板中选择"楼板 常规-150mm"类型，输入自标高的"高度偏移"为-50，绘制如图 10-20 所示的三层的结构楼板边界线，创建结构楼板。单击"模式"面板中的"完成编辑模式"按钮 ✔。

（18）执行"文件"→"另存为"→"项目"命令，打开"另存为"对话框，指定保存位置并输入文件名，单击"保存"按钮。

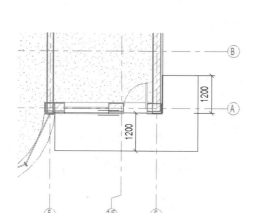

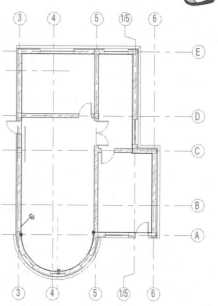

图 10-19 右侧阳台边界线

图 10-20 三层楼板边界线

## 10.1.2 创建别墅建筑地板

建筑楼板是楼地面层中的面层，是室内装修中的地面装饰层，其构建方法与结构楼板相同，只是楼板的构造不同。

可通过拾取墙或使用绘制工具定义楼板的边界来创建楼板。通常，在平面视图中绘制楼板，尽管当将三维视图的工作平面设置为平面视图的工作平面时，也可以使用该三维视图绘制楼板。楼板会沿绘制时所处的标高向下偏移。

具体绘制过程如下。

### 1. 创建客厅地板

（1）打开上节绘制的文件。在项目浏览器中双击楼层平面节点下的 F1，将视图切换到 F1 楼层平面视图。

（2）单击"建筑"选项卡"构建"面板中"楼板" 下拉列表中的"楼板：建筑"按钮 ，打开"修改|创建楼层边界"选项卡和选项栏，如图 10-21 所示。

图 10-21 "修改|创建楼层边界"选项卡和选项栏

（3）在"属性"选项板中选择"楼板常规-150mm"类型，单击"编辑类型"按钮 ，打开"类型属性"对话框，单击"复制"按钮，打开"名称"对话框，输入名称为"客厅瓷砖-50mm"，单击"确定"按钮，返回"类型属性"对话框。

（4）单击"编辑"按钮 ，打开"编辑部件"对话框，单击"插入"按钮 ，插入新的层并更改功能为面层 1[4]，单击材质中的"浏览"按钮 ，打开"材质浏览器"对话框，选择"瓷砖，机制"材质并添加到文档中，选中"使用渲染外观"复选框，单击表面填充图案组前景栏的"图案"

区域，打开"填充样式"对话框，选择"交叉线 5mm"，单击"确定"按钮。

（5）返回"材质浏览器"对话框，其他采用默认设置，如图 10-22 所示。单击"确定"按钮。

（6）返回"编辑部件"对话框，设置面层1[4]的"厚度"为30，在结构层的"材质"栏中单击 按钮，打开"材质浏览器"对话框，选择"水泥砂浆"材质，单击"确定"按钮，返回"编辑部件"对话框，设置结构层"厚度"为20，如图 10-23 所示。连续单击"确定"按钮。

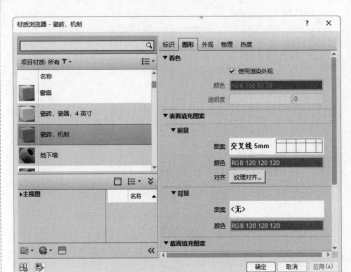

图 10-22　"材质浏览器"对话框

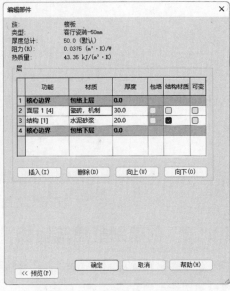

图 10-23　"编辑部件"对话框

（7）单击"绘制"面板中的"边界线"按钮 和"拾取墙"按钮 （默认状态下，系统会激活这两个按钮），选择边界墙，提取边界线，单击"圆心-端点弧"按钮 ，绘制圆弧边界线，然后调整边界线，使边界线闭合，如图 10-24 所示。

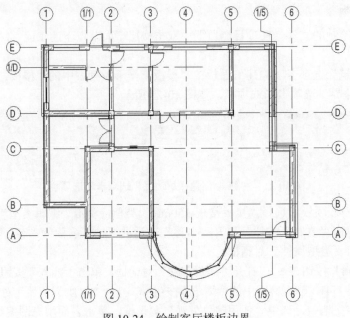

图 10-24　绘制客厅楼板边界

（8）单击"模式"面板中的"完成编辑模式"按钮 ✔，完成客厅地板的创建，如图 10-25 所示。

（9）采用相同的方法，利用"矩形"□ 工具创建厨房和餐厅的地板，如图 10-26 所示。

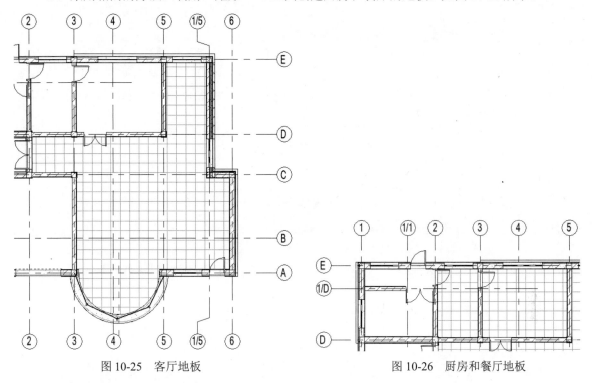

图 10-25  客厅地板

图 10-26  厨房和餐厅地板

### 2. 创建卫生间地板

（1）单击"建筑"选项卡"构建"面板中"楼板" ⬛ 下拉列表中的"楼板：建筑"按钮 ⬛，打开"修改|创建楼层边界"选项卡和选项栏。

（2）在"属性"选项板中单击"编辑类型"按钮 ⬛，打开"类型属性"对话框，新建"卫生间地板-50mm"，单击"编辑"按钮 编辑... ，打开"编辑部件"对话框，单击面层 1[4]栏材质列表中的"浏览"按钮 ⬛，打开"材质浏览器"对话框，选择"瓷砖，瓷器，4 英寸"材质并添加到文档中，选中"使用渲染外观"复选框，单击"图案"区域，打开"填充样式"对话框，选择"对角线交叉填充"，然后连续单击"确定"按钮。

（3）返回"材质浏览器"对话框，其他采用默认设置，如图 10-27 所示。单击"确定"按钮，返回"编辑部件"对话框，采用默认设置，如图 10-28 所示。然后连续单击"确定"按钮。

（4）单击"绘制"面板中的"边界线"按钮 ⬛ 和"矩形"按钮 □，绘制边界线，如图 10-29 所示。

（5）单击"模式"面板中的"完成编辑模式"按钮 ✔，完成卫生间地板的创建。

💡提示：卫生间地板的中间部分要比周围低，这样才有利于排水，因此需要对卫生间地板进行编辑。

（6）为了方便选取地板，在"楼层平面"的"属性"选项板的"视图范围"栏中单击"编辑"按钮 编辑... ，打开"视图范围"对话框，设置剖切面的"偏移值"为 1200，"底部"的"偏移"值为-100，"视图深度"的"标高"的"偏移"值为-100，如图 10-30 所示，单击"确定"按钮。

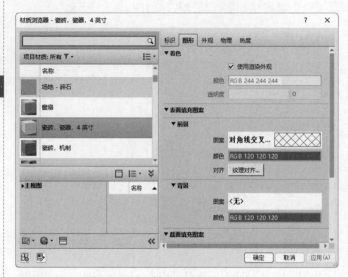

图 10-27 "材质浏览器"对话框

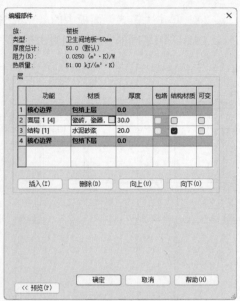

图 10-28 "编辑部件"对话框

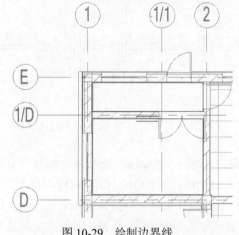

图 10-29 绘制边界线

图 10-30 "视图范围"对话框

（7）选取卫生间地板，打开"修改|楼板"选项卡，如图 10-31 所示。

图 10-31 "修改|楼板"选项卡

（8）单击"形状编辑"面板中的"添加点"按钮，在卫生间的中间位置添加点，如图 10-32 所示。单击鼠标右键，打开如图 10-33 所示的快捷菜单，选择"取消"选项。

（9）选取上一步添加的点，在点旁边显示高程为 0，单击高程使其处于编辑状态，输入高程值为 5，如图 10-34 所示。按 Enter 确认，按 Esc 键退出修改。

Note

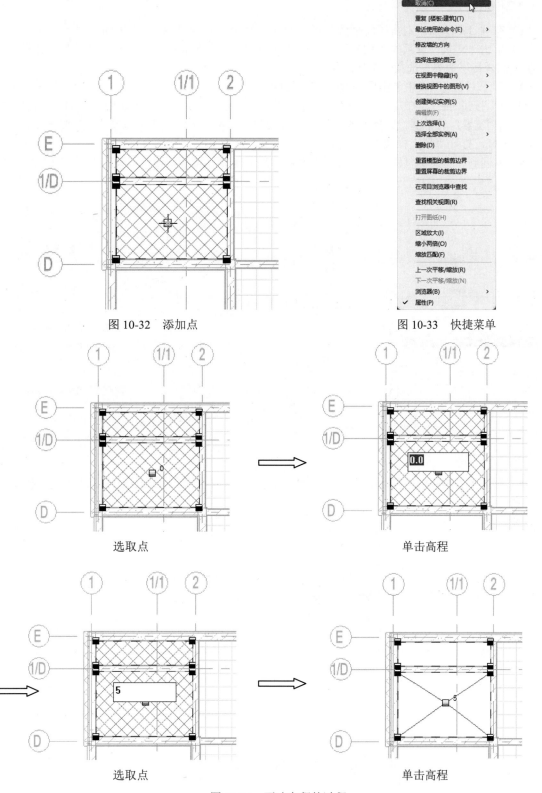

图 10-32　添加点　　　　　　　　　　　图 10-33　快捷菜单

选取点　　　　　　　　　　　　　　　单击高程

选取点　　　　　　　　　　　　　　　单击高程

图 10-34　更改高程的过程

### 3. 二层地板

（1）在项目浏览器中双击楼层平面节点下的 F2，将视图切换到 F2 楼层平面视图。

（2）单击"建筑"选项卡"构建"面板中"楼板" 下拉列表中的"楼板：建筑"按钮，打开"修改|创建楼层边界"选项卡和选项栏。

（3）在"属性"选项板中单击"编辑类型"按钮，打开"类型属性"对话框，新建"木地板-50mm"，单击"编辑"按钮，打开"编辑部件"对话框，单击面层 1[4]栏材质列表中的"浏览"按钮，打开"材质浏览器"对话框，选择木地板材质并添加到文档中，选中"使用渲染外观"复选框，单击"图案"区域，打开"填充样式"对话框，选择"分区 13"，如图 10-35 所示。单击"确定"按钮。

（4）返回到"材质浏览器"对话框，其他采用默认设置，如图 10-36 所示。单击"确定"按钮。

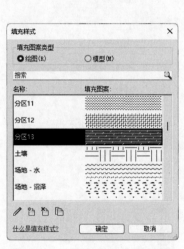

图 10-35　"填充样式"对话框

图 10-36　"材质浏览器"对话框

（5）返回到"编辑部件"对话框，采用默认设置，如图 10-37 所示。连续单击"确定"按钮。

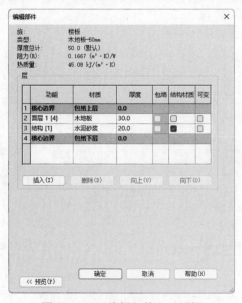

图 10-37　"编辑部件"对话框

（6）单击"绘制"面板中的"边界线"按钮、"拾取墙"按钮、"线"按钮和"矩形"按钮，绘制边界线，并调整边界线，使其闭合，如图 10-38 所示。

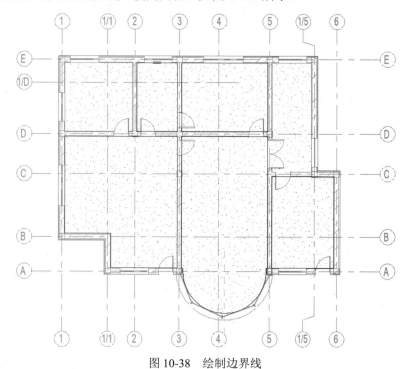

图 10-38  绘制边界线

（7）单击"模式"面板中的"完成编辑模式"按钮，完成二层木地板的创建，如图 10-39 所示。

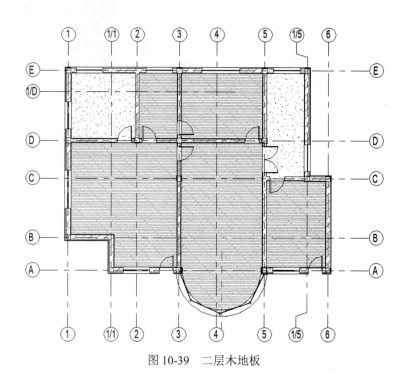

图 10-39  二层木地板

（8）采用一层卫生间地板的创建方法，创建二层的卫生间地板，如图 10-40 所示。

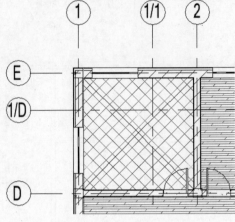

图 10-40　二层卫生间地板

（9）重复"楼板：建筑"命令，在"属性"选项板中选择"客厅瓷砖-50mm"类型，单击"绘制"面板中的"矩形"按钮□，绘制楼梯间的地板边界线，如图 10-41 所示。

（10）单击"模式"面板中的"完成编辑模式"按钮✔，完成二层楼梯间地板的创建，如图 10-42 所示。

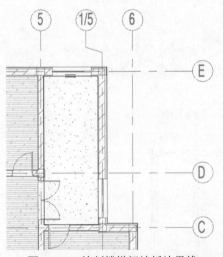

图 10-41　绘制楼梯间地板边界线

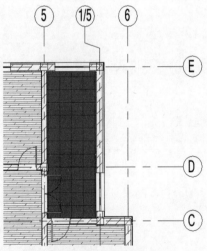

图 10-42　楼梯间地板

### 4. 三层地板

（1）在项目浏览器中双击楼层平面节点下的 F3，将视图切换到 F3 楼层平面视图。

（2）单击"建筑"选项卡"构建"面板中"楼板"▣下拉列表中的"楼板：建筑"按钮▣，打开"修改|创建楼层边界"选项卡和选项栏。

（3）在"属性"选项板中选择"客厅瓷砖-50mm"类型，单击"绘制"面板中的"矩形"按钮□、"线"按钮╱和"圆心-端点弧"按钮⌒，绘制三层地板边界线，如图 10-43 所示。

（4）单击"模式"面板中的"完成编辑模式"按钮✔，完成三层地板的创建，如图 10-44 所示。

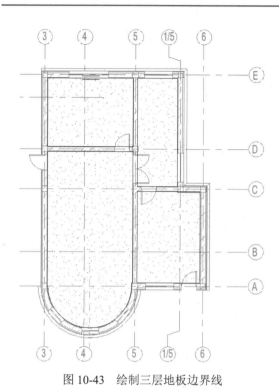

图 10-43　绘制三层地板边界线

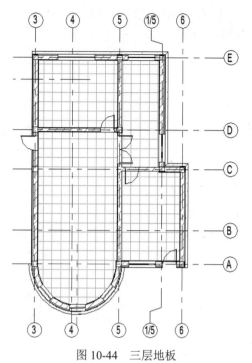

图 10-44　三层地板

（5）执行"文件"→"另存为"→"项目"命令，打开"另存为"对话框，指定保存位置并输入文件名，单击"保存"按钮。

# 10.2　天　花　板

在天花板所在的标高之上按指定的距离创建天花板。天花板是基于标高的图元，创建天花板是在其所在标高以上指定距离处进行的。可在模型中放置两种类型的天花板——基础天花板和复合天花板。

## 10.2.1　创建别墅基础天花板

基础天花板为没有厚度的平面图元，表面材料样式可应用于基础天花板平面。

具体操作步骤如下。

（1）打开 10.1.2 节绘制的文件。在项目浏览器中双击天花板平面节点下的 F1，将视图切换到 F1 天花板平面视图。

（2）单击"建筑"选项卡"构建"面板中的"天花板"按钮，打开"修改|放置 天花板"选项卡，如图 10-45 所示。

图 10-45　"修改|放置 天花板"选项卡

（3）在"属性"选项板中选择"基本天花板-常规"类型，输入"自标高的高度偏移"值为2700，如图10-46所示。

图10-46　"属性"选项板

（4）单击"天花板"面板中的"自动创建天花板"按钮（默认状态下，系统会激活这个按钮），在单击构成闭合环的内墙时，会在这些边界内部放置一个天花板，而忽略房间分隔线，如图10-47所示。

（5）单击鼠标，在选择的区域内继续创建天花板，如图10-48所示。

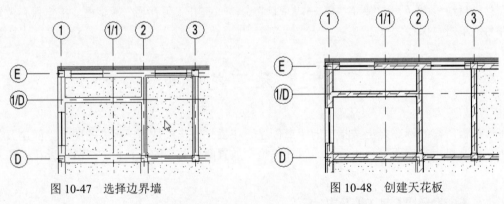

图10-47　选择边界墙　　　　　　　　图10-48　创建天花板

（6）单击"天花板"面板中的"绘制天花板"按钮，打开"修改|创建天花板边界"选项卡，如图10-49所示。

图10-49　"修改|创建天花板边界"选项卡

（7）单击"绘制"面板中的"边界线"按钮和"矩形"按钮，绘制天花板边界线，如图10-50所示。

（8）单击"模式"面板中的"完成编辑模式"按钮，完成餐厅天花板的创建，结果如图10-51所示。

（9）执行"文件"→"另存为"→"项目"命令，打开"另存为"对话框，指定保存位置并输入文件名，单击"保存"按钮。

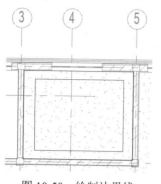

图 10-50 绘制边界线

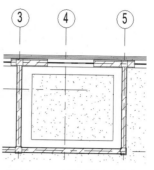

图 10-51 创建餐厅天花板

## 10.2.2 创建别墅复合天花板

复合天花板由已定义各层材料厚度的图层构成。

具体操作步骤如下。

（1）打开上节绘制的文件。单击"建筑"选项卡"构建"面板中的"天花板"按钮，打开"修改|放置 天花板"选项卡。

（2）在"属性"选项板中选择"复合天花板 600×600mm 轴网"类型，输入自标高的高度偏移值为 2800，如图 10-52 所示。

（3）单击"编辑类型"按钮，打开"类型属性"对话框，单击"复制"按钮，打开"名称"对话框，输入名称为"600×600mm 石膏板"，单击"确定"按钮，返回到"类型属性"对话框，单击"编辑"按钮，打开"编辑部件"对话框，设置面层 2[5]的材质为"松散-石膏板"，分别输入厚度值，其他采用默认设置，如图 10-53 所示。连续单击"确定"按钮。

图 10-52 "属性"选项板

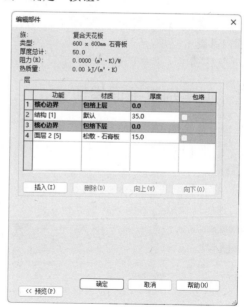

图 10-53 "编辑部件"对话框

（4）单击"天花板"面板中的"绘制天花板"按钮，打开"修改|创建天花板边界"选项卡，单击"边界线"按钮和"线"按钮，绘制天花板边界，如图 10-54 所示。

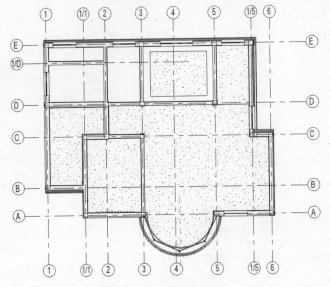

图 10-54　绘制天花板边界

（5）单击"模式"面板中的"完成编辑模式"按钮 ✔，完成客厅天花板造型的创建。

（6）执行"文件"→"另存为"→"项目"命令，打开"另存为"对话框，指定保存位置并输入文件名，单击"保存"按钮。

# 10.3　屋　　顶

屋顶是指房屋或构筑物外部的顶盖，包括屋面以及在墙或其他支撑物以上用以支撑屋面的一切必要材料和内部露木屋顶。

Revit 软件提供了多种创建屋顶的工具，如迹线屋顶、拉伸屋顶以及屋檐的创建。

## 10.3.1　创建别墅平面屋顶

具体操作步骤如下。

（1）打开 10.2.2 节绘制的文件，在项目浏览器中双击楼层平面节点下的 F3，将视图切换到 F3 楼层平面视图。

（2）单击"建筑"选项卡"构建"面板中"屋顶" ⬚ 下拉列表中的"迹线屋顶"按钮 ⬚，打开"修改|创建屋顶迹线"选项卡和选项栏，如图 10-55 所示。

图 10-55　"修改|创建屋顶迹线"选项卡和选项栏

☑　定义坡度：取消选中此复选框，则创建不带坡度的屋顶。

☑　悬挑：定义屋顶迹线与所绘线之间的距离。

（3）在选项栏中取消选中"定义坡度"复选框。

（4）单击"绘制"面板中的"边界线"按钮和"矩形"按钮，绘制屋顶迹线，屋顶迹线与二层外墙的距离为500，如图10-56所示。

（5）单击"模式"面板中的"完成编辑模式"按钮，完成屋顶迹线的绘制。

（6）在"属性"选项板中选择"基本屋顶 架空隔热保温屋顶-混凝土"类型，设置"椽截面"为"垂直截面"，"自标高的底部偏移"为-140，如图10-57所示。

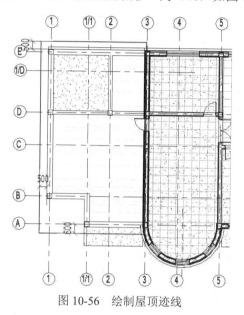

图 10-56 绘制屋顶迹线

图 10-57 "属性"选项板

"属性"选项板中选项说明如下。

☑ 底部标高：设置迹线或拉伸屋顶的标高。

☑ 房间边界：选中此复选框，则屋顶是房间边界的一部分，此属性在创建屋顶之前为只读。在绘制屋顶之后，可以选择屋顶，然后修改此属性。

☑ 与体量相关：指示此图元是基于体量图元创建的。

☑ 自标高的底部偏移：设置高于或低于绘制时所处标高的屋顶高度。

☑ 截断标高：指定标高，在该标高上方所有迹线屋顶几何图形都不会被显示。以该方式剪切的屋顶可与其他屋顶组合，构成"荷兰式四坡屋顶""双重斜坡屋顶"或其他屋顶样式。

☑ 截断偏移：指定的标高以上或以下的截断高度。

☑ 椽截面：通过指定椽截面来更改屋檐的样式，包括垂直截面、垂直双截面或正方形双截面，如图10-58所示。

垂直截面

垂直双截面

正方形双截面

图 10-58 椽截面

☑ 封檐板深度：指定一个介于零和屋顶厚度之间的值。

☑ 最大屋脊高度：屋顶顶部位于建筑物底部标高以上的最大高度。可以使用"最大屋脊高度"工具设置最大允许屋脊高度。

☑ 坡度：将坡度定义线的值修改为指定值，而无须编辑草图。如果有一条坡度定义线，则此参数最初会显示一个值。

☑ 厚度：可以选择可变厚度参数来修改屋顶或结构楼板的层厚度，如图 10-59 所示。

如果没有可变厚度层，则整个屋顶或楼板将倾斜，并在平行的顶面和底面之间保持固定厚度。如果有可变厚度层，则屋顶或楼板的顶面将倾斜，而底部保持为水平平面，形成可变厚度楼板。

（7）在"属性"选项板中单击"编辑类型"按钮，打开"类型属性"对话框，单击结构栏中的"编辑"按钮 编辑... ，打开"编辑部件"对话框，设置结构层的材质为"混凝土-现场浇注混凝土"，其他采用默认设置，如图 10-60 所示，然后连续单击"确定"按钮。

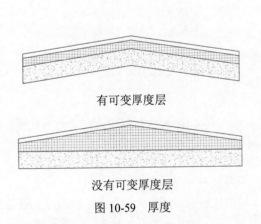

有可变厚度层

没有可变厚度层

图 10-59　厚度

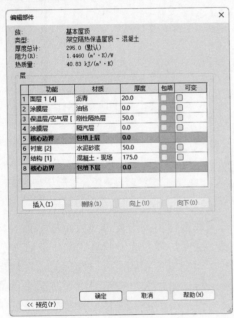

图 10-60　"编辑部件"对话框

（8）执行"文件"→"另存为"→"项目"命令，打开"另存为"对话框，指定保存位置并输入文件名，单击"保存"按钮。

## 10.3.2　创建别墅坡屋顶

具体操作步骤如下。

（1）打开 10.3.1 节绘制的文件，在项目浏览器中双击楼层平面节点下的 F4，将视图切换到 F4 楼层平面视图。

（2）单击"建筑"选项卡"构建"面板中"屋顶"下拉列表中的"迹线屋顶"按钮，打开"修改|创建屋顶迹线"选项卡和选项栏。

（3）在选项栏中选中"定义坡度"复选框。

（4）单击"绘制"面板中的"边界线"按钮和"线"按钮，在选项栏中设置"偏移"为 500，沿外墙绘制屋顶迹线，屋顶迹线与外墙的距离为 500，其他尺寸如图 10-61 所示。

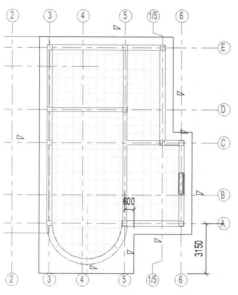

图 10-61　绘制屋顶迹线

（5）在视图中选中最右侧的竖直屋顶迹线，打开如图 10-62 所示的"属性"选项板，取消选中"定义屋顶坡度"复选框。

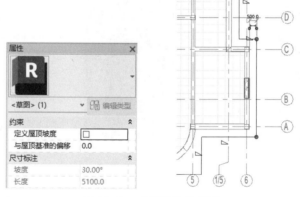

图 10-62　"属性"选项板

"属性"选项板中的选项说明如下。

☑　定义屋顶坡度：对于迹线屋顶，将屋顶线指定为坡度定义线。

☑　与屋顶基准的偏移：指定距屋顶基准的坡度线偏移。

☑　坡度：指定屋顶的斜度。此属性指定坡度定义线的坡度角。

☑　长度：屋顶边界线的实际长度。

（6）单击"模式"面板中的"完成编辑模式"按钮✔，完成屋顶迹线的绘制。

（7）在"属性"选项板中选择"基本屋顶 架空隔热保温屋顶-混凝土"类型，设置"椽截面"为"垂直截面"，设置"坡度"为 25°，如图 10-63 所示，绘制完成的屋顶如图 10-64 所示。

（8）在项目浏览器中双击三维视图节点下的 3D，将视图切换到三维视图，观察图形，可以看出墙体与屋顶没有连接在一起，如图 10-65 所示。

（9）选取墙体，打开"修改|墙"选项卡，单击"修改墙"面板中的"附着顶部/底部"按钮，然后在选项栏中选择"顶部"选项，选取屋顶为要附着的屋顶，墙体自动延伸至屋顶，如图 10-66 所示。

图 10-63  "属性"选项板

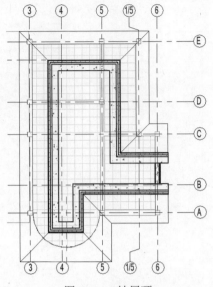

图 10-64  坡屋顶

图 10-65  三维视图

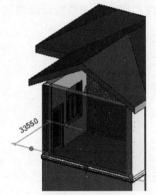

选取墙体

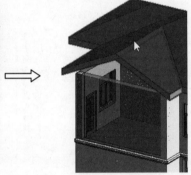

选取屋顶

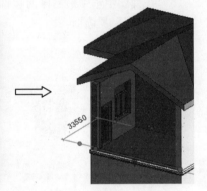

墙体延伸至屋顶

图 10-66  延伸墙体至屋顶的过程

（10）采用相同的方法，延伸其他墙体至屋顶，如图 10-67 所示。

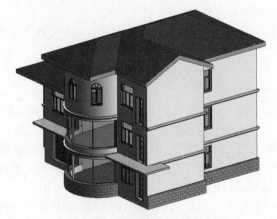

图 10-67  延伸其他墙体至屋顶

（11）执行"文件"→"另存为"→"项目"命令，打开"另存为"对话框，指定保存位置并输入文件名，单击"保存"按钮。

## 10.3.3　拉伸屋顶

通过拉伸绘制的轮廓来创建屋顶。

具体操作步骤如下。

（1）打开源文件中的拉伸屋顶文件，将视图切换到楼层平面"南立面"。

（2）单击"建筑"选项卡"构建"面板中"屋顶" 下拉列表中的"拉伸屋顶"按钮 ，打开"工作平面"对话框，选中"拾取平面"单选按钮，如图 10-68 所示。

（3）单击"确定"按钮，在视图中选择如图 10-69 所示的墙面，打开"屋顶参照标高和偏移"对话框，设置标高和偏移量，如图 10-70 所示。

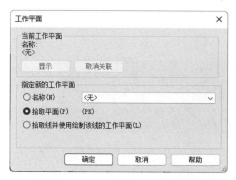

图 10-68　"工作平面"对话框

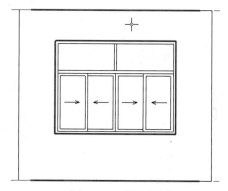

图 10-69　选取墙面

图 10-70　"屋顶参照标高和偏移"对话框

（4）打开"修改|创建拉伸屋顶轮廓"选项卡和选项栏，如图 10-71 所示。

图 10-71　"修改|创建拉伸屋顶轮廓"选项卡和选项栏

（5）单击"绘制"面板中的"线"按钮 ，绘制如图 10-72 所示的拉伸截面。

（6）单击"模式"面板中的"完成编辑模式"按钮 ，完成屋顶拉伸轮廓的绘制。

（7）将视图切换到西立面图，观察图形，如图 10-73 所示。可以看出没有伸出墙外一段距离。在"属性"选项板中选择"保温屋顶-混凝土"，输入"拉伸起点"为500，"拉伸终点"为-6700，其他采用默认设置，如图 10-74 所示。

（8）将视图切换到三维视图，如图 10-75 所示。从视图中可以看出东西两面墙没有延伸到屋顶。

图 10-72　绘制拉伸截面

图 10-73　添加拉伸屋顶

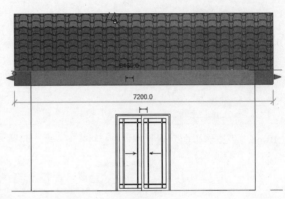

图 10-74　更改拉伸起点和终点

（9）按住 Ctrl 键，选取四面墙体，打开"修改|墙"选项卡，单击"附着到顶部/底部"按钮，在选项栏中选择"顶部"选项，然后在视图中选择屋顶为墙要附着的屋顶，选取的墙延伸至屋顶，如图 10-76 所示。

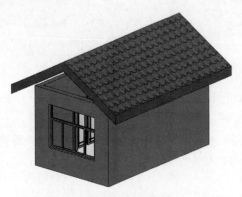

图 10-75　三维视图

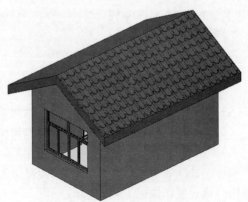

图 10-76　墙延伸至屋顶

# 10.4　房　　檐

创建屋顶时，指定悬挑值来创建屋檐。完成屋顶的绘制后，可以对齐屋檐并修改其截面和高度，如图 10-77 所示。

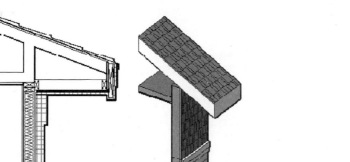

图 10-77　屋檐

## 10.4.1　创建别墅屋檐底板

使用"屋檐底板"工具来建模建筑图元的底面。可以将檐底板与其他图元（如墙和屋顶）关联。如果更改或移动了墙或屋顶，檐底板也将相应地进行调整。

具体绘制步骤如下。

（1）打开 10.3.2 节绘制的文件，在项目浏览器中双击楼层平面节点下的 F4，将视图切换到 F4 楼层平面视图。

（2）单击"建筑"选项卡"构建"面板中"屋顶" 下拉列表中的"屋檐：底板"按钮 ，打开"修改|创建屋檐底板边界"选项卡和选项栏，如图 10-78 所示。

图 10-78　"修改|创建屋檐底板边界"选项卡和选项栏

（3）单击"绘制"面板中的"边界线"按钮 和"矩形"按钮 ，绘制屋檐底板边界线，如图 10-79 所示。

（4）单击"模式"面板中的"完成编辑模式"按钮 ，完成屋檐底板边界的绘制。

（5）在"属性"选项板中选择"屋檐底板 常规-300mm"类型，单击"编辑类型"按钮 ，打开"类型属性"对话框，新建"常规-100mm"类型，并编辑结构层的"厚度"为 100，如图 10-80 所示，连续单击"确定"按钮。

（6）在"属性"选项板中设置"自标高的高度偏移"值为-100，其他采用默认设置，如图 10-81 所示。

（7）将视图切换到三维视图，屋檐底板如图 10-82 所示。

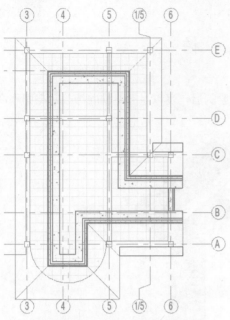

图 10-79　绘制屋檐底板边界线

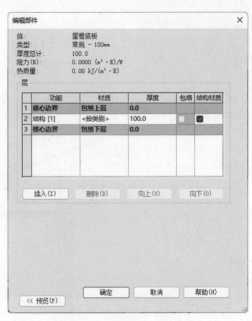

图 10-80　设置屋檐底板参数

图 10-81　"属性"选项板

图 10-82　屋檐底板

（8）执行"文件"→"另存为"→"项目"命令，打开"另存为"对话框，指定保存位置并输入文件名，单击"保存"按钮。

## 10.4.2　创建别墅封檐板

使用"封檐板"工具为封檐带添加屋顶、檐底板、模型线和其他封檐板的边。

具体绘制步骤如下。

（1）打开上节绘制的文件，单击"建筑"选项卡"构建"面板中"屋顶" 下拉列表中的"屋顶：封檐板"按钮 ，打开"修改|放置封檐板"选项卡和选项栏，如图 10-83 所示。

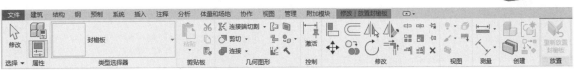

图 10-83 "修改|放置封檐板"选项卡和选项栏

（2）在"属性"选项板中设置封檐板的偏移以及其他属性，如图 10-84 所示，这里采用默认设置。

（3）单击屋顶边、檐底板、封檐板或模型线进行添加，如图 10-85 所示。生成封檐板，如图 10-86 所示。单击按钮，使用水平轴翻转轮廓；单击按钮，使用垂直轴翻转轮廓。

图 10-84 "属性"选项板

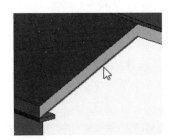

图 10-85 选择屋顶边

（4）继续选择边缘时，Revit 会将其作为一个连续的封檐板。如果封檐带的线段在角部相遇，它们会相互斜接，结果如图 10-87 所示。

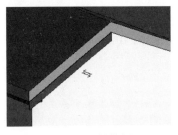

图 10-86 封檐板

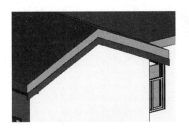

图 10-87 连续封檐板

提示：如果屋顶双坡段部上的封檐板没有包裹转角，则会斜接端部。选取封檐板，打开"修改|封檐板"选项卡，单击"修改斜接"按钮，打开"斜接"面板，如图 10-88 所示。

图 10-88 "斜接"面板

选择斜接类型，单击封檐板的端面修改斜接方式，如图 10-89 所示。按 Esc 键退出。

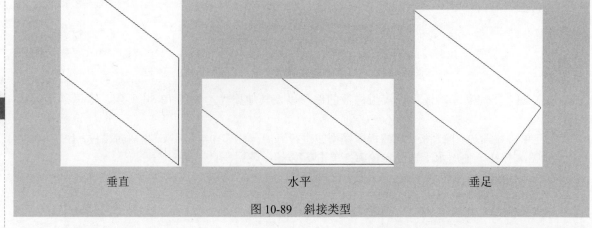

垂直　　　　　　　　水平　　　　　　　　垂足

图 10-89　斜接类型

（5）执行"文件"→"另存为"→"项目"命令，打开"另存为"对话框，指定保存位置并输入文件名，单击"保存"按钮。

## 10.4.3　创建别墅檐槽

使用"檐槽"工具可将檐沟添加到屋顶、檐底板、模型线和封檐带。

具体操作步骤如下。

（1）打开上节绘制的文件，单击"建筑"选项卡"构建"面板中"屋顶" 下拉列表中的"檐槽"按钮 ，打开"修改|放置檐沟"选项卡和选项栏，如图 10-90 所示。

图 10-90　"修改|放置檐沟"选项卡和选项栏

（2）单击"插入"选项卡"从库中载入"面板中的"载入族"按钮 ，打开"载入族"对话框，选择"Chinese\轮廓\专项轮廓\檐沟"文件夹中的"檐沟-拱.rfa"，如图 10-91 所示。单击"打开"按钮，载入"檐沟–拱"族。

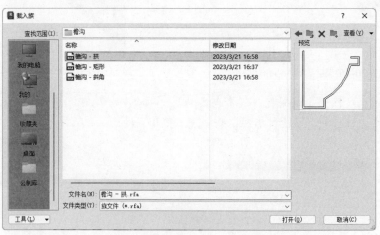

图 10-91　"载入族"对话框

（3）在"属性"选项板中单击"编辑类型"按钮 ，打开"类型属性"对话框，在轮廓下拉列表中选择"檐沟-拱：150×150mm"类型。其他采用默认设置，单击"确定"按钮。

（4）单击屋顶、层檐底板、封檐带或模型线的水平边缘进行添加，如图 10-92 所示。生成檐沟，如图 10-93 所示。单击 按钮，使用水平轴翻转轮廓；单击 按钮，使用垂直轴翻转轮廓。

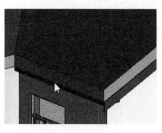

图 10-92　选择水平边缘

图 10-93　檐沟

（5）继续选取水平边缘，创建檐沟，结果如图 10-94 所示。

（6）放大视图，观察檐沟，发现檐沟之间没有衔接好，如图 10-95 所示。

图 10-94　绘制檐沟

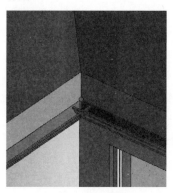

图 10-95　放大视图

（7）选取图 10-96（a）中的檐沟端点，将其拖动到适当位置，使檐沟衔接，如图 10-96（b）所示。

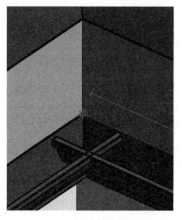

（a）拖动控制点

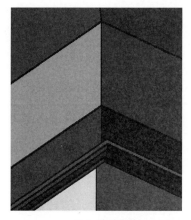

（b）檐沟衔接

图 10-96　调整屋檐沟的长度

（8）采用相同的方法，对檐沟的其他斜接处进行调整，结果如图 10-97 所示。

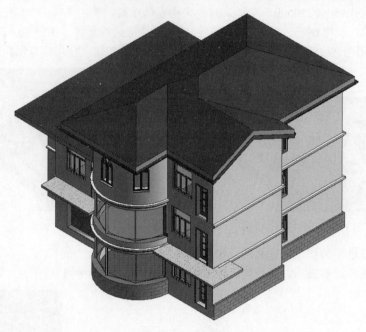

图 10-97　屋檐沟

（9）执行"文件"→"另存为"→"项目"命令，打开"另存为"对话框，指定保存位置并输入文件名，单击"保存"按钮。

# 第11章

# 楼梯坡道

## 知识导引

楼梯是房屋各楼层间垂直交通的联系部分，是楼层人流疏散必经的通路。楼梯设计应根据使用要求，选择合适的形式，布置在恰当的位置，根据使用性质、人流通行情况和防火规范综合确定楼梯的宽度和数量，还要根据使用对象和使用场合选择最合适的坡度。其中扶手是楼梯的组成部分之一。

本章主要介绍栏杆扶手、楼梯、洞口以及坡道的创建方法。

☑ 栏杆扶手 ☑ 楼梯
☑ 洞口 ☑ 坡道

## 任务驱动&项目案例

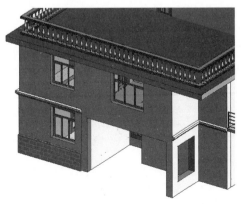

# 11.1 栏 杆 扶 手

添加的独立式栏杆扶手或附加到楼梯、坡道和其他主体的栏杆扶手如图 11-1 所示。

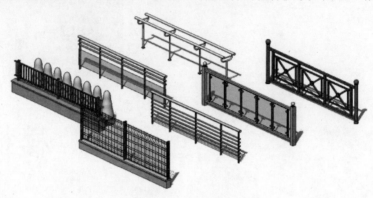

图 11-1 栏杆扶手

使用栏杆扶手工具，可以实现如下功能。

☑ 将栏杆扶手作为独立构件添加到楼层中。

☑ 将栏杆扶手附着到主体（如楼板、坡道或楼梯）。

☑ 在创建楼梯时自动创建栏杆扶手。

☑ 在现有楼梯或坡道上放置栏杆扶手。

☑ 绘制自定义栏杆扶手路径并将栏杆扶手附着到楼板、屋顶板、楼板边、墙顶、屋顶或地形。

创建栏杆扶手时，扶栏和栏杆将自动按相等间隔放置在栏杆扶手上。

## 11.1.1 绘制别墅栏杆

通过绘制栏杆扶手路径来创建栏杆扶手，然后选择一个图元（如楼板或屋顶）作为栏杆扶手主体。
具体绘制步骤如下。

（1）打开 10.4.3 节绘制的文件，在项目浏览器中双击楼层平面节点下的 F2，将视图切换到 F2
楼层平面视图。

（2）单击"建筑"选项卡"楼梯坡道"面板中"栏杆扶手"▦下拉列表中的"绘制路径"按钮▦，
打开"修改|创建栏杆扶手路径"选项卡和选项栏，如图 11-2 所示。

图 11-2 "修改|创建栏杆扶手路径"选项卡和选项栏

（3）单击"插入"选项卡"从库中载入"面板中的"载入族"按钮，打开"载入族"对话框，
选择"Chinese"→"建筑"→"栏杆扶手"→"栏杆"→"常规扶栏"→"普通栏杆"文件夹中的
"金属栏杆.rfa"，单击"打开"按钮，载入金属栏杆。采用相同的方法，载入"金属栏杆-转角"族
文件。

（4）在"属性"选项板中选择"栏杆扶手-900mm 圆管"类型，如图 11-3 所示。

"栏杆扶手"属性选项板中的选项说明如下。

☑ 底部标高：指定栏杆扶手系统不位于楼梯或坡道上时的底部标高。如果在创建楼梯时自动放置了栏杆扶手，则此值由楼梯的底部标高决定。

☑ 底部偏移：如果栏杆扶手系统不位于楼梯或坡道上，则此值是楼板或标高到栏杆扶手系统底部的距离。

☑ 从路径偏移：指定相对于其他主体上的踏板、梯边梁或路径的栏杆扶手的偏移。如果在创建楼梯时自动放置了栏杆扶手，可以选择将栏杆扶手放置在踏板或梯边梁上。

☑ 长度：栏杆扶手的实际长度。

☑ 图像：单击 按钮，打开"管理图像"对话框，可添加图像作为栏杆扶手标记。

☑ 注释：有关图元的注释。

☑ 标记：应用于图元的标记，如显示在图元多类别标记中的标签。

☑ 创建的阶段：创建图元的阶段。

☑ 拆除的阶段：拆除图元的阶段。

（5）单击"编辑类型"按钮 ，打开"类型属性"对话框，新建"阳台栏杆"类型，如图 11-4 所示。

图 11-3 "属性"选项板

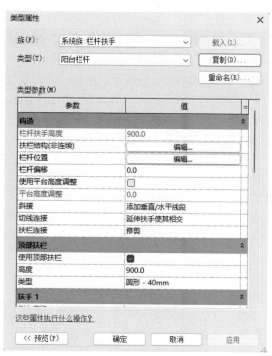

图 11-4 "类型属性"对话框

"类型属性"对话框中的选项说明如下。

☑ 栏杆扶手高度：设置栏杆扶手系统中最高扶栏的高度。

☑ 扶栏结构（非连续）：单击"编辑"按钮，打开如图 11-5 所示的"编辑扶手（非连续）"对话框，在此对话框中可以设置每个扶栏的扶栏编号、高度、偏移、轮廓（形状）和材质。单击"插入"按钮，输入扶栏的名称、高度、偏移、轮廓和材质属性。单击"向上"或"向下"按钮可以调整栏杆扶手的位置。

图 11-5 "编辑扶手（非连续）"对话框

☑ 栏杆位置：单击"编辑"按钮，打开"编辑栏杆位置"对话框，定义栏杆样式。

☑ 栏杆偏移：距扶栏绘制线的栏杆偏移。通过设置此属性和扶栏偏移的值，可以创建扶栏和栏杆的不同组合。

☑ 使用平台高度调整：控制平台栏杆扶手的高度。若不选中该复选框，则栏杆扶手和平台像在楼梯梯段上一样使用相同的高度。若选中该复选框，则栏杆扶手高度会根据"平台高度调整"设置值进行向上或向下调整。

☑ 平台高度调整：基于中间平台或顶部平台"栏杆扶手高度"参数的指示值提高或降低栏杆扶手高度。

☑ 斜接：如果两段栏杆扶手在水平面内相交成一定角度，但没有垂直连接，则可以选择添加垂直/水平或不添加连接件来确定连接方法。

☑ 切线连接：如果两段相切栏杆扶手在平面中共线或相切，但没有垂直连接，则可以选择添加垂直/水平、不添加连接件或延伸扶手使其相交来连接。

☑ 扶栏连接：若系统无法在栏杆扶手段之间进行连接时创建斜接连接，则可以通过修剪或焊接来进行连接。

☑ 修剪：使用垂直平面剪切分段。

☑ 焊接：以尽可能接近斜接的方式连接分段。最适合于圆形扶栏轮廓。

☑ 高度：设置栏杆扶手系统中顶部栏杆的高度。

☑ 类型：指定顶部扶栏的类型。

☑ 侧向偏移：显示栏杆的偏移值。

☑ 扶手-高度：扶手类型属性中指定的扶手高度。

（6）单击"栏杆位置"栏中的"编辑"按钮，打开"编辑栏杆位置"对话框，在"主样式"栏中设置"常规栏"的"相对前一栏杆的距离"为 1000，在"支柱"栏中分别设置"起点支柱"和"终点支柱"为金属栏杆，设置转角支柱为金属栏杆转角，如图 11-6 所示。连续单击"确定"按钮，完成栏杆的设置。对类型属性所做的修改会影响项目中同一类型的所有栏杆扶手。

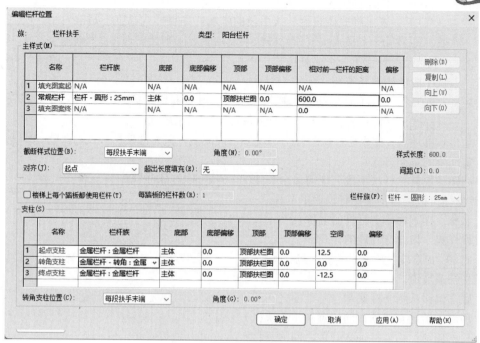

图 11-6　"编辑栏杆位置"对话框

"编辑栏杆位置"对话框中的选项说明如下。

① "主样式"栏：自定义栏杆扶手的栏杆。

☑ 名称：样式内特定栏杆的名称。

☑ 栏杆族：指定栏杆或支柱族的样式。如果选择"无"，则此样式的相应部分将不显示栏杆或支柱。

☑ 底部：指定栏杆底端的位置，包括扶栏顶端、扶栏底端或主体顶端。主体可以是楼层、楼板、楼梯或坡道。

☑ 底部偏移：指栏杆底端与基准面之间的垂直距离，可以是负值或正值。

☑ 顶部：指定栏杆顶端的位置（常为扶栏）。

☑ 顶部偏移：指栏杆顶端与顶之间的垂直距离，可以是负值或正值。

☑ 相对前一栏杆的距离：控制样式中栏杆的间距。对于第一个栏杆（主样式表的第 2 行），该属性指定栏杆扶手段起点或样式重复点与第一个栏杆放置位置之间的距离；对于每个后续行，该属性指定新栏杆与上一栏杆的间距。

☑ 偏移：相对栏杆扶手路径内侧或外侧的距离。

☑ 截断样式位置：栏杆扶手段上的栏杆样式中断点，包括"每段扶手末端""角度大于"和"从不"。

☑ 角度：指定某个样式的中断角度。选择"角度大于"截断样式位置时，此选项可用。

☑ 样式长度："相对前一栏杆的距离"列出的所有值的和。

☑ 对齐：各个栏杆沿栏杆扶手段长度方向进行对齐。包括"起点""终点""中心"和"展开样式以匹配"。Revit 如何确定起点和终点取决于栏杆扶手的绘制方式，即从右至左，还是从左至右。

➢ "起点"：表示样式始自栏杆扶手段的始端。如果样式长度不是恰为栏杆扶手长度的倍数，则最后一个样式实例和栏杆扶手段末端之间则会出现多余的间隙。

> ➢ "终点"：表示样式始自栏杆扶手段的末端。如果样式长度不是恰为栏杆扶手长度的倍数，则最后一个样式实例和栏杆扶手段始端之间则会出现多余的间隙。

> ➢ "中心"：表示第一个栏杆样式位于栏杆扶手段中心，所有多余的间隙均匀分布于栏杆扶手段的始端和末端。

> ➢ "展开样式以匹配"：表示沿栏杆扶手段长度方向均匀扩展样式。不会出现多余的间隙，且样式的实际位置值不同于"样式长度"中指示的值。

- ☑ 超出长度填充：如果栏杆扶手段上出现多余的间隙，但无法使用样式对其进行填充，可以指定间隙的填充方式。
- ☑ 间距：填充栏杆扶手段上任何多余长度的各个栏杆之间的距离。
- ② "支柱"栏：自定义栏杆扶手的支柱。
- ☑ 名称：样式内特定栏杆的名称。
- ☑ 栏杆族：指定支柱族的样式。
- ☑ 底部：指定支柱底端的位置，包括扶栏顶端、扶栏底端或主体顶端。主体可以是楼层、楼板、楼梯或坡道。
- ☑ 底部偏移：指支柱底端与基准面之间的垂直距离，可以是负值或正值。
- ☑ 顶部：指定支柱顶端的位置（常为扶栏）。
- ☑ 顶部偏移：指支柱顶端与顶之间的垂直距离，可以是负值或正值。
- ☑ 空间：设置相对于指定位置向左或向右移动支柱的距离。
- ☑ 偏移：相对栏杆扶手路径内侧或外侧的距离。
- ☑ 转角支柱位置：指定栏杆扶手段上转角支柱的位置。
- ☑ 角度：指定添加支柱的角度。

（7）单击"绘制"面板中的"线"按钮 （默认状态下，系统会激活此按钮），绘制栏杆路径，如图 11-7 所示。单击"模式"面板中的"完成编辑模式"按钮 ，完成栏杆路径的绘制，生成的栏杆如图 11-8 所示。

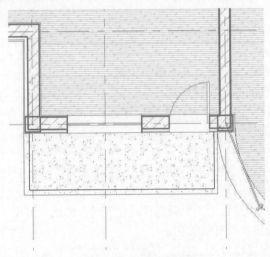

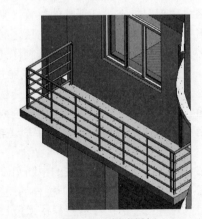

图 11-7　绘制栏杆路径　　　　　　　图 11-8　创建栏杆

（8）重复"栏杆路径"命令，在"属性"选项板中选择"栏杆扶手 阳台栏杆"类型，利用"线"命令 ，在右侧阳台楼板上绘制栏杆路径，如图 11-9 所示，绘制的栏杆扶手如图 11-10 所示。

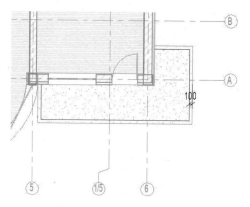

图 11-9 绘制右侧栏杆路径

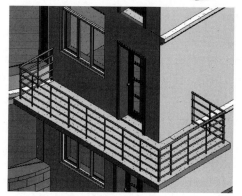

图 11-10 右侧阳台栏杆

（9）单击"修改"选项卡"创建"面板中的"创建组"按钮，打开"创建组"对话框，输入名称为"右侧阳台"，选取"模型"组类型，如图 11-11 所示，单击"确定"按钮。

（10）打开如图 11-12 所示的"编辑组"面板，单击"添加"按钮，添加楼板和栏杆扶手，单击"完成"按钮，完成组的创建。

图 11-11 "创建组"对话框

图 11-12 "编辑组"面板

（11）选取上一步创建的组，单击"剪贴板"面板中的"复制到剪贴板"按钮，然后单击"粘贴"下拉列表中的"与选定的标高对齐"按钮，打开"选择标高"对话框，选择"F3"标高，单击"确定"按钮，在三层创建阳台和栏杆，如图 11-13 所示。

图 11-13 三层右侧阳台

（12）将视图切换至三维视图，观察图形，发现墙装饰条与阳台之间有干涉。选取墙装饰条，拖动控制点，调整墙装饰条的长度，使其与阳台之间没有干涉，如图11-14所示。

（13）在项目浏览器中双击楼层平面节点下的F3，将视图切换到F3楼层平面视图。

（14）单击"建筑"选项卡"楼梯坡道"面板中"栏杆扶手" 下拉列表中的"绘制路径"按钮 ，打开"修改|创建栏杆扶手路径"选项卡和选项栏。

（15）单击"插入"选项卡"从库中载入"面板中的"载入族"按钮 ，打开"载入族"对话框，选择"Chinese"→"建筑"→"栏杆扶手"→"栏杆"→"欧式栏杆"→"葫芦瓶系列"文件夹中的"HFN7010.rfa"，单击"打开"按钮，载入葫芦瓶栏杆。

（16）单击"插入"选项卡"从库中载入"面板中的"载入族"按钮 ，打开"载入族"对话框，选择"Chinese"→"轮廓"→"专项轮廓"→"栏杆扶手"文件夹中的"FPC T12xW25xL150.rfa"，单击"打开"按钮，载入栏杆扶手轮廓。

（17）在"属性"选项板中选择"栏杆扶手 900mm 圆管"类型，单击"编辑类型"按钮 ，打开"类型属性"对话框。新建"屋顶栏杆"类型，取消选中"使用顶部扶栏"复选框。

（18）单击"扶栏结构（非连续）"栏中的"编辑"按钮，打开"编辑扶手（非连续）"对话框，删除编号为3和4的扶栏，在"扶栏1"和"扶栏2"的"轮廓"下拉列表中选择"FPC T12×W25×L150:FP"，设置"高度"值分别为900和0，如图11-15所示。单击"确定"按钮，返回"类型属性"对话框。

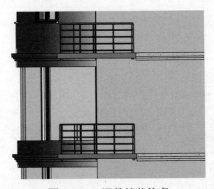

图11-14 调整墙装饰条　　　　　　　　　图11-15 "编辑扶手（非连续）"对话框

（19）单击"栏杆位置"栏中的"编辑"按钮，打开"编辑栏杆位置"对话框，在"常规栏"的"栏杆族"中选择"HFN7010:HFNT"；设置"相对前一栏杆的距离"为300；在"支柱"中设置"起点支柱"为"HFN7010:HFN"，"终点支柱""转角支柱"均为"HFN7010:HFN70"，如图11-16所示。连续单击"确定"按钮，完成屋顶栏杆的设置。

（20）单击"绘制"面板中的"线"按钮 ，绘制栏杆路径，如图11-17所示。单击"模式"面板中的"完成编辑模式"按钮 ，完成栏杆路径的绘制。

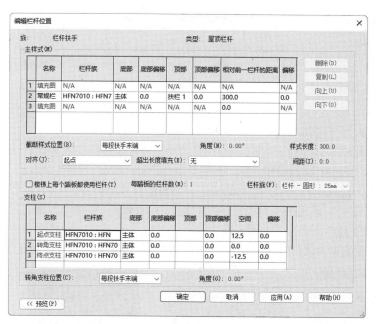

图 11-16 "编辑栏杆位置"对话框

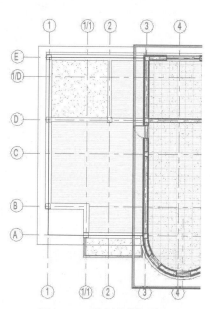

图 11-17 绘制的栏杆路径

（21）在"属性"选项板中设置"底部偏移"为 300，其他采用默认设置，如图 11-18 所示。

（22）将视图切换至三维视图，观察屋顶栏杆，如图 11-19 所示。

图 11-18 "属性"选项板

图 11-19 绘制的屋顶栏杆

（23）执行"文件"→"另存为"→"项目"命令，打开"另存为"对话框，指定保存位置并输入文件名，单击"保存"按钮。

## 11.1.2 放置在楼梯或坡道上的栏杆

可以选择栏杆扶手类型，对于楼梯，可以指定将栏杆扶手放置在踏板还是梯边梁上。

具体操作步骤如下。

（1）打开楼梯加栏杆文件，单击"建筑"选项卡"楼梯坡道"面板中"栏杆扶手" ▥ 下拉列表中的"放置在楼梯/坡道上"按钮 ✐，打开"修改|在楼梯/坡道上放置栏杆扶手"选项卡和选项栏，如图 11-20 所示。

图 11-20　"修改|在楼梯/坡道上放置栏杆扶手"选项卡和选项栏

（2）默认栏杆扶手位置在踏板上。

（3）在"类型"选项板中选择栏杆扶手的类型为"栏杆扶手-1100mm"。

（4）将光标放置在无栏杆扶手的楼梯或坡道时，它们将高亮显示。当设置多层楼梯作为栏杆扶手主体时，栏杆扶手会按组进行放置，以匹配多层楼梯的组，如图 11-21 所示。

（5）将视图切换到标高 1 平面图，选择栏杆扶手，单击■按钮，调整栏杆扶手位置。

（6）双击栏杆扶手，打开"修改|路径"选项卡，对栏杆扶手的路径进行编辑，单击"圆角弧"按钮，将拐角处改成圆角，如图 11-22 所示。

（7）单击"模式"面板中的"完成编辑模式"按钮✔，完成栏杆的修改，结果如图 11-23 所示。

图 11-21　添加扶手

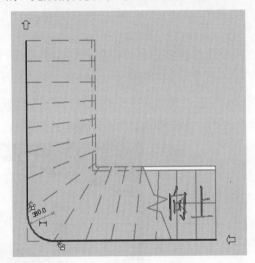

图 11-22　编辑扶手路径

图 11-23　修改后的栏杆扶手

# 11.2　楼　　梯

在楼梯零件编辑模式下，可以直接在平面视图或三维视图中装配构件。

楼梯可以包括以下内容。

☑　梯段：直梯、螺旋梯段、U 形梯段、L 形梯段、自定义绘制的梯段。

☑　平台：在梯段之间自动创建，通过拾取两个梯段或通过创建自定义绘制的平台进行创建。

☑　支撑（侧边和中心）：随梯段自动创建，或通过拾取梯段或平台边缘创建。

☑　栏杆扶手：在创建期间自动生成，或者稍后放置。

## 11.2.1　绘制别墅楼梯

具体绘制步骤如下。

（1）打开 11.1.1 节绘制的文件，在项目浏览器中双击楼层平面节点下的 F1，将视图切换到 F1

楼层平面视图。

（2）单击"建筑"选项卡"工作平面"面板中的"参照平面"按钮，打开"修改|放置 参照平面"选项卡和选项栏，如图 11-24 所示。

图 11-24　"修改|放置 参照平面"选项卡和选项栏

（3）在楼梯间位置处绘制如图 11-25 所示的参照平面。

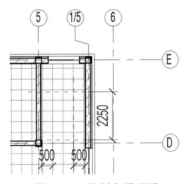

图 11-25　绘制参照平面

（4）单击"建筑"选项卡"楼梯坡道"面板中的"楼梯"按钮，打开"修改|创建楼梯"选项卡和选项栏，如图 11-26 所示。

图 11-26　"修改|创建楼梯"选项卡和选项栏

（5）单击"工具"面板中的"栏杆扶手"按钮，打开"栏杆扶手"对话框，选择"阳台栏杆"，如图 11-27 所示，其他采用默认设置，单击"确定"按钮。

图 11-27　"栏杆扶手"对话框

（6）在选项栏中设置定位线为"梯段：中心"，偏移为 0，"实际梯段宽度"为 1000，并选中"自动平台"复选框。

（7）在"属性"选项板中选择"现场浇注楼梯 整体浇筑楼梯"类型，单击"编辑类型"按钮，打开"类型属性"对话框，新建"室内楼梯"类型，更改"最大踢面高度"为 150，"最小踏板深度"为 250，"最小梯段宽度"为 1000，如图 11-28 所示。

（8）在"梯段类型"栏中单击按钮，打开梯段"类型属性"对话框，设置"整体式材质"为

"混凝土-现场浇注混凝土","踏板材质"为"大理石",选中"踏板"复选框,设置"踏板厚度"为20,"楼梯前缘长度"为 20,"楼梯前缘轮廓"为"楼梯前缘-半径:20mm","应用楼梯前缘轮廓"为"前侧、左侧和右侧",其他采用默认设置,如图 11-29 所示,单击"确定"按钮。

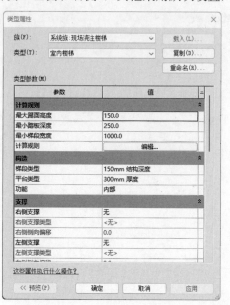

图 11-28 "类型属性"对话框

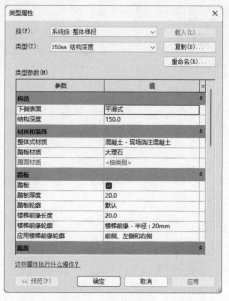

图 11-29 梯段"类型属性"对话框

(9)返回"类型属性"对话框,在"平台类型"栏中单击按钮,打开平台"类型属性"对话框,新建"150mm 厚度"类型,设置"整体厚度"为150,"整体式材质"为"混凝土-现场浇注混凝土",如图 11-30 所示,其他采用默认设置,连续单击"确定"按钮,完成室内楼梯类型的创建。

(10)在"属性"选项板中设置"底部标高"为F1,"顶部标高"为F2,"所需踢面数"为20,如图 11-31 所示。

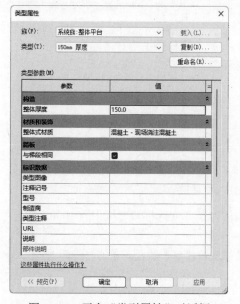

图 11-30 平台"类型属性"对话框

图 11-31 "属性"选项板

Note

"属性"选项板中的选项说明如下。

- ☑ 底部标高：设置楼梯的基准面。
- ☑ 底部偏移：设置楼梯相对于底部标高的高度。
- ☑ 顶部标高：设置楼梯的顶部。
- ☑ 顶部偏移：设置楼梯相对于顶部标高的偏移量。
- ☑ 所需踢面数：踢面数是基于标高间的高度计算得出的。
- ☑ 实际踢面数：通常，此值与所需踢面数相同，但如果未向给定梯段完整添加正确的踢面数，则这两个值也可能不同。
- ☑ 实际踢面高度：显示实际踢面高度。
- ☑ 实际踏板深度：设置此值以修改踏板深度，而不必创建新的楼梯类型。

（11）单击"构件"面板中的"梯段"按钮 🔘 和"直梯"按钮 🔲（默认状态下，系统会激活这两个按钮），在左侧参照平面的交点处单击，确定梯段的起点，沿着竖直方向向上移动鼠标，此时系统会显示从梯段起点到鼠标当前位置已创建的踢面数以及剩余踢面数，在参照平面交点处单击，完成第一个梯段的创建，如图 11-32 所示。

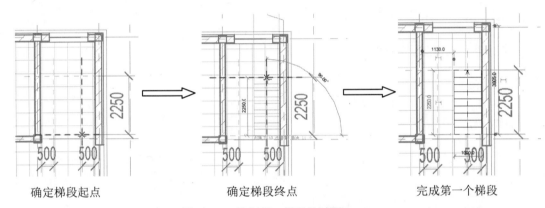

确定梯段起点　　　　　确定梯段终点　　　　　完成第一个梯段

图 11-32　绘制第一梯段的过程

（12）捕捉右侧参照平面的交点为第二梯段的起点，沿着竖直方向向下移动鼠标，此时系统会显示从梯段起点到鼠标当前位置已创建的踢面数以及剩余踢面数，在参照平面交点处单击，完成第二个梯段的创建，默认情况下，在创建梯段时会自动创建栏杆扶手，如图 11-33 所示。

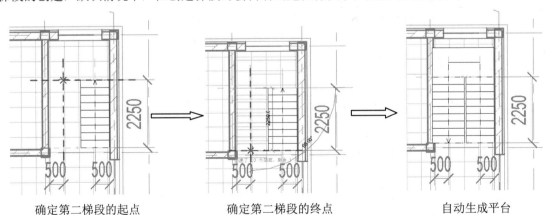

确定第二梯段的起点　　　　确定第二梯段的终点　　　　自动生成平台

图 11-33　绘制第二梯段的过程

（13）单击"模式"面板中的"完成编辑模式"按钮✔，完成楼梯的创建，如图 11-34 所示。

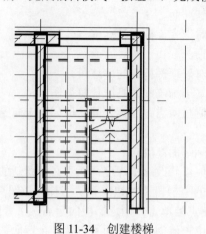

图 11-34　创建楼梯

（14）执行"文件"→"另存为"→"项目"命令，打开"另存为"对话框，指定保存位置并输入文件名，单击"保存"按钮。

## 11.2.2　修改别墅楼梯

具体绘制步骤如下。

（1）打开 11.2.1 节绘制的文件，在视图中选取如图 11-35 所示的邻墙的扶手栏杆，按 Delete 键将其删除，如图 11-36 所示。

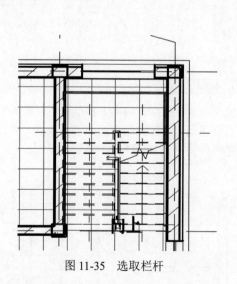

图 11-35　选取栏杆

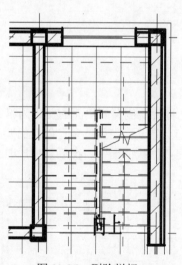

图 11-36　删除栏杆

（2）选取楼梯，双击平台，打开"修改|创建楼梯"选项卡，使平台处于编辑状态，更改平台宽度的临时尺寸，使平台与墙重合，如图 11-37 所示。单击"模式"面板中的"完成编辑模式"按钮✔，完成平台编辑。

（3）选取楼梯，打开"修改|楼梯"选项卡，单击"多层楼梯"面板中的"选择标高"按钮，打开"转到视图"对话框，选择"立面：北"，如图 11-38 所示，单击"打开视图"按钮，切换到北立面视图，并打开"修改|多层楼梯"选项卡。

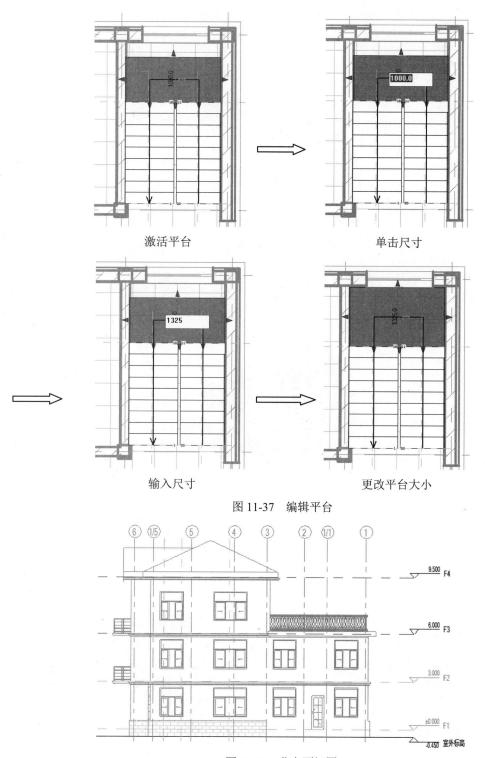

激活平台　　　　　　　　单击尺寸

输入尺寸　　　　　　　　更改平台大小

图 11-37　编辑平台

图 11-38　北立面视图

（4）选取如图 11-39 所示的 F3 标高线，单击"模式"面板中的"完成编辑模式"按钮✔，完成 2 到 3 层楼梯的创建。

Note

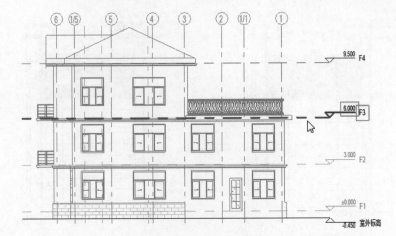

图 11-39  选取标高线

（5）在项目浏览器中双击三维视图节点下的 3D，将视图切换到三维视图。

（6）在"属性"选项板中选中剖面框中的复选框，系统根据模型显示剖面框，如图 11-40 所示。

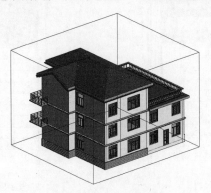

图 11-40  显示剖面框

（7）选取剖面框，在剖面框的各个面上会显示控制点，拖动控制点将模型剖切到楼梯处，观察楼梯，如图 11-41 所示。

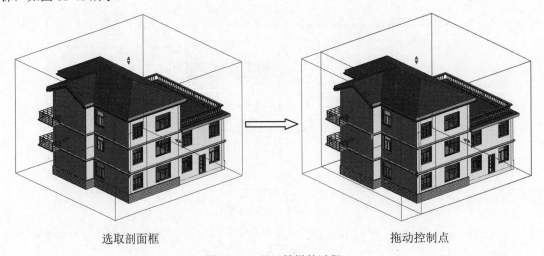

选取剖面框　　　　　　　　　　　　　　　　拖动控制点

图 11-41  显示楼梯的过程

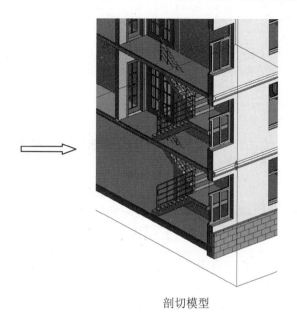

剖切模型

图 11-41　显示楼梯的过程（续）

（8）从图 11-41 中可以看出，楼梯间的窗户不符合要求。删除一、二层上楼梯间的窗户。

（9）将视图切换至 F2 楼层平面视图，在"属性"选项板的视图范围栏中单击"编辑"按钮，打开"视图范围"对话框，设置"剖切面"的"偏移"值为-200，"底部"的"偏移"为-400，"视图深度"的"标高"的"偏移"值为-400，单击"确定"按钮，显示二层的梁。

（10）单击"修改"选项卡"修改"面板中的"拆分图元"按钮 ，将矩形梁在轴线 5 处进行拆分，然后选取楼梯间处的梁，按 Delete 键删除，如图 11-42 所示。

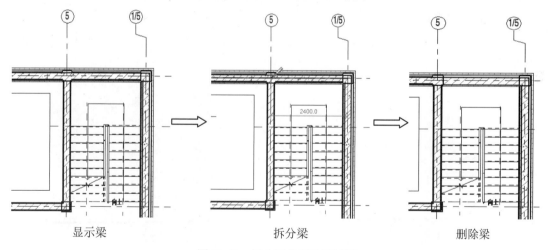

显示梁　　　　　　　　　　拆分梁　　　　　　　　　　删除梁

图 11-42　拆分梁并删除的过程

（11）重复步骤（9）和（10），设置视图范围显示二层墙体，然后将其在轴线 3 处进行拆分，接着删除右侧的墙体。

（12）切换视图到三维视图，选取一层的叠层墙，在"属性"选项板中更改"顶部约束"为"直到标高：F3"，结果如图 11-43 所示。

（13）将视图切换至北立面视图。将三层上的窗户复制到二层，然后更改楼梯间上的窗户距离

F1 高度为 2100，如图 11-44 所示。

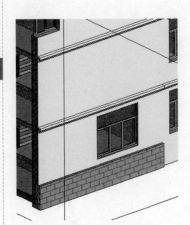

图 11-43　修改墙体

图 11-44　修改窗户位置

（14）执行"文件"→"另存为"→"项目"命令，打开"另存为"对话框，指定保存位置并输入文件名，单击"保存"按钮。

## 11.2.3　绘制其他楼梯

### 1．全踏步螺旋楼梯

通过指定起点和半径创建螺旋梯段构件。可以使用"全踏板螺旋"梯段工具来创建大于 360°的螺旋梯段，如图 11-45 所示。

### 2．圆心端点螺旋梯

通过指定梯段的中心点、起点和终点来创建螺旋楼梯梯段构件。使用"圆心-端点螺旋"梯段工具创建小于 360°的螺旋梯段，如图 11-46 所示。

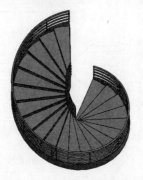

图 11-45　全踏步螺旋楼梯

图 11-46　圆心端点螺旋楼梯

### 3．L 形转角梯

通过指定梯段的较低端点创建 L 形斜踏步梯段构件，如图 11-47 所示。

### 4．U 形转角梯

通过指定梯段的较低端点创建 U 形斜踏步梯段，如图 11-48 所示。

图 11-47　L 形楼梯

图 11-48　U 形楼梯

5．自定义楼梯

在创建楼梯构件时，通过绘制边界和踢面来创建自定义形状的梯段构件。可以通过绘制边界和踢面来定义自定义梯段，而不是让 Revit 自动计算楼梯梯段。

**注意**：通过绘制创建构件时，构件之间不会像使用常用的构件工具创建楼梯构件时那样自动彼此相关。例如，如果首先绘制梯段和平台构件，然后更改梯段的宽度，则平台的形状不会自动更改。

# 11.3　洞　　口

使用"洞口"工具可以在墙、楼板、天花板、屋顶、结构梁、支撑和结构柱上剪切洞口。

## 11.3.1　创建别墅楼梯洞口

使用"竖井"工具可以放置跨越整个建筑高度（或者选定标高）的洞口，洞口同时贯穿屋顶、楼板或天花板的表面。

具体绘制步骤如下。

（1）打开 11.2.2 节绘制的文件，在项目浏览器中双击楼层平面节点下的 F1，将视图切换到 F1 楼层平面视图。

（2）单击"建筑"选项卡"洞口"面板中的"竖井"按钮，打开"修改|创建竖井洞口草图"选项卡和选项栏，如图 11-49 所示。

图 11-49　"修改|创建竖井洞口草图"选项卡和选项栏

（3）单击"绘制"面板中的"边界线"按钮和"矩形"按钮，绘制如图 11-50 所示的边界线。

（4）在"属性"选项板中设置"底部约束"为"F1"，"底部偏移"为 0，"顶部约束"为"直到标高：F3"，"顶部偏移"为 0，其他采用默认设置，如图 11-51 所示。

（5）单击"模式"面板中的"完成编辑模式"按钮，完成楼梯洞口的绘制，如图 11-52 所示。

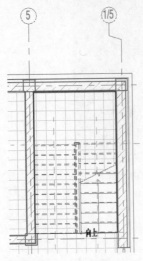

图 11-50　绘制边界线

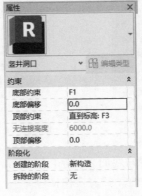

图 11-51　"属性"选项板

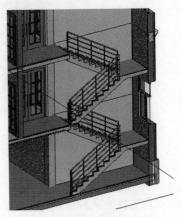

图 11-52　楼梯洞口

（6）执行"文件"→"另存为"→"项目"命令，打开"另存为"对话框，指定保存位置并输入文件名，单击"保存"按钮。

## 11.3.2　创建别墅墙洞口

使用"墙洞口"工具可以在直线墙或曲线墙上剪切矩形洞口。

具体操作步骤如下。

（1）打开 11.3.1 节绘制的文件，在项目浏览器中双击立面（建筑立面）节点下的西，将视图切换到西立面图，如图 11-53 所示。

图 11-53　西立面图

（2）单击"建筑"选项卡"洞口"面板中的"墙洞口"按钮▦，选择要创建洞口的墙，如图 11-54 所示。

图 11-54 选取墙

（3）在墙上单击，确定矩形的起点，然后移动鼠标光标到适当位置并单击，确定矩形对角点，绘制一个矩形洞口，如图 11-55 所示。

图 11-55 绘制矩形洞口

（4）更改洞口的临时尺寸，调整洞口大小，如图 11-56 所示。

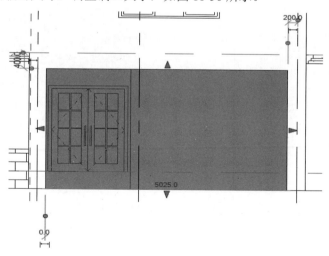

图 11-56 更改洞口大小

（5）在项目浏览器中双击立面（建筑立面）节点下的南，将视图切换到南立面图。

（6）单击"建筑"选项卡"洞口"面板中的"墙洞口"按钮，选择要创建洞口的墙，如图11-57所示。

（7）在墙上单击，确定矩形的起点，然后移动鼠标光标到适当位置并单击，确定矩形对角点，绘制一个矩形洞口，如图11-58所示。

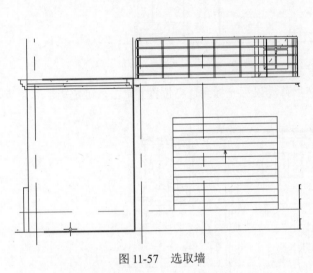

图11-57 选取墙

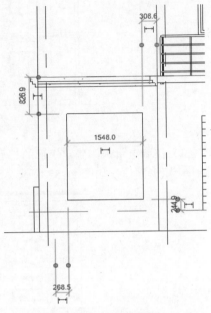

图11-58 绘制矩形洞口

（8）更改洞口的临时尺寸，调整洞口大小，如图11-59所示。

（9）将视图切换到三维视图，取消选中"剖面框"复选框，结果如图11-60所示。

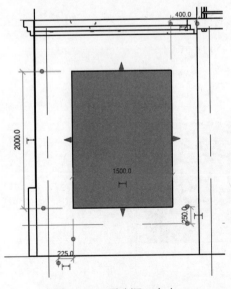

图11-59 更改洞口大小

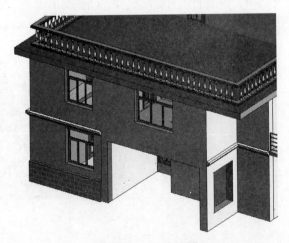

图11-60 三维视图

提示：双击洞口，可以使用拖曳控制柄修改洞口的尺寸和位置。也可以将洞口拖曳到同一面墙上的新位置，然后为洞口添加尺寸标注。

（10）执行"文件"→"另存为"→"项目"命令，打开"另存为"对话框，指定保存位置并输入文件名，单击"保存"按钮。

## 11.3.3　面洞口

使用"面洞口"工具可在楼板、屋顶或天花板上剪切竖直洞口。

具体绘制步骤如下。

（1）打开源文件中的面洞口文件，单击"建筑"选项卡"洞口"面板中的"按面"按钮 ，在楼板、天花板或屋顶中选择一个面，如图 11-61 所示。

图 11-61　选取屋顶面

（2）打开"修改|创建洞口边界"选项卡和选项栏，如图 11-62 所示。

图 11-62　"修改|创建洞口边界"选项卡和选项栏

（3）单击"绘制"面板中的"圆形"按钮 ⊙，在屋顶上绘制一个半径为 1400 的圆，如图 11-63 所示。也可以利用其他绘制工具绘制任意形状的洞口。

（4）单击"模式"面板中的"完成编辑模式"按钮 ✔，完成面洞口的绘制，如图 11-64 所示。

图 11-63　绘制圆

图 11-64　面洞口

### 11.3.4　垂直洞口

使用"垂直洞口"工具可在楼板、屋顶或天花板上剪切垂直洞口。

具体绘制步骤如下。

（1）打开源文件中的垂直洞口文件，单击"建筑"选项卡"洞口"面板中的"垂直洞口"按钮，选择屋顶，如图 11-65 所示。

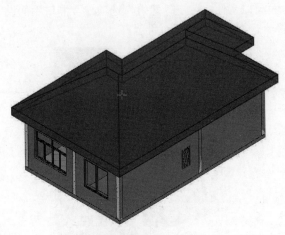

图 11-65　选取屋顶

（2）打开"修改|创建洞口边界"选项卡和选项栏，如图 11-66 所示。

图 11-66　"修改|创建洞口边界"选项卡和选项栏

（3）单击"绘制"面板中的"圆形"按钮，在屋顶上绘制一个半径为 1400 的圆，如图 11-67 所示。也可以利用其他绘制工具绘制任意形状的洞口。

（4）单击"模式"面板中的"完成编辑模式"按钮，完成垂直洞口的绘制，如图 11-68 所示。

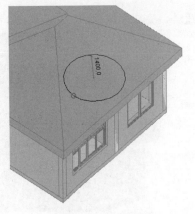

图 11-67　绘制圆

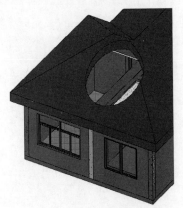

图 11-68　垂直洞口

### 11.3.5 老虎窗洞口

在添加老虎窗后，为其剪切一个穿过屋顶的洞口。

（1）打开源文件中的老虎窗文件，如图 11-69 所示。

（2）单击"建筑"选项卡"洞口"面板中的"老虎窗洞口"按钮，在视图中选择大屋顶作为要被老虎窗剪切的屋顶，如图 11-70 所示。

图 11-69　老虎窗

图 11-70　选取大屋顶

（3）打开"修改|编辑草图"选项卡，如图 11-71 所示。系统默认单击"拾取"面板中的"拾取屋顶/墙边缘"按钮。

图 11-71　"修改|编辑草图"选项卡

（4）在视图中选取连接屋顶、墙的侧面或屋顶连接面定义老虎窗的边界，如图 11-72 所示。

（5）取消对"拾取屋顶/墙边缘"按钮的选择，然后选取边界，调整边界线的长度，使其成为闭合区域，如图 11-73 所示。

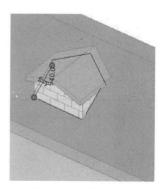

图 11-72　提取边界

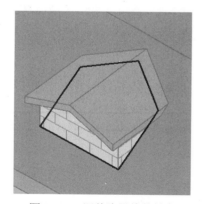

图 11-73　调整边界线的长度

（6）单击"模式"面板中的"完成编辑模式"按钮，完成老虎窗洞口的创建，如图 11-74 所示。

图 11-74　老虎窗洞口

# 11.4　坡　　道

可使用与绘制楼梯所用的相同工具和程序来绘制坡道。

在平面视图或三维视图绘制一段坡道或绘制边界线来创建坡道。

具体创建步骤如下。

（1）打开 11.3.2 节绘制的文件，在项目浏览器中双击楼层平面节点下的室外标点，将视图切换到室外标高楼层平面视图。

（2）单击"建筑"选项卡"楼梯坡道"面板中的"坡道"按钮，打开"修改|创建坡道草图"选项卡，如图 11-75 所示。

图 11-75　"修改|创建坡道草图"选项卡

（3）单击"编辑类型"按钮，打开"类型属性"对话框，新建"室外坡道"，设置"造型"为"实体"，"功能"为"外部"，"坡道最大坡度"（1/x）为 5，其他采用默认设置，如图 11-76 所示。

"类型属性"对话框中的选项说明如下。

☑　厚度：设置坡道的厚度。

☑　功能：指示坡道是内部的（默认值）还是外部的。

☑　文字大小：坡道向上文字和向下文字的字体大小。

☑　文字字体：坡道向上文字和向下文字的字体。

☑　坡道材质：为渲染而应用于坡道表面的材质。

☑　最大斜坡长度：指定要求平台前坡道中连续踢面高度的最大数量。

（4）单击"工具"面板中的"栏杆扶手"按钮，打开"栏杆扶手"对话框，选择"无"选项，如图 11-77 所示。

（5）在"属性"选项板中设置"底部标高"为"室外标高"，"底部偏移"为 0，"顶部标高"为 F1，"顶部偏移"为 0，"宽度"为 1200，单击"应用"按钮，如图 11-78 所示。

"属性"选项板中的选项说明如下。

☑　底部标高：设置坡道的基准。

图 11-76 "类型属性"对话框　　图 11-77 "栏杆扶手"对话框　　图 11-78 "属性"选项板

☑ 底部偏移：设置距其底部标高的坡道高度。

☑ 顶部标高：设置坡道的顶。

☑ 顶部偏移：设置距顶部标高的坡道偏移。

☑ 多层顶部标高：设置多层建筑中的坡道顶部。

☑ 文字（向上）：指定向上文字。

☑ 文字（向下）：指定向下文字。

☑ 向上标签：指示是否显示向上文字。

☑ 向下标签：指示是否显示向下文字。

☑ 在所有视图中显示向上箭头：指示是否在所有视图中显示向上箭头。

☑ 宽度：坡道的宽度。

（6）单击"绘制"面板中的"梯段"按钮和"线"按钮，捕捉卷帘门的中点作为坡道的起点，向下移动鼠标，当显示完整坡道预览时，单击鼠标完成梯段绘制，如图 11-79 所示。

确定坡道起点　　　　　　确定坡道端点　　　　　　预览坡道

图 11-79 绘制梯段的过程

（7）单击"模式"面板中的"完成编辑模式"按钮，完成坡道创建，绘制的方向决定坡道的上升方向，如图 11-80 所示。

（8）选取坡道，使坡道处于编辑状态，单击"向上翻转楼梯方向"按钮，调整坡道方向，如

图 11-81 所示。

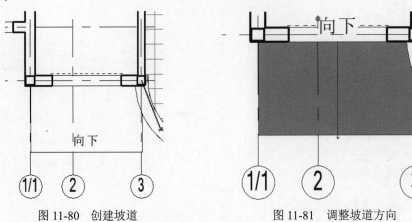

图 11-80  创建坡道          图 11-81  调整坡道方向

（9）单击"修改"选项卡"修改"面板中的"对齐"按钮，先选择外墙面，然后选择坡道侧面，并锁定，如图 11-82 所示。按 Esc 键退出对齐命令。

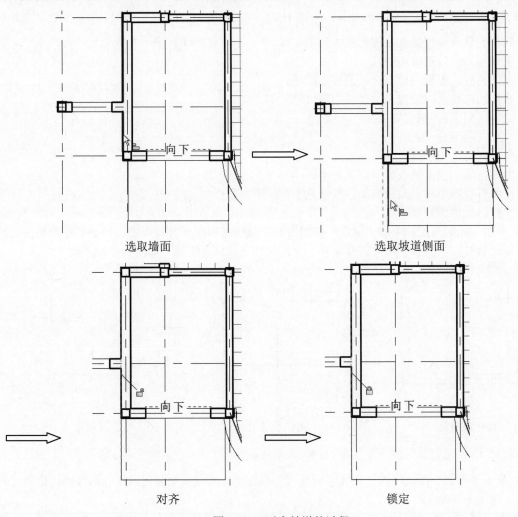

选取墙面                  选取坡道侧面

对齐                      锁定

图 11-82  对齐坡道的过程

（10）切换到三维视图，观察车库处的坡道，如图 11-83 所示。

（11）重复"坡道"命令，在"属性"选项板中设置"底部标高"为"室外标高"，"底部偏移"为 0，"顶部标高"为 F1，"顶部偏移"为 0，"宽度"为 1200。

（12）单击"绘制"面板中的"梯段"按钮 和"线"按钮 ，以轴线 3 上任意点为起点，向左移动鼠标，当显示完整坡道预览时，单击鼠标完成坡道绘制，如图 11-84 所示。

（13）单击"绘制"面板中的"边界"按钮 和"线"按钮 ，分别捕捉坡道的左侧端点，向左绘制边界线至轴线 1/1，如图 11-85 所示。

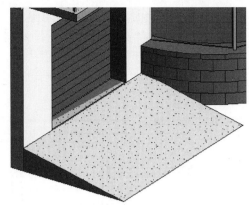

图 11-83　车库坡道

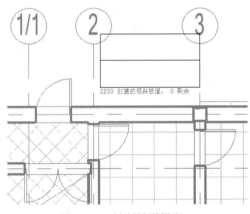

图 11-84　绘制坡道梯段

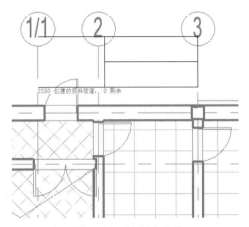

图 11-85　绘制边界线

（14）单击"绘制"面板中的"踢面"按钮 和"线"按钮 ，连接边界线的两个端点，完成踢面的绘制，如图 11-86 所示。

（15）单击"模式"面板中的"完成编辑模式"按钮 ，完成坡道创建，如图 11-87 所示。

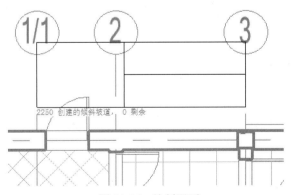

图 11-86　绘制踢面

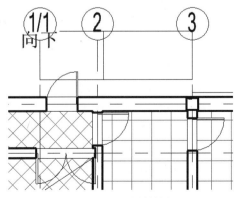

图 11-87　绘制坡道

（16）从图 11-87 中可以看出坡道和墙面没有对齐。单击"修改"选项卡"修改"面板中的"对齐"

按钮🔲，先选择外墙面，然后选择坡道侧面，并锁定，如图 11-88 所示。按 Esc 键退出对齐命令。

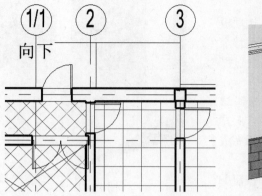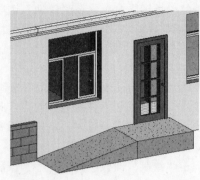

图 11-88　对齐坡道

（17）在项目浏览器中双击楼层平面节点下的 F1，将视图切换到 F1 楼层平面视图。

（18）单击"建筑"选项卡"楼梯坡道"面板中"栏杆扶手"🔲下拉列表中的"绘制路径"按钮🔲，打开"修改|创建栏杆扶手路径"选项卡和选项栏。

（19）在"属性"选项板中选择"栏杆扶手 900mm 圆管"类型，单击"编辑类型"按钮🔲，打开"类型属性"对话框。新建"坡道栏杆"类型，取消选中"使用顶部扶栏"复选框，如图 11-89 所示。

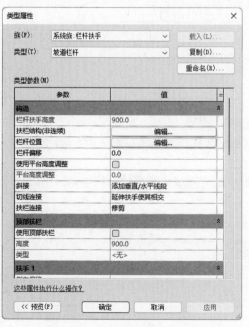

图 11-89　"类型属性"对话框

（20）单击"扶栏结构（非连续）"中的"编辑"按钮，打开"编辑扶手（非连续）"对话框，单击"插入"按钮 插入(I)，插入"新建扶栏（1）"和"新建扶栏（2）"，单击"向下"按钮 向下(O)，将其向下移动到扶栏 4 的下方，并更改名称为"扶栏 5"和"扶栏 6"，设置轮廓为"圆形扶手：30mm"，分别输入高度，如图 11-90 所示。单击"确定"按钮，返回"类型属性"对话框。

图 11-90 "编辑扶手（非连续）"对话框

（21）单击"栏杆位置"栏中的"编辑"按钮，打开"编辑栏杆位置"对话框，在"常规栏"的"栏杆族"中选择"栏杆-圆形：20mm"，设置"相对前一栏杆的距离"为1000，在"支柱"中设置"起点支柱"为"栏杆-圆形：20"，设置"终点支柱"和"转角支柱"都为"栏杆-圆形：20mm"，"顶部"为"扶栏 1"，"空间"为 0，如图 11-91 所示。连续单击"确定"按钮，完成坡道栏杆的设置。

图 11-91 "编辑栏杆位置"对话框

（22）单击"绘制"面板中的"线"按钮 ✎，绘制栏杆路径，如图 11-92 所示。单击"模式"面板中的"完成编辑模式"按钮 ✔，完成栏杆路径的绘制。

（23）将视图切换至三维视图，观察坡道栏杆，如图 11-93 所示。

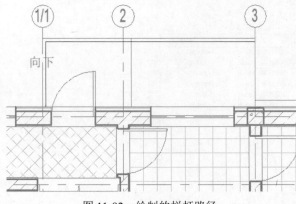

图 11-92　绘制的栏杆路径

图 11-93　绘制的坡道栏杆

（24）从图 11-93 中可见栏杆不符合要求。双击栏杆，显示栏杆路径，打开"修改|绘制路径"选项卡，对其进行编辑，单击"修改"面板中的"拆分图元"按钮 ，在平台处对路径进行拆分，如图 11-94 所示。

（25）单击"模式"面板中的"完成编辑模式"按钮 ，完成对栏杆路径的编辑。

（26）选取栏杆扶手，单击"修改|栏杆扶手"选项卡"工具"面板中的"拾取新主体"按钮 ，拾取坡道，将其作为栏杆扶手的新主体，结果如图 11-95 所示。

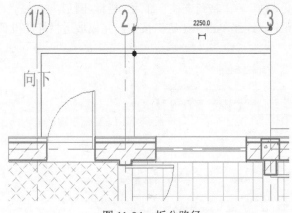

图 11-94　拆分路径

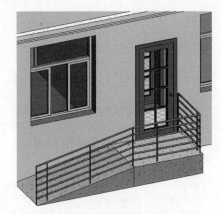

图 11-95　编辑栏杆扶手

（27）执行"文件"→"另存为"→"项目"命令，打开"另存为"对话框，指定保存位置并输入文件名，单击"保存"按钮。

# 第12章

# 构件和房间图例

## 知识导引

构件用于对通常需要现场交付和安装的建筑图元（如家具和卫浴设备）进行建模。

使用"房间"工具。在平面视图中创建房间，或者将其添加到明细表内便于以后放置在模型中。选择一个房间后可检查其边界、修改其属性、将其从模型中删除或移至其他位置。根据所创建的房间边界可以得到房间面积。

- ☑ 构件
- ☑ 房间

## 任务驱动&项目案例

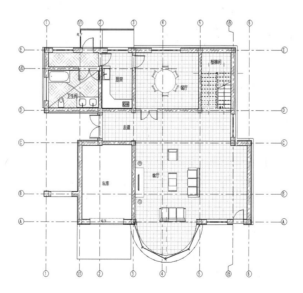

# 12.1 构 件

创建内建图元可使用许多与创建可载入族相同的族编辑器工具。读者通过放置构件命令可以直接放置族文件。

## 12.1.1 创建别墅室外楼梯和散水

（1）打开 11.4 节绘制的别墅文件，将视图切换至室外标高楼层平面视图。

（2）单击"建筑"选项卡"构建"面板中"构件"⬜下拉列表中的"内建模型"按钮⬜，打开"族类别和族参数"对话框，在列表框中选择"常规模型"，如图 12-1 所示，单击"确定"按钮。

（3）打开"名称"对话框，输入"名称"为"室外楼梯 1"，如图 12-2 所示，单击"确定"按钮，进入模型的创建界面。

图 12-1 "族类别和族参数"对话框

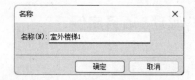

图 12-2 "名称"对话框

（4）单击"创建"选项卡"形状"面板中的"拉伸"按钮🟦，打开"修改|创建拉伸"选项卡，单击"绘制"面板中的"线"按钮✏️，绘制拉伸边界，如图 12-3 所示。

（5）在"属性"选项板中设置"拉伸终点"为 450，"材质"为"混凝土-现场浇注混凝土"，如图 12-4 所示。

（6）单击"模式"面板中的"完成编辑模式"按钮✔️，完成拉伸模型的创建。

（7）单击"创建"选项卡"形状"面板中"空心形状"下拉列表中的"空心放样"按钮🟨，打开"修改|放样"选项卡，如图 12-5 所示。

（8）单击"放样"面板中的"拾取路径"按钮🟦，打开"修改|放样>拾取路径"选项卡，拾取上步创建的拉伸体边作为放样路径，如图 12-6 所示。单击"模式"面板中的"完成编辑模式"按钮✔️，完成放样路径的绘制。

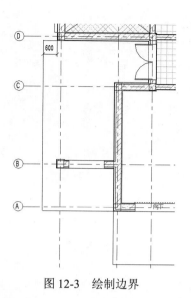

图 12-3　绘制边界

图 12-4　"属性"选项板

Note

图 12-5　"修改|放样"选项卡

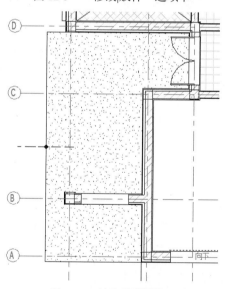

图 12-6　拾取放样路径

　　（9）单击"修改|放样"面板中的"编辑轮廓"按钮，打开"转到视图"对话框，选择"立面：南"，单击"打开视图"按钮，切换到南立面视图，单击"绘制"面板中的"线"按钮，绘制轮廓，如图 12-7 所示。单击"模式"面板中的"完成编辑模式"按钮，完成轮廓的绘制。

　　（10）在"修改"选项卡的"在位编辑器"中单击"完成模型"按钮，完成大门室外台阶的绘制，如图 12-8 所示。

　　（11）单击"建筑"选项卡"构建"面板中"构件"下拉列表中的"内建模型"按钮，打开"族类别和族参数"对话框，在列表框中选择"常规模型"，单击"确定"按钮。

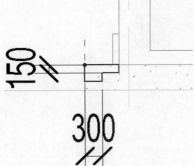

图 12-7　绘制的轮廓

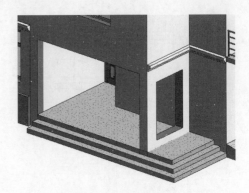

图 12-8　室外台阶 1

（12）打开"名称"对话框，输入"名称"为"室外楼梯 2"，单击"确定"按钮，进入模型的创建界面。

（13）单击"创建"选项卡"形状"面板中的"拉伸"按钮 ，打开"修改|创建拉伸"选项卡，单击"绘制"面板中的"线"按钮 和"圆心-端点弧"按钮 ，绘制拉伸边界，如图 12-9 所示。

（14）在"属性"选项板中设置"拉伸终点"为 450，"材质"为"混凝土–现场浇注混凝土"，如图 12-10 所示。

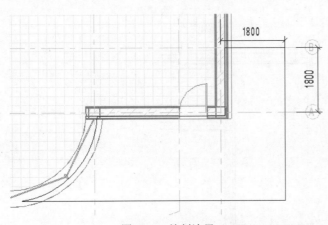

图 12-9　绘制边界

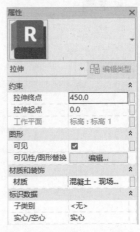

图 12-10　"属性"选项板

（15）单击"模式"面板中的"完成编辑模式"按钮 ，完成拉伸模型的创建，如图 12-11 所示。

图 12-11　拉伸模型

（16）单击"创建"选项卡"形状"面板中"空心形状"下拉列表中的"空心放样"按钮 ，打

开"修改|放样"选项卡。

（17）单击"放样"面板中的"拾取路径"按钮🔍，打开"修改|放样>拾取路径"选项卡，拾取上步创建的拉伸体边作为放样路径，如图 12-12 所示。单击"模式"面板中的"完成编辑模式"按钮✔，完成放样路径的绘制。

（18）单击"修改|放样"面板中的"编辑轮廓"按钮🔲，打开"转到视图"对话框，选择"立面：东"，单击"打开视图"按钮，切换到东立面视图，单击"绘制"面板中的"线"按钮✏，绘制轮廓，如图 12-13 所示。单击"模式"面板中的"完成编辑模式"按钮✔，完成轮廓绘制。

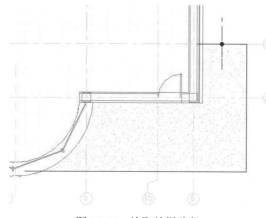

图 12-12　拾取放样路径

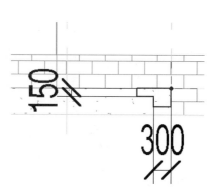

图 12-13　绘制的轮廓

（19）在"修改"选项卡的"在位编辑器"中单击"完成模型"按钮✔，完成室外台阶 2 的创建，如图 12-14 所示。

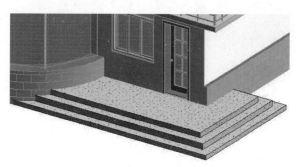

图 12-14　室外台阶 2

（20）单击"建筑"选项卡"构建"面板中"构件"📋下拉列表中的"内建模型"按钮📑，打开"族类别和族参数"对话框，在列表框中选择"常规模型"，单击"确定"按钮。

（21）打开"名称"对话框，输入"名称"为"散水"，单击"确定"按钮，进入模型的创建界面。

（22）单击"创建"选项卡"形状"面板中的"放样"按钮🔷，打开"修改|放样"选项卡。

（23）单击"放样"面板中的"绘制路径"按钮✍，打开"修改|放样>绘制路径"选项卡，沿外墙绘制放样路径，如图 12-15 所示。单击"模式"面板中的"完成编辑模式"按钮✔，完成放样路径的绘制。

（24）单击"修改|放样"面板中的"编辑轮廓"按钮🔲，打开"转到视图"对话框，选择"立面：南"，单击"打开视图"按钮，切换到南立面视图，单击"绘制"面板中的"线"按钮✏，绘制轮廓，

如图 12-16 所示。单击"模式"面板中的"完成编辑模式"按钮 ，完成轮廓绘制。

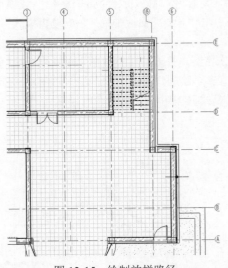

图 12-15　绘制放样路径

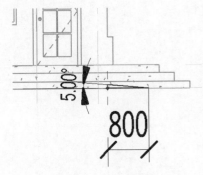

图 12-16　绘制轮廓

（25）在"属性"选项板中设置"材质"为"混凝土-现场浇注混凝土"。

（26）采用相同的方法，绘制其他位置的散水。

（27）在"修改"选项卡的"在位编辑器"中单击"完成模型"按钮，完成散水的创建，如图 12-17 所示。

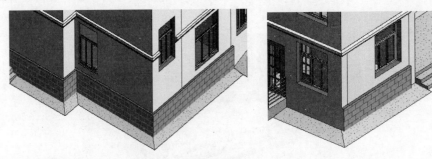

图 12-17　散水

（28）执行"文件"→"另存为"→"项目"命令，打开"另存为"对话框，指定保存位置并输入文件名，单击"保存"按钮。

## 12.1.2　别墅家具布置

家具布置主要是利用"放置构件"命令将独立构件放置在建筑模型中。

具体操作步骤如下。

### 1．布置卫生间

（1）打开 12.1.1 节绘制的文件，在项目浏览器的楼层平面节点下双击 1F，将视图切换到 1F 楼层平面视图。

（2）单击"建筑"选项卡"构建"面板中"构件"下拉列表中的"放置构件"按钮，打开"修改|放置 构件"选项卡和选项栏，如图 12-18 所示。

图 12-18  "修改|放置 构件"选项卡和选项栏

（3）单击"模式"面板中的"载入族"按钮🔄，打开"载入族"对话框，选择"建筑"→"卫生器具"→"3D"→"常规卫浴"→"洗脸盆"文件夹中的"台下式台盆_多个.rfa"族文件，单击"打开"按钮，载入"台下式台盆-多个.rfa"文件。

（4）在选项栏中选中"放置后旋转"复选框，也可以按空格键进行旋转，将洗脸盆族文件放置在卫生间靠墙的位置，如图 12-19 所示。

（5）单击"模式"面板中的"载入族"按钮🔄，打开"载入族"对话框，选择"建筑"→"卫生器具"→"3D"→"常规卫浴"→"坐便器"文件夹中的"全自动坐便器-落地式.rfa"族文件，单击"打开"按钮，载入坐便器族文件。

（6）将坐便器族文件放置在卫生间靠墙的位置，如图 12-20 所示。

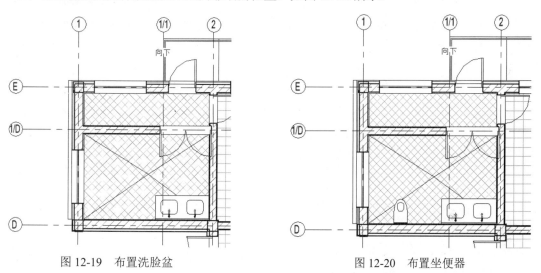

图 12-19  布置洗脸盆                    图 12-20  布置坐便器

（7）单击"模式"面板中的"载入族"按钮🔄，打开"载入族"对话框，选择"建筑"→"卫生器具"→"3D"→"常规卫浴"→"浴盆"文件夹中的"浴盆 1 3D.rfa"族文件，单击"打开"按钮，载入浴盆族文件。

（8）单击墙以放置浴盆，单击"翻转实例开门方向"按钮⇆，调整浴盆的方向，如图 12-21 所示。

**2. 布置厨房**

（1）单击"模式"面板中的"载入族"按钮🔄，打开"载入族"对话框，选择"建筑"→"橱柜"→"家用厨房"文件夹中的"底柜-转角装置-成角度.rfa"族文件，单击"打开"按钮，载入厨房底柜族文件。

（2）将其放置在厨房转角位置处，按空格键调整放置方向，如图 12-22 所示。

（3）单击"模式"面板中的"载入族"按钮🔄，打开"载入族"对话框，选择"建筑"→"橱柜"→"家用厨房"文件夹中的"底柜-双门带两个抽屉.rfa"族文件，单击"打开"按钮，载入厨房底柜族文件。

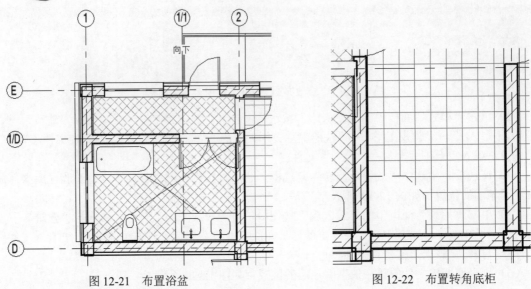

图 12-21　布置浴盆　　　　　　　　　图 12-22　布置转角底柜

（4）在"属性"选项板中单击"编辑类型"按钮，打开"类型属性"对话框，新建"900×600mm"的类型，更改"高度"为700，"宽度"为900，其他采用默认设置，如图 12-23 所示。单击"确定"按钮。

（5）将其放置在厨房转角位置处，按空格键调整放置方向。继续新建"325×600mm"的类型，并对其进行布置，结果如图 12-24 所示。

图 12-23　"类型属性"对话框

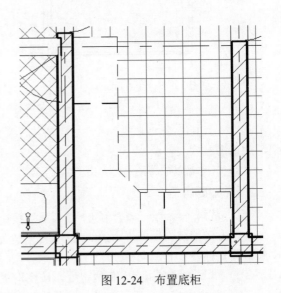

图 12-24　布置底柜

（6）单击"模式"面板中的"载入族"按钮，打开"载入族"对话框，选择"建筑"→"橱柜"→"家用厨房"文件夹中的"台面-L 形-带水槽开口 2.rfa"族文件，单击"打开"按钮，载入厨房台面族文件。

（7）将厨房台面族文件放置在厨房靠墙的位置，通过拖动控制点，调整台面的长度和水槽的位置，也可以直接在"属性"选项板中设置具体尺寸，如图 12-25 所示。

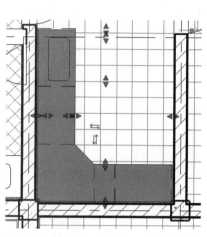

图 12-25　布置台面

（8）单击"模式"面板中的"载入族"按钮 ，打开"载入族"对话框，选择"建筑"→"卫生器具"→"3D"→"常规卫浴"→"污水槽"文件夹中的"厨房水槽-单槽 3D.rfa"族文件，单击"打开"按钮，载入水槽族文件。

（9）在"属性"选项板中设置柜台高度为 750，将其放置在台面上水槽位置处，如图 12-26 所示。

（10）单击"模式"面板中的"载入族"按钮 ，打开"载入族"对话框，选择配套源文件中的"炉面灶-2 套"族文件，单击"打开"按钮，载入炉面灶族文件。

（11）在"属性"选项板中单击"编辑类型"按钮 ，打开"类型属性"对话框，设置柜台高度为 800，将其放置在台面上，如图 12-27 所示。

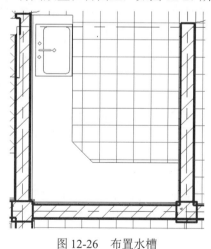

图 12-26　布置水槽

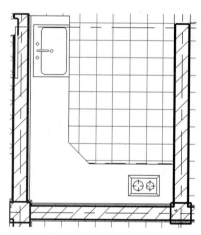

图 12-27　布置炉面灶

3．布置餐厅

（1）单击"模式"面板中的"载入族"按钮 ，打开"载入族"对话框，选择"建筑"→"家具"→"3D"→"桌椅"→"桌椅组合"文件夹中的"餐桌-圆形带餐椅.rfa"族文件，单击"打开"

按钮，载入圆形带餐椅族文件。

（2）在"属性"选项板中选择"餐桌-圆形带餐椅 1525mm 直径"类型。将其放置在餐厅的中间位置，如图 12-28 所示。

### 4. 布置客厅

（1）单击"模式"面板中的"载入族"按钮，打开"载入族"对话框，选择"建筑"→"家具"→"3D"→"柜子"文件夹中的"地柜 1.rfa"族文件，单击"打开"按钮，载入地柜族文件。

（2）将其放置在客厅靠左侧墙的中间位置，按空格键调整放置方向，如图 12-29 所示。

（3）单击"模式"面板中的"载入族"按钮，打开"载入族"对话框，选择"建筑"→"专用设备"→"住宅设施"→"家用电器"文件夹中的"液晶电视.rfa"族文件，单击"打开"按钮，载入液晶电视族文件。

（4）在"属性"选项板中设置标高中的"高程"为 400，将其放置在地柜的上表面中间位置，按空格键调整放置方向，如图 12-30 所示。

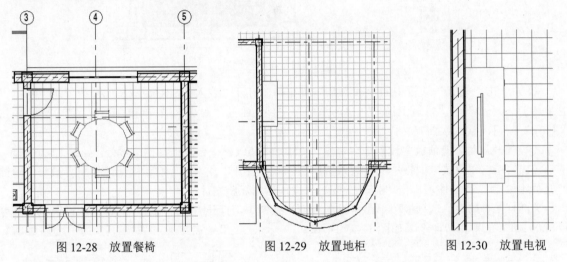

图 12-28　放置餐椅　　　　图 12-29　放置地柜　　　　图 12-30　放置电视

（5）单击"模式"面板中的"载入族"按钮，打开"载入族"对话框，选择"建筑"→"专用设备"→"住宅设施"→"家用电器"文件夹中的"音响 1.rfa"族文件，单击"打开"按钮，载入音响族文件。

（6）将其放置在地柜的两侧，如图 12-31 所示。

（7）单击"模式"面板中的"载入族"按钮，打开"载入族"对话框，选择"建筑"→"家具"→"3D"→"沙发"文件夹中的"三人沙发 1.rfa"族文件，单击"打开"按钮，载入三人沙发族文件。

（8）将其放置在客厅的适当位置，如图 12-32 所示。

（9）单击"模式"面板中的"载入族"按钮，打开"载入族"对话框，选择"建筑"→"家具"→"3D"→"沙发"文件夹中的"单人沙发 1.rfa"族文件，单击"打开"按钮，载入单人沙发族文件。

（10）将其放置在客厅的中间位置，如图 12-33 所示。

（11）单击"模式"面板中的"载入族"按钮，打开"载入族"对话框，选择"建筑"→"家具"→"3D"→"桌椅"→"桌子"文件夹中的"玻璃茶几带抽屉.rfa"族文件，单击"打开"按钮，载入玻璃茶几带抽屉族文件。

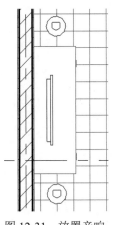

图 12-31　放置音响

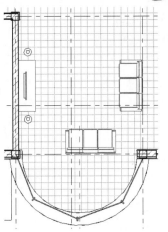

图 12-32　放置沙发

（12）将其放置在客厅的中间位置，如图 12-34 所示。

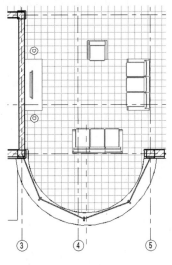

图 12-33　放置单人沙发

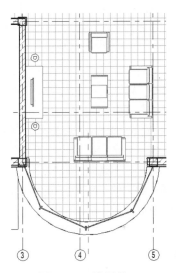

图 12-34　放置茶几

读者可以按照一层家具的布置方法布置二层、三层家具，这里不再一一介绍。

（13）执行"文件"→"另存为"→"项目"命令，打开"另存为"对话框，指定保存位置并输入文件名，单击"保存"按钮。

# 12.2　房　　间

房间是基于图元（如墙、楼板、屋顶和天花板）对建筑模型中的空间进行细分的部分。

## 12.2.1　创建别墅房间

在模型设计前先创建预定义的房间、房间明细表并将房间添加到明细表。可以稍后在模型准备就绪时将房间放置到模型中。

具体绘制过程如下。

（1）打开 12.1 节绘制的文件，单击"建筑"选项卡"房间和面积"面板中的"房间"按钮，打开"修改|放置 房间"选项卡和选项栏，如图 12-35 所示。

图 12-35　"修改|放置 房间"选项卡和选项栏

"修改|放置 房间"选项卡和选项栏的选项说明如下。

☑　自动放置房间：单击此按钮，在当前标高上的所有闭合边界区域中放置房间。

☑　在放置时进行标记：如果要随房间显示房间标记，则选中此按钮；如果要在放置房间时忽略房间标记，则取消选中此按钮。

☑　高亮显示边界：如果要查看房间边界图元，则选中此按钮，Revit 将以金黄色高亮显示所有房间边界图元，并显示一个警告对话框。

☑　上限：指定将从其测量房间上边界的标高。如果要向标高 1 楼层平面添加一个房间，并希望该房间从标高 1 扩展到标高 2 或标高 2 上方的某个点，则可将"上限"指定为"标高 2"。

☑　偏移：输入房间上边界距该标高的距离。输入正值表示向"上限"标高上方偏移，输入负值表示向其下方偏移。

☑　：指定所需房间的标记方向，分别有"水平""垂直"和"模型"3 种方向。

☑　引线：指定房间标记是否带有引线。

☑　房间：可以选择"新建"以创建新的房间，或者从列表中选择一个现有房间。

（2）在"属性"选项板中选择"标记_房间-无面积-方案-黑体-4-5mm-0-8"类型，其他采用默认设置，如图 12-36 所示。

图 12-36　"属性"选项板

"属性"选项板中的选项说明如下。

Note

- ☑ 标高：房间所在的底部标高。
- ☑ 上限：测量房间上边界时所基于的标高。
- ☑ 高度偏移：从"上限"标高开始测量，到房间上边界之间的距离。输入正值表示向"上限"标高上方偏移，输入负值表示向其下方偏移。输入 0（零）将使用"上限"指定的标高。
- ☑ 底部偏移：从底部标高（由"标高"参数定义）开始测量，到房间下边界之间的距离。输入正值表示向底部标高上方偏移，输入负值表示向其下方偏移，输入 0（零）将使用底部标高。
- ☑ 面积：根据房间边界图元计算得出的净面积。
- ☑ 周长：房间的周长。
- ☑ 房间标示高度：房间可能的最大高度。
- ☑ 体积：启用了体积计算时计算得出的房间体积。
- ☑ 编号：指定的房间编号。此值对于项目中的每个房间都必须是唯一的。如果此值已被使用，Revit 会发出警告信息，但允许继续使用它。
- ☑ 名称：房间名称。
- ☑ 注释：用户指定的有关房间的信息。
- ☑ 占用：房间的占有类型。
- ☑ 部门：将使用房间的部门。
- ☑ 基面面层：基准面的面层信息。
- ☑ 天花板面层：天花板的面层信息，如大白浆。
- ☑ 墙面面层：墙面的面层信息，如刷漆。
- ☑ 楼板面层：地板的面层信息，如地毯。
- ☑ 占用者：使用房间的人、小组或组织的名称。

（3）在绘图区中将鼠标放置在封闭的区域中，此时房间高亮显示，如图 12-37 所示。

（4）单击放置房间标记，如图 12-38 所示。

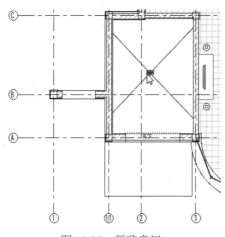
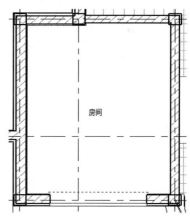

图 12-37　预览房间　　　　　　图 12-38　放置房间标记

（5）选取房间名称进入编辑状态，此时房间以红色线段显示，双击房间名称，在文本框中输入房间名称为"车库"，如图 12-39 所示。

（6）单击"建筑"选项卡"房间和面积"面板中的"房间"按钮，打开"修改|放置 房间"选项卡和选项栏。

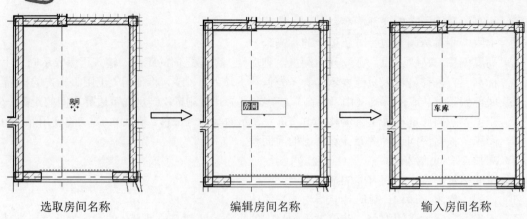

选取房间名称　　　　　　　编辑房间名称　　　　　　　输入房间名称

图 12-39　更改房间名称的过程

（7）在"属性"选项板的"名称"栏中输入"餐厅"，然后将房间标记放在餐厅区域，如图 12-40 所示。

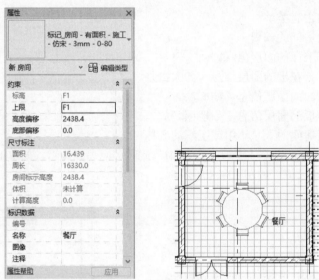

图 12-40　创建餐厅房间标记

（8）重复上述方法，创建其他房间标记，如图 12-41 所示。

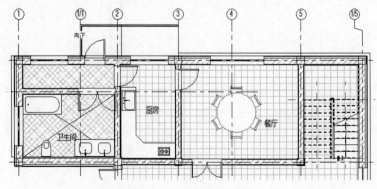

图 12-41　创建房间标记

（9）执行"文件"→"另存为"→"项目"命令，打开"另存为"对话框，指定保存位置并输入文件名，单击"保存"按钮。

## 12.2.2　创建别墅房间分隔

使用"房间分隔线"工具可添加和调整房间边界。

如果所需的房间边界中不存在房间边界图元，添加分隔线以帮助定义房间。

具体绘制步骤如下。

（1）打开 12.2.1 节绘制的文件，单击"建筑"选项卡"房间和面积"面板中的"房间 分隔"按钮，打开"修改|放置 房间分隔"选项卡和选项栏，如图 12-42 所示。

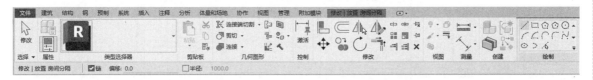

图 12-42　"修改|放置 房间分隔"选项卡和选项栏

（2）单击"绘制"面板中的"线"按钮，在楼梯间、客厅和走道区域之间绘制分隔线，如图 12-43 所示。

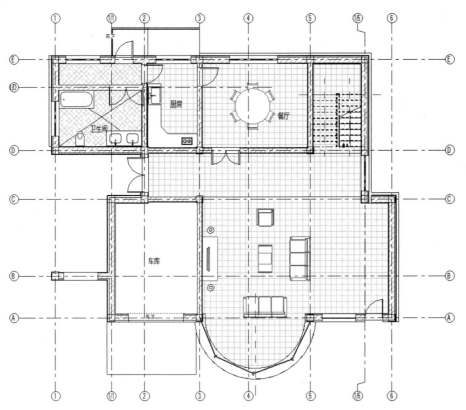

图 12-43　绘制分隔线

（3）单击"建筑"选项卡"房间和面积"面板中的"房间"按钮，打开"修改|放置 房间"选项卡和选项栏，添加客厅、走道和楼梯间的房间标记，结果如图 12-44 所示。

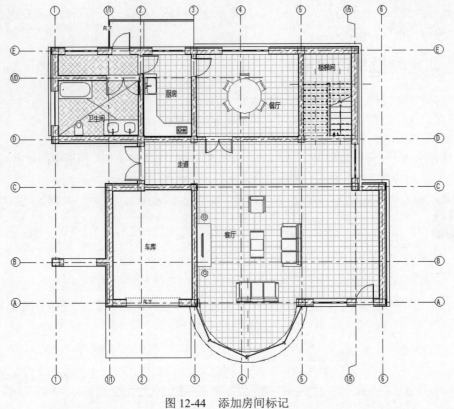

图 12-44　添加房间标记

（4）执行"文件"→"另存为"→"项目"命令，打开"另存为"对话框，指定保存位置并输入文件名，单击"保存"按钮。

# 第**13**章

## 室外场地设计

### 知识导引

一般来说，场地设计是为了满足一个建设项目的要求，在基地现状条件和相关的法规、规范的基础上，组织场地中各构成要素之间关系的活动。其根本目的是通过设计使场地中的各要素，尤其是建筑物与其他要素能形成一个有机整体，以发挥效用，并使基地的利用能够达到最佳状态，从而充分发挥用地效益，节约土地并减少浪费。

- ☑ 地形实体
- ☑ 地形表面
- ☑ 修改场地
- ☑ 场地构件

### 任务驱动&项目案例

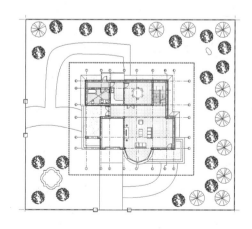
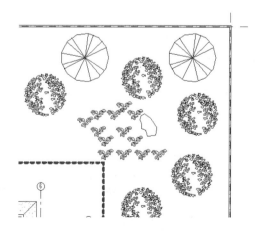

# 13.1 地 形 实 体

"地形实体"工具使用定义的高程点或导入的数据来定义地形表面。可以在三维视图或场地平面中创建地形表面。

## 13.1.1 通过草图创建别墅地形

在绘图区域中定义高程点来创建地形表面。

具体创建步骤如下。

（1）打开 12.2.2 节绘制的别墅文件。

（2）在项目浏览器的楼层平面节点下双击室外标高，将视图切换到室外标高楼层平面视图。

（3）单击"建筑"选项卡"工作平面"面板中的"参照平面"按钮，在别墅的四周绘制 4 个参照平面，平面距外墙的距离为 10 米，如图 13-1 所示。

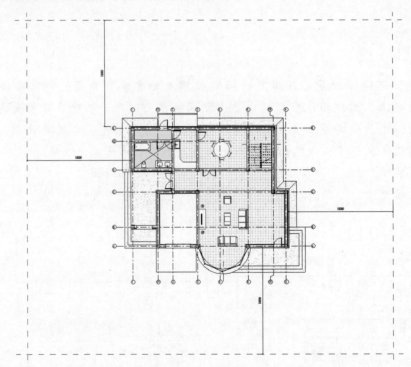

图 13-1 绘制参照面

（4）单击"体量和场地"选项卡"场地建模"面板中的"地形实体"下拉列表中的"从草图创建"按钮，打开"修改|创建地形实体边界"选项卡和选项栏，如图 13-2 所示。

图 13-2 "修改|创建地形实体边界"选项卡和选项栏

（5）单击"创建地形实体边界"选项卡"绘制"面板中的"矩形"按钮 ⬜，捕捉参照面的边界线，绘制矩形，单击"模块"面板中的"完成编辑模式"按钮 ✔，软件将自动进入"修改|地形实体"选项卡，如图 13-3 所示。

图 13-3 "修改|地形实体"选项卡

（6）单击"修改子单元"按钮 🖌，在"属性"选项板中设置"标高"为"室外标高"，输入"自标高的高度偏移"值为 0，"厚度"值为 300，如图 13-4 所示。

☑ 导出类型到 IFC：定义如何将族类型导出到 IFC 文件上。

☑ 导出类型到 IFC：作为 IFC 导出中族类型使用的 IFC 实体。

☑ 键入 IFC 预定义类型：在 IFC 导出中族类型使用的 IFC 预定义类型。

☑ 键入 IFC GUID：导出到 IFC 时族类型使用的 GUID。

💡提示：*如果需要，在放置其他点时可以修改选项栏上的高程。*

（7）将视图切换到三维视图，结果如图 13-5 所示。

图 13-4 "属性"选项板

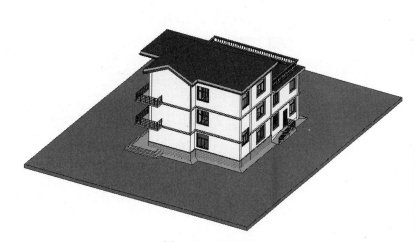

图 13-5 创建地形

（8）选取场地，在"属性"选项板中单击"编辑类型"按钮 🖫，打开"类型属性"对话框，如图 13-6 所示。

（9）单击"编辑"按钮，打开"编辑部件"对话框，如图 13-7 所示。

（10）选取编号 2 的结构层，单击"材质"栏中的"浏览"按钮 🔲，打开"材质浏览器"对话框，在材质库中选择"AEC 材质"→"其他"，在列表中选择"草"材质，单击"将材质添加到文档中"按钮 🔼，将"草"材质添加到项目材质列表中，选中"使用渲染外观"复选框，如图 13-8 所示。单击"确定"按钮，设置场地的材质为草。

（11）在"形状编辑"选项板中单击"添加点"按钮 🔨，在立面中输入高程点的值，绘制凸起的地形（即中间高四周低），如图 13-9 所示。

Note

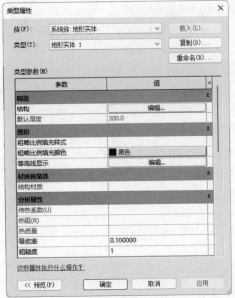

图 13-6 "类型属性"对话框

图 13-7 "编辑部件"对话框

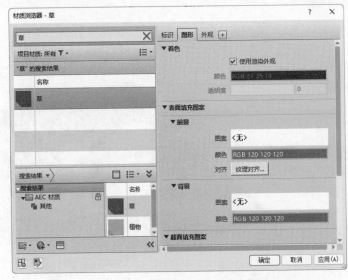

图 13-8 "材质浏览器"对话框

（12）完成地形的绘制，将视图切换到三维视图，结果如图 13-10 所示。

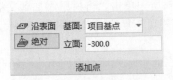

图 13-9 输入高程点

图 13-10 创建凸起地形

（13）执行"文件"→"另存为"→"项目"命令，打开"另存为"对话框，指定保存位置并输入文件名，单击"保存"按钮。

## 13.1.2　通过点文件创建地形

*Note*

将点文件导入以在 Revit 模型中创建地形表面。点文件使用高程点的规则网格来提供等高线数据。导入的点文件必须符合以下要求。

☑　点文件必须使用逗号分隔的文件格式（可以是 CSV 或 TXT 文件）。

☑　文件中必须包含 x、y 和 z 坐标值作为文件的第一个数值。

☑　点的任何其他数值信息必须显示在 x、y 和 z 坐标值之后。

如果该文件中有两个点的 x 和 y 坐标值分别相等，Revit 会使用 z 坐标值最大的点。

具体绘制过程如下。

（1）新建一个项目文件，将视图切换到场地平面。

（2）单击"体量和场地"选项卡"场地建模"面板中的"地形实体"下拉列表中的"从导入创建"按钮，打开"修改|从导入创建地形实体"选项卡，如图 13-11 所示。

图 13-11　"修改|从导入创建地形实体"选项卡

（3）单击"地形实体"面板中的"从 CSV 创建"按钮，打开"选择文件"对话框，在"文件类型"下拉列表中选择*.txt 文件类型，选取要导入的高程点文件"点文件"，单击"打开"按钮。

（4）打开"格式"对话框，选择单位为"米"，如图 13-12 所示，单击"确定"按钮。

图 13-12　放置点

（5）根据点文件生成如图 13-13 所示的地形。

（6）将视图切换到三维视图，结果如图 13-14 所示。

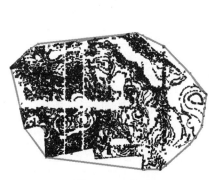

图 13-13　地形

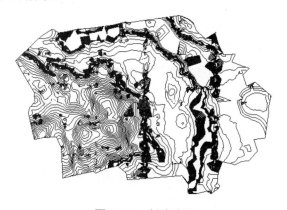

图 13-14　创建地形

### 13.1.3　通过导入等高线创建地形

根据从 DWG、DXF 或 DGN 文件导入的三维等高线数据自动生成地形表面。Revit 会分析数据并沿等高线放置一系列高程点。

导入等高线数据时，请遵循以下要求。

☑　导入的 CAD 文件必须包含三维信息。

☑　在要导入的 CAD 文件中，必须将每条等高线放置在正确的"Z"值位置。

☑　将 CAD 文件导入 Revit 时，请勿选择"定向到视图"选项。

# 13.2　建　筑　红　线

添加建筑红线的方法为在场地平面中绘制，或者在项目中直接输入测量数据。

## 13.2.1　绘制别墅建筑红线

具体绘制过程如下。

（1）打开 13.1.1 节绘制的别墅文件。

（2）单击"体量和场地"选项卡"场地建模"面板中的"建筑红线"按钮，打开"创建建筑红线"提示对话框，如图 13-15 所示。

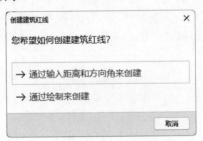

图 13-15　"创建建筑红线"提示对话框

（3）单击"通过绘制来创建"按钮，打开"修改|创建建筑红线草图"选项卡和选项栏，如图 13-16 所示。

图 13-16　"修改|创建建筑红线草图"选项卡和选项栏

（4）单击"绘制"面板中的"矩形"按钮，绘制建筑红线草图，如图 13-17 所示。

📢 注意：这些线应当形成一个闭合环。如果绘制一个开放环并单击"完成编辑模式"按钮✓，Revit 会发出一条警告，说明无法计算面积。可以忽略该警告继续工作，或将环闭合。

（5）单击"模式"面板中的"完成编辑模式"按钮✓，完成建筑红线的创建，如图 13-18 所示。

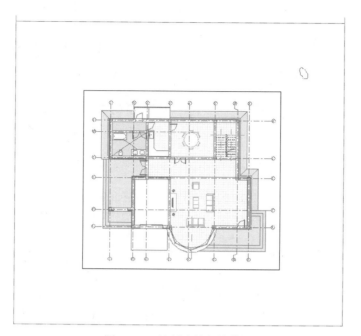

图 13-17 绘制建筑红线草图

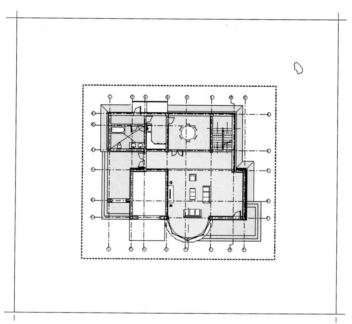

图 13-18 创建的建筑红线

（6）执行"文件"→"另存为"→"项目"命令，打开"另存为"对话框，指定保存位置并输入文件名，单击"保存"按钮。

## 13.2.2 通过角度和方向绘制建筑红线

具体绘制过程如下。

（1）单击"体量和场地"选项卡"场地建模"面板中的"建筑红线"按钮，打开"创建建筑红线"提示对话框。

（2）单击"通过输入距离和方向角来创建"按钮，打开"建筑红线"对话框，如图 13-19 所示。

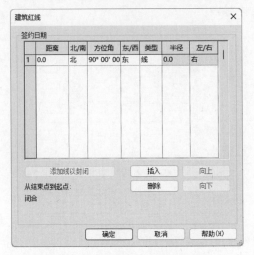

图 13-19　"建筑红线"对话框

（3）单击"插入"按钮，从测量数据中添加距离和方向角。

（4）也可以添加圆弧段为建筑红线，分别输入"距离"和"方向"的值，用于描绘弧上两点之间的线段，选取"弧"类型，并输入半径值，但是半径值必须大于线段长度的二分之一，半径越大，形成的圆越大，产生的弧也越平。

（5）继续插入线段，可以单击"向上"或"向下"按钮修改建筑红线的顺序。

（6）将建筑红线放置到适当位置。

# 13.3　创建别墅道路

细分地形实体是在原有地形表面上定义特定区域，使其产生轻微的偏移。可以用于在地形上创建如停车场道路或交通岛等微小地形变化。创建细分不会生成独立表面，而是在原地形上进行局部修改。这些修改会随原始地形的变化而自动调整。

下面利用"细分"命令绘制别墅道路，具体绘制过程如下。

（1）打开 13.2.1 节绘制的别墅文件。

（2）选择创建的地形，单击"修改|地形实体"选项卡"地形实体形状"面板中的"细分"按钮◈，打开"修改|创建细分边界"选项卡和选项栏，如图 13-20 所示。

图 13-20　"修改|创建细分边界"选项卡和选项栏

（3）单击"绘制"面板中的"矩形"按钮▭，绘制到车库的道路边界，如图 13-21 所示。

（4）在"属性"选项板的材质栏中单击⬚按钮，打开"材质浏览器"对话框，选取"水泥砂浆"材质，其他采用默认设置，单击"确定"按钮。

（5）单击"模式"面板中的"完成编辑模式"按钮✔，完成到车库道路的绘制，如图 13-22 所示。

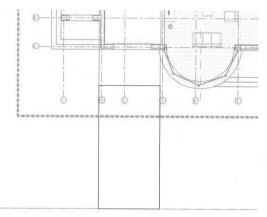

图 13-21　绘制道路边界线

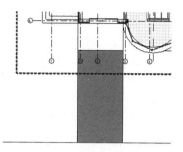

图 13-22　创建到车库的道路

注意：仅可使用单个闭合环创建地形表面子面域。如果创建多个闭合环，则只有第一个环用于创建子面域，其余环将被忽略。

（6）重复执行"细分"命令，单击"绘制"面板中的"线"按钮／和"样条曲线"按钮Ｎ，绘制道路边界线，如图 13-23 所示。

（7）在"属性"选项板的材质栏中单击▦按钮，打开"材质浏览器"对话框，在材质库中选择"AEC 材质"→"石料"，在列表中选择"卵石"材质，单击"将材质添加到文档中"按钮▲，将其添加到项目材质列表中，选中"使用渲染外观"复选框，单击"确定"按钮。

（8）单击"模式"面板中的"完成编辑模式"按钮✔，完成道路的绘制，如图 13-24 所示。

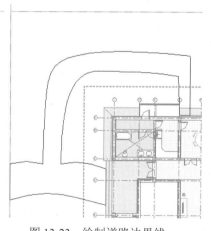

图 13-23　绘制道路边界线

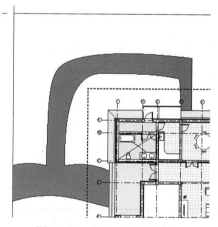

图 13-24　创建道路的绘制

（9）重复执行"细分"命令，单击"绘制"面板中的"线"按钮／和"样条曲线"按钮Ｎ，绘制道路边界线，如图 13-25 所示。

（10）在"属性"选项板的材质栏中单击▦按钮，打开"材质浏览器"对话框，选择"卵石"材质，单击"确定"按钮。

（11）单击"模式"面板中的"完成编辑模式"按钮✔，完成道路的绘制，如图 13-26 所示。

（12）执行"文件"→"另存为"→"项目"命令，打开"另存为"对话框，指定保存位置并输入文件名，单击"保存"按钮。

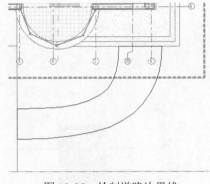

图 13-25　绘制道路边界线

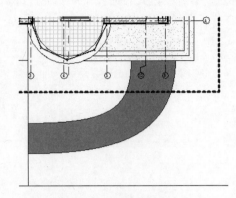

图 13-26　创建道路的绘制

# 13.4　场地构件

## 13.4.1　停车场构件

可以将停车位添加到地形表面中，并将地形表面定义为停车场构件的主体。

具体绘制步骤如下。

（1）新建一个地形表面，如图 13-27 所示。

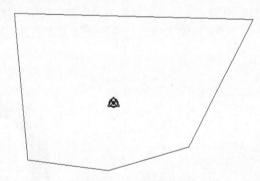

图 13-27　地形表面

（2）单击"体量和场地"选项卡"场地建模"面板中的"停车场构件"按钮，打开"修改|停车场构件"选项卡和选项栏，如图 13-28 所示。

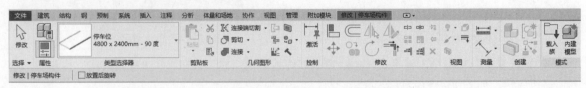

图 13-28　"修改|停车场构件"选项卡和选项栏

（3）在"属性"选项板中包含如图 13-29 所示的停车位类型，选择"停车位 4800×2400mm-60 度"类型，其他采用默认设置。

（4）在地形表面上适当位置单击以放置停车场构件，如图 13-30 所示。

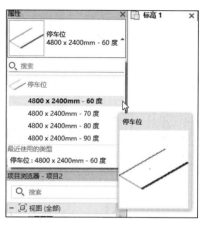

图 13-29 "属性"选项板

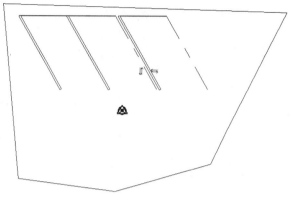

图 13-30 放置停车场构件

（5）单击"翻转实例面"按钮┃╵和"翻转实例开门方向"按钮⇆，调整停车场构件的方向。

## 13.4.2 别墅场地布置

可在场地平面中放置场地专用构件（如树、电线杆和消防栓）。

具体绘制过程如下。

（1）打开 13.3 节绘制的别墅文件，单击"建筑"选项卡"构建"面板"柱"┃下拉列表中的"柱：建筑"按钮┃，打开"修改|放置 柱"选项卡和选项栏。

（2）单击"模式"面板中的"载入族"按钮🗐，打开"载入族"对话框，选择"建筑"→"柱"文件夹中的"现代柱 2.rfa"族文件，如图 13-31 所示。单击"打开"按钮，载入现代柱族文件。

图 13-31 "载入族"对话框

（3）在道路的开始位置放置现代柱，如图 13-32 所示。

（4）选取 4 个现代柱，在"属性"选项板中更改"顶部偏移"值为 2000，其他采用默认设置，如图 13-33 所示。

（5）单击"建筑"选项卡"构建"面板中的"墙"按钮🗖，在"属性"选项板中选择"常规-90mm砖"类型，单击"编辑类型"按钮🗐，打开"类型属性"对话框，单击"编辑"按钮，打开"编辑部件"对话框，在结构栏的材质列表中单击■按钮，打开"材质浏览器"对话框，选中"使用渲染外观"复选框，连续单击"确定"按钮。

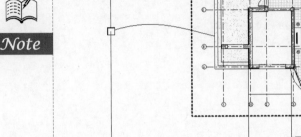

图 13-32　放置现代柱　　　　　　　　　图 13-33　"属性"选项板 1

　　（6）在"属性"选项板中设置"定位线"为"墙中心线"，"底部约束"为"室外标高"，"顶部约束"为"未连接"，"无连接高度"为 2000，如图 13-34 所示。

　　（7）根据建筑柱绘制墙体，如图 13-35 所示。

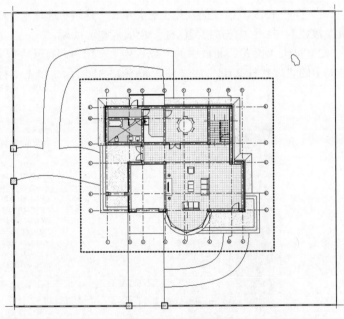

图 13-34　"属性"选项板 2　　　　　　　　　图 13-35　绘制墙体

　　（8）单击"建筑"选项卡"构建"面板中的"门"按钮，打开"修改|放置门"选项卡。单击"载入族"按钮，打开"载入族"对话框，选取源文件中的"铁艺门"族文件，将其放置在建筑柱处。

　　（9）调整大门处的建筑柱和围墙位置，使其与大门贴合，如图 13-36 所示。

　　（10）单击"体量和场地"选项卡"场地建模"面板中的"场地构件"按钮，在打开的选项卡中单击"模式"面板中的"载入族"按钮，打开"载入族"对话框，选择"建筑"→"场地"→"附属设施"→"景观小品"文件夹中的"喷水池.rfa"族文件，单击"打开"按钮，打开水池。

（11）将其放置到场地上的适当位置，如图 13-37 所示。

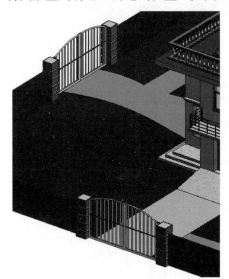

图 13-36 放置铁艺门

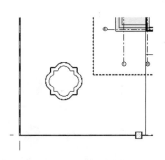

图 13-37 放置水池

（12）重复执行"场地构件"命令，在"属性"选项板中选择"RPC 树-落叶树 日本樱桃树-4.5 米"，将其放置到场地上的适当位置，如图 13-38 所示。

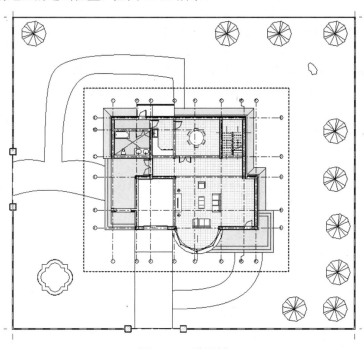

图 13-38 放置树

（13）重复执行"场地构件"命令，在打开的选项卡中单击"模式"面板中的"载入族"按钮，打开"载入族"对话框，选择"建筑"→"植物"→"3D"→"灌木"文件夹中的"灌木 2 3D.rfa"族文件。

（14）单击"打开"按钮，将灌木放置到场地中的适当位置，如图 13-39 所示。

Note

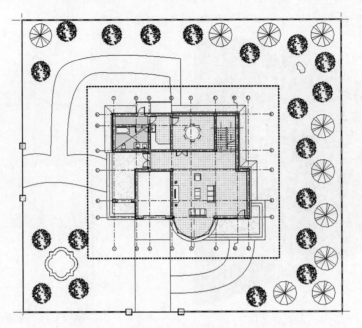

图 13-39 放置灌木

　　(15) 单击"体量和场地"选项卡"场地建模"面板中的"场地构件"按钮，在打开的选项卡中单击"模式"面板中的"载入族"按钮，打开"载入族"对话框，选择"建筑"→"植物"→"3D"→"草本"文件夹中的"向日葵 3D.rfa"族文件。

　　(16) 单击"打开"按钮，将向日葵放置于东北角位置，如图 13-40 所示。

　　(17) 单击"体量和场地"选项卡"场地建模"面板中的"场地构件"按钮，在打开的选项卡中单击"模式"面板中的"载入族"按钮，打开"载入族"对话框，选择"建筑"→"植物"→"3D"→"草本"文件夹中的"花 3D.rfa"族文件。

　　(18) 单击"打开"按钮，将花放置在弧形幕墙位置，如图 13-41 所示。

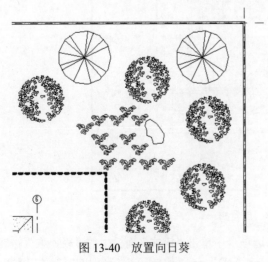

图 13-40 放置向日葵

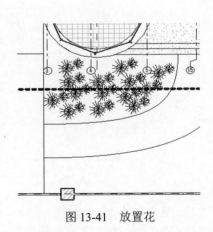

图 13-41 放置花

　　(19) 执行"文件"→"另存为"→"项目"命令，打开"另存为"对话框，指定保存位置并输入文件名，单击"保存"按钮。

# 第14章

## 漫游和渲染

### 知识导引

  Revit 可以生成使用"真实"视觉样式构建模型的实时渲染视图，也可以使用"渲染"工具创建模型的照片级真实感图像。Revit 可使用不同的效果和内容（如照明、植物、贴花和人物）来渲染三维视图。

- ☑ 漫游
- ☑ 渲染
- ☑ 相机视图

### 任务驱动&项目案例

# 14.1 漫　　游

定义通过建筑模型的路径并创建动画或一系列图像，向客户展示模型。

漫游是指沿着定义的路径移动的相机，此路径由帧和关键帧组成。关键帧是指可在其中修改相机方向和位置的可修改帧。默认情况下，漫游被创建为一系列透视图，但也可以被创建为正交三维视图。可以在平面视图中创建漫游，也可以在其他视图（包括三维视图、立面视图及剖面视图）中创建漫游。

## 14.1.1　创建别墅漫游

具体操作步骤如下。

（1）打开 13.4.2 节创建的别墅文件，在项目浏览器的楼层平面节点下双击室外标高，将视图切换到室外标高楼层平面视图。

（2）单击"视图"选项卡"创建"面板"三维视图" 🏠 下拉列表中的"漫游"按钮 👣，打开"修改|漫游"选项卡和选项栏，如图 14-1 所示。

图 14-1　"修改|漫游"选项卡和选项栏

（3）在选项栏中取消选中"透视图"复选框，设置"偏移距离"为 1500。

（4）在当前视图的别墅外围任意位置单击作为漫游路径的开始位置，然后单击左键，逐个放置关键帧，如图 14-2 所示。

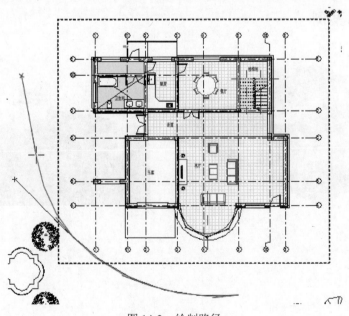

图 14-2　绘制路径

（5）继续放置关键帧，使路径围绕别墅一周，完成绘制，如图 14-3 所示。

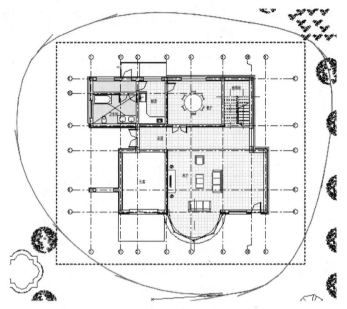

图 14-3　完成路径绘制

（6）单击"漫游"面板中的"完成漫游"按钮 ✔，结束路径的绘制。

（7）在"项目浏览器"中新增漫游视图"漫游 1"，双击"漫游 1"视图，打开漫游视图，如图 14-4 所示。

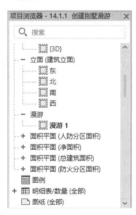
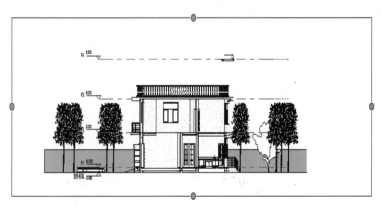

图 14-4　漫游视图

（8）执行"文件"下拉菜单中的"另存为"→"项目"命令，打开"另存为"对话框，指定保存位置并输入文件名，单击"保存"按钮。

## 14.1.2　编辑别墅漫游

具体操作步骤如下。

（1）打开 14.1.1 节绘制的别墅文件。在项目浏览器中双击漫游 1 视图，打开漫游 1 视图，选取视图，然后再将视图切换到 F1 楼层平面视图。

（2）单击"修改|相机"选项卡"漫游"面板中的"编辑漫游"按钮，打开"编辑漫游"选项

卡和选项栏，如图 14-5 所示。

图 14-5 "编辑漫游"选项卡和选项栏

（3）此时漫游路径上会显示关键帧，如图 14-6 所示。

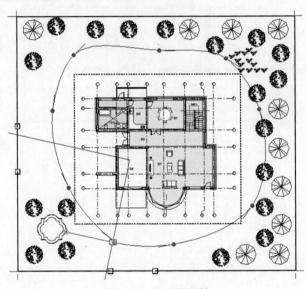

图 14-6 显示关键帧

（4）在选项栏中设置控制为"路径"，路径上的关键帧变为控制点，拖动控制点，可以调整路径形状，如图 14-7 所示。

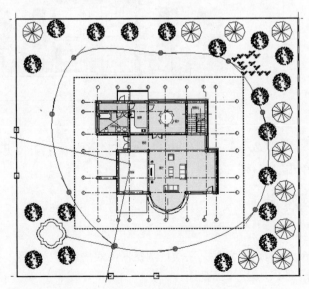

图 14-7 编辑路径

（5）在选项栏中设置控制为"添加关键帧"，然后在路径上单击，添加关键帧，如图 14-8 所示。

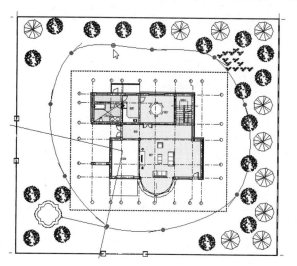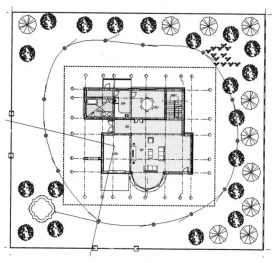

图 14-8　添加关键帧

（6）在选项栏中设置控制为"删除关键帧"，然后在路径上单击要删除的关键帧，将其删除，如图 14-9 所示。

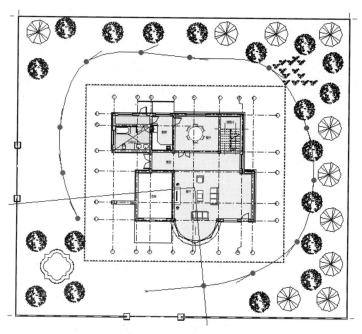

图 14-9　删除关键帧

（7）单击选项栏中的"共"后面的"300"字样 ，打开"漫游帧"对话框，更改"总帧数"为 200，选中"指示器"复选框，输入"帧增量"为 10，如图 14-10 所示。单击"确定"按钮，效果如图 14-11 所示。图中红点代表自行设置的关键帧，蓝点代表系统添加的指示帧。

（8）选项栏中的 200 帧是整个漫游完成的帧数，如果要播放漫游，则在选项栏中输入"1"并按 Enter 键，表示从第一帧开始播放。

Note

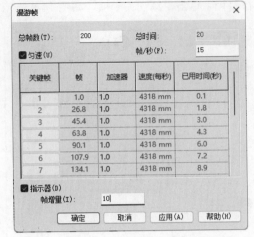

图 14-10　"漫游帧"对话框

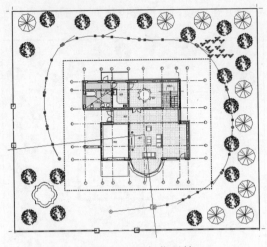

图 14-11　添加指示帧

（9）在选项栏中设置"控制"为"活动相机"，然后拖曳相机，控制相机角度，如图 14-12 所示。单击"下一关键帧"按钮▷Ⅲ，调整关键帧上的相机角度，采用相同的方法，调整其他关键帧的相机角度。

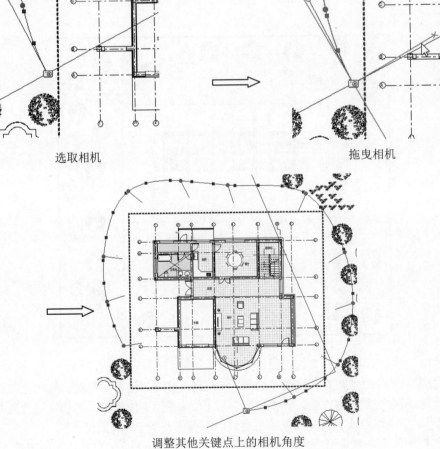

选取相机　　　　　　　　　　　　　　　拖曳相机

调整其他关键点上的相机角度

图 14-12　调整相机角度的过程

（10）在选项栏中输入"1"，单击"漫游"面板中的"播放"按钮▷，开始播放漫游，中途要想停止播放，可以按 Esc 键结束播放。

（11）执行"文件"→"另存为"→"项目"命令，打开"另存为"对话框，指定保存位置并输入文件名，单击"保存"按钮。

## 14.1.3 导出别墅漫游文件

可以将漫游导出为 AVI 或图像文件。

将漫游导出为图像文件时，漫游的每个帧都会保存为单个文件。可以导出所有帧或一定范围的帧。

具体操作步骤如下。

（1）打开 14.1.2 节创建的文件。执行"文件"→"导出"→"图像和动画"→"漫游"命令，打开"长度/格式"对话框，如图 14-13 所示。

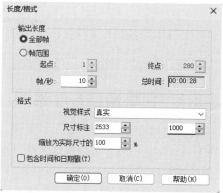

图 14-13  "长度/格式"对话框

"长度/格式"对话框中的选项说明如下。

☑ 全部帧：导出整个动画。

☑ 帧范围：选中此单选按钮，指定该范围内的起点帧和终点帧。

☑ 帧/秒：设置导出后漫游的速度为每秒多少帧，默认为 15 帧，播放速度比较快，建议设置为 3～4 帧，速度比较合适。

☑ 视觉样式：设置导出后漫游中图像的视觉样式，包括"线框""隐藏线""着色""带边框着色""一致的颜色""真实""带边框的真实感"和"渲染"。

☑ 尺寸标注：指定帧在导出文件中的大小，如果输入一个尺寸标注的值，软件会计算并显示另一个尺寸标注的值以保持帧的比例不变。

☑ 缩放为实际尺寸的：输入缩放百分比，软件会计算并显示相应的尺寸标注。

☑ 包含时间和日期戳：选中此复选框，在导出的漫游动画或图片上会显示时间和日期。

（2）在对话框中选择"全部帧"选项，设置"帧/秒"为 10，"视觉样式"为"真实"，更改尺寸宽度为 1000，单击"确定"按钮。

（3）打开"导出漫游"对话框，设置保存路径、文件名称和文件类型，如图 14-14 所示。单击"保存"按钮。

（4）打开"视频压缩"对话框，默认"压缩程序"为"全帧（非压缩的）"，其产生的文件非常大，这里选择"Microsoft Video 1"压缩程序，如图 14-15 所示。单击"确定"按钮将漫游文件导出为 AVI 文件。

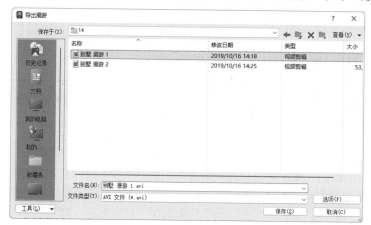

图 14-14  "导出漫游"对话框

图 14-15  "视频压缩"对话框

（5）执行"文件"→"另存为"→"项目"命令，打开"另存为"对话框，指定保存位置并输入文件名，单击"保存"按钮。

# 14.2  相 机 视 图

在渲染之前，一般要先创建相机透视图，生成不同地点、不同角度的场景。

## 14.2.1  创建别墅客厅视图

具体操作步骤如下。

（1）打开 13.4.2 节的别墅文件。在项目浏览器的楼层平面节点下双击 F1，将视图切换到 F1 楼层平面视图。

（2）单击"视图"选项卡"创建"面板中"三维视图"⌂下拉列表中的"相机"按钮📷，打开选项栏，如图 14-16 所示。

图 14-16  选项栏

（3）在平面图的客厅右上角放置相机，如图 14-17 所示。

（4）移动鼠标，确定相机的方向，如图 14-18 所示。

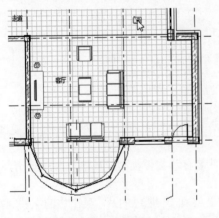

图 14-17  放置相机

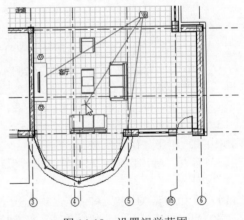

图 14-18  设置视觉范围

（5）单击放置相机视点，系统自动创建一张三维视图，同时在项目浏览器中增加了相机视图：三维视图 1，如图 14-19 所示。

（6）切换到 F1 视图，在项目浏览器中选取上步生成的相机视图，单击鼠标右键，在弹出的快捷菜单中执行"显示相机"命令，在 F1 视图中显示相机，如图 14-20 所示。

（7）被相机三角形包围的区域是可视的范围，其中三角形的底边表示远端的视距，拖动三角形的底边可调整视距，拖曳相机可调整可视范围，如图 14-21 所示。

（8）切换到三维视图 1，选取相机视图视口，拖动视口左边上的控制点，改变视图范围，如图 14-22 所示。

（9）单击控制栏中的"解锁的三维视图"按钮⌂，在弹出的菜单中执行"保存方向并锁定视图"命令，如图 14-23 所示，将三维视图保存并锁定，不能改变视图方向。如果要改变被锁定的三维视图方向，再次单击"锁定的三维视图"按钮⌂，在弹出的菜单中执行"解锁视图"命令即可。如果对修改结果不满意，需要返回到保存之前的视图，可在菜单中执行"恢复方向并锁定视图"命令，还原视图。

Note

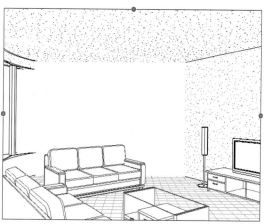

图 14-19 相机视图

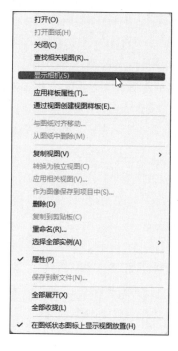

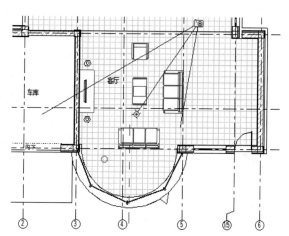

图 14-20 显示相机

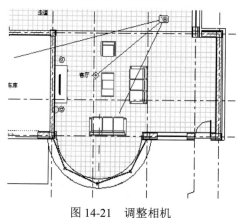

图 14-21 调整相机

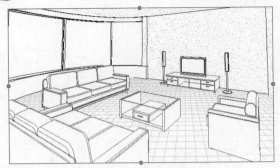

图 14-22　改变视图范围

图 14-23　菜单

（10）在项目浏览器的三维视图 1 上单击鼠标右键，弹出如图 14-20（左）所示的快捷菜单，执行"重命名"命令，更改其名称为"客厅视图"。

（11）执行"文件"→"另存为"→"项目"命令，打开"另存为"对话框，指定保存位置并输入文件名，单击"保存"按钮。

## 14.2.2　创建别墅外景视图

（1）打开 13.4.2 节创建的别墅文件。在项目浏览器的楼层平面节点下双击 F1，将视图切换到 F1 楼层平面视图。

（2）单击"视图"选项卡"创建"面板中"三维视图"🏠下拉列表中的"相机"按钮📷，在平面视图的左下角放置相机，如图 14-24 所示。

（3）移动鼠标，确定相机的方向，如图 14-25 所示。

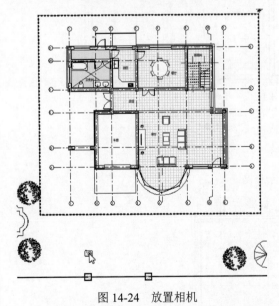

图 14-24　放置相机　　　　　　　　　　　　图 14-25　设置视觉范围

（4）单击放置相机视点，系统自动创建一个三维视图，同时在项目浏览器中增加了相机视图：三维视图 1，如图 14-26 所示。

（5）单击"修改|相机"选项卡"裁剪"面板中的"尺寸裁剪"按钮，打开"裁剪区域尺寸"对话框，更改"模型裁剪尺寸"的宽度为 400，"高度"为 200，如图 14-27 所示，其他采用默认设置。单击"确定"按钮，更改尺寸后的三维视图如图 14-28 所示。

图 14-26　三维视图

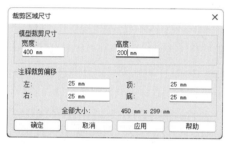

图 14-27　"裁剪区域尺寸"对话框

图 14-28　更改尺寸后的三维视图

（6）在"属性"选项板中设置"详细程度"为精细，"投影模式"为"正交"，"视点高度"为 10000，如图 14-29 所示。

图 14-29　调整视图

Note

（7）选取相机视图视口，拖动视口左边上的控制点，改变视图范围，单击控制栏中的"视觉样式"按钮，在打开的菜单中选择"着色"选项，效果图如图 14-30 所示。

（8）在项目浏览器中选择上步创建的三维视图 1，单击鼠标右键，在弹出的快捷菜单中选择"重命名"命令，输入名称为"外景视图"。

（9）执行"文件"→"另存为"→"项目"命令，打开"另存为"对话框，指定保存位置并输入文件名，单击"保存"按钮。

图 14-30　着色效果

# 14.3　渲　　染

渲染可为建筑模型创建照片级真实感图像。

## 14.3.1　渲染别墅外景视图

（1）打开 14.2.2 节创建的别墅文件，在项目浏览器的三维视图节点下双击外景视图，将视图切换到外景视图。

（2）单击"视图"选项卡"演示视图"面板中的"渲染"按钮，打开"渲染"对话框，将质量设置为"最佳"，设置"分辨率"为"屏幕"，照明方案为"室外：仅日光"，背景样式为"天空：少云"，如图 14-31 所示。单击"日光设置"栏上的"选择太阳位置"按钮，打开"日光设置"对话框，选中"静止"单选按钮，如图 14-32 所示，其他采用默认设置，单击"确定"按钮，返回到"渲染"对话框。

图 14-31　"渲染"对话框

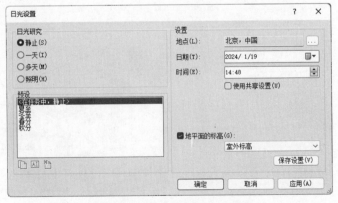

图 14-32　"日光设置"对话框

"渲染"对话框中的选项说明如下。

☑ 区域：选中此复选框，在三维视图中，Revit 会显示渲染区域边界。选择渲染区域，并使用蓝色夹具来调整其尺寸。对于正交视图，也可以拖曳渲染区域以在视图中移动其位置。

☑ 质量：为渲染图像指定所需的质量，包括"绘图""中""高""最佳""自定义"和"编辑"六种。

➤ 绘图：尽快渲染，生成预览图像。可模拟照明和材质，阴影部分缺少细节。渲染速度最快。

➤ 中：快速渲染，生成预览图像，获得模型的总体印象。可模拟粗糙和半粗糙材质。该设置最适用于没有复杂照明或材质的室外场景。渲染速度中等。

➤ 高：相对中等质量，渲染所需时间较长。可使照明和材质更准确，尤其对于镜面（金属类型）材质。可对软性阴影和反射进行高质量渲染。该设置最适用于有简单的照明的室内和室外场景。渲染速度慢。

➤ 最佳：以较高的照明和材质精确度进行渲染。以高质量水平渲染半粗糙材质的软性阴影和柔和反射。此渲染质量对复杂的照明环境尤为有效。生成所需的时间最长，渲染速度最慢。

➤ 自定义：使用"渲染质量设置"对话框中指定的设置。渲染速度取决于自定义设置。

☑ 输出设置-分辨率：选中"屏幕"单选按钮，可为屏幕显示生成的渲染图像；选中"打印机"单选按钮，可生成供打印的渲染图像。

☑ 照明：在方案中，可选择照明方案。如果选择了日光方案，可以在"日光设置"中调整日光的照明设置；如果选择使用人造灯光的照明方案，则单击"人造灯光"按钮，打开"人造灯光"对话框，从中可控制渲染图像中的人造灯光。

☑ 背景：可以为渲染图像指定背景，背景可以是单色、天空和云或者自定义图像，注意创建包含自然光的内部视图时，天空和云背景可能会影响渲染图像中灯光的质量。

☑ 调整曝光：单击此按钮，打开"曝光控制"对话框，可帮助用户将真实世界的亮度值转换为真实的图像，曝光控制可模仿人眼对与颜色、饱和度、对比度和眩光有关的亮度值的反应。

（3）单击"渲染"按钮，打开如图 14-33 所示的"渲染进度"对话框，显示渲染进度，选中"当渲染完成时关闭对话框"复选框，则渲染完成后自动关闭对话框，渲染结果如图 14-34 所示。

图 14-33　"渲染进度"对话框　　　　　　　图 14-34　渲染图形

（4）单击"渲染"对话框中的"调整曝光"按钮，打开"曝光控制"对话框，拖动各个选项的滑块以调整数值，也可以直接输入数值，如图 14-35 所示。单击"应用"按钮，结果如图 14-36 所示。然后单击"确定"按钮，关闭"曝光控制"对话框。

Note

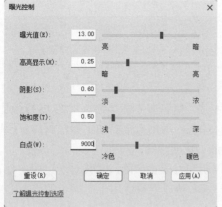

图14-35  "曝光控制"对话框

图14-36  调整曝光后的图形

"曝光控制"对话框中的选项说明如下。

☑  曝光值：渲染图像的总体亮度。此设置类似于具有自动曝光的摄影机中的曝光补偿设置。可输入一个在-6（较亮）和16（较暗）之间的值。

☑  高亮显示：图像最亮区域的灯光级别。可输入一个0（较暗的高亮显示）和1（较亮的高亮显示）之间的值，默认值是0.25。

☑  阴影：图像最暗区域的灯光级别。可输入一个0.1（较亮的阴影）和1（较暗的阴影）之间的值，默认值为0.2。

☑  饱和度：渲染图像中颜色的亮度。可输入一个0（灰色/黑色/白色）到5（更鲜艳的色彩）之间的值，默认值为1。

☑  白点：应该在渲染图像中显示为白色的光源色温。此设置类似于数码相机上的"白平衡"设置。如果渲染图像看上去橙色太浓，则减小"白点"值。如果渲染图像看上去太蓝，则增大"白点"值。

图14-37  "保存到项目中"对话框

（5）单击"渲染"对话框中的"保存到项目中"按钮，打开"保存到项目中"对话框，输入名称为"别墅外景视图"，如图14-37所示。

（6）单击"确定"按钮，将渲染完的图像保存在项目中，如图14-38所示。

（7）关闭"渲染"对话框后，视图显示为相机视图，双击项目中的"渲染：别墅外景视图"，打开渲染图像，如图14-36所示。

（8）执行"文件"→"导出"→"图像和动画"→"图像"命令，打开"导出图像"对话框，如图14-39所示。

"导出图像"对话框选项说明如下。

☑  修改：根据需要修改图像的默认路径和文件名。

☑  导出范围：指定要导出的图像。

➢  当前窗口：选中此单选按钮，将导出绘图区域的所有内容，包括当前查看区域以外

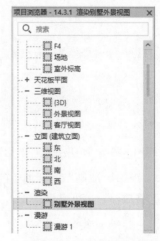

图14-38  项目浏览器

的部分。

> 当前窗口可见部分：选中此单选按钮，将导出绘图区域中当前可见的任何部分。

> 所选视图/图纸：选中此单选按钮，将导出指定的图纸和视图。单击"选择"按钮，打开如图 14-40 所示的"选择视图/图纸"对话框，选择所需的图纸和视图，单击"选择"按钮。

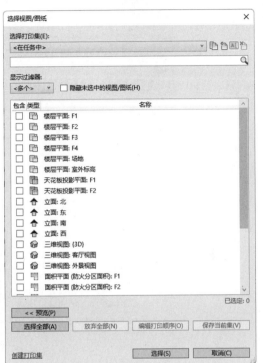

图 14-39  "导出图像"对话框        图 14-40  "选择视图/图纸"对话框

☑ 图像尺寸：指定图像显示的属性。

> 将视图/图纸缩放以适合：指定图像的输出尺寸和方向。Revit 将在水平或垂直方向将图像缩放到指定数目的像素。

> 将视图/图纸缩放为实际尺寸的：输入百分比，Revit 将按指定的缩放设置输出图像。

☑ 选项：选择所需的输出选项。默认情况下，导出的图像中的链接以黑色显示。选中"用蓝色表示视图链接"复选框，将显示蓝色链接。选中"隐藏参照/工作平面""隐藏范围框""隐藏裁剪边界"和"隐藏未参照视图的标记"复选框，可在导出的视图中隐藏不必要的图形部分。

☑ 格式：选择着色视图和非着色视图的输出格式。

（9）单击"修改"按钮，打开"指定文件"对话框，可设置图像的保存路径和文件名，如图 14-41 所示。单击"保存"按钮，返回到"导出图像"对话框。

（10）在"图像尺寸"中设置"方向"为"水平"，在"格式"中设置"着色视图"和"非着色视图"均为"JPEG（无失真）"，其他采用默认设置，如图 14-42 所示。单击"确定"按钮，导出图像。

（11）执行"文件"→"另存为"→"项目"命令，打开"另存为"对话框，指定保存位置并输入文件名，单击"保存"按钮。

图 14-41　"指定文件"对话框

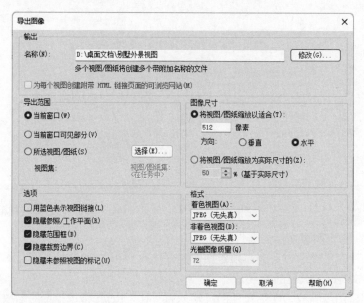

图 14-42　设置导出图像参数

## 14.3.2　渲染别墅客厅视图

具体操作步骤如下。

（1）打开 14.2.1 节创建的别墅文件。在项目浏览器的三维视图节点下双击客厅视图，将视图切换到客厅视图。

（2）单击"视图"选项卡"演示视图"面板中的"渲染"按钮，打开"渲染"对话框。在"质量设置"下拉列表中选择"编辑"选项，打开"渲染质量设置"对话框，在"质量设置"下拉列表中选择"自定义（视图专用）"，再选中"高级-精确材质和阴影"单选按钮，调整渲染持续时间，如图 14-43 所示，其他采用默认设置。单击"确定"按钮，返回到"渲染"对话框。

（3）在"渲染"对话框的"输出设置"中选择"屏幕"分辨率，将照明方案设置为"室内：日光和人造光"选项，单击"日光设置"栏中的"选择太阳位置"按钮，打开"日光设置"对话框，选中"照明"单选按钮，在预设栏中选择"来自左上角的日光"选项，并取消选中"地平面的标高"复选框，其他采用默认设置，如图 14-44 所示。

图 14-43　"渲染质量设置"对话框

图 14-44　"日光设置"对话框

"日光设置"对话框中的选项说明如下。

☑　日光研究：若要基于指定的地理位置定义日光设置，则可选中"静止""一天"或"多天"单选按钮。若要基于方位角和仰角定义日光设置，则选中"照明"单选按钮。

☑　预设：选择某一预定义的日光设置。

☑　地平面的标高：选中此复选框时，会在二维和三维着色视图中指定的标高上投射阴影。取消选中此复选框，会在地形表面（如果存在）上投射阴影。

（4）单击"渲染"按钮，打开"渲染进度"对话框，显示渲染进度，选中"当渲染完成时关闭对话框"复选框，则渲染完成后自动关闭对话框，渲染结果如图 14-45 所示。

图 14-45　渲染图形

（5）单击"渲染"对话框中的"调整曝光"按钮，打开"曝光控制"对话框，拖动各个选项的滑块以调整数值，也可以直接输入数值，如图 14-46 所示。单击"应用"按钮，结果如图 14-47 所示。然后单击"确定"按钮，关闭"曝光控制"对话框。

（6）单击"渲染"对话框中的"保存到项目中"按钮，打开"保存到项目中"对话框，输入名称为"客厅效果图"，单击"确定"按钮，将渲染完的图像保存在项目中。

Note

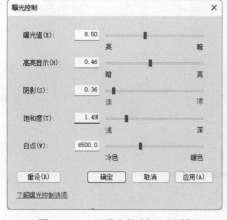

图 14-46 "曝光控制"对话框

图 14-47 调整曝光后的图形

（7）单击"导出"按钮，打开"保存图像"对话框，设置图像的保存路径和文件名，如图 14-48 所示。单击"保存"按钮，导出图像。

图 14-48 "保存图像"对话框

（8）执行"文件"→"另存为"→"项目"命令，打开"另存为"对话框，指定保存位置并输入文件名，单击"保存"按钮。

# 第15章

# 施工图设计

## 知识导引

　　施工图设计是建筑设计的最后阶段，它的主要任务是满足施工要求，即在初步设计或技术设计的基础上，综合建筑、结构等各工种，相互交底，深入了解材料供应、施工技术、设备等条件，把满足工程施工的各项具体要求反映在图纸上，它主要是通过图纸，把设计者的意图和全部设计结果表达出来，作为施工的依据，它是设计和施工工作的桥梁。

- ☑ 总平面图
- ☑ 立面图
- ☑ 详图
- ☑ 平面图
- ☑ 剖面图

## 任务驱动&项目案例

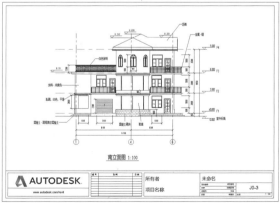

# 15.1 总平面图

无论是方案图、初设图还是施工图，总平面图都是必不可少的要件。

## 15.1.1 总平面图内容概括

总平面图用来表达整个建筑基地的总体布局，表达新建建筑物及构筑物位置、朝向及周边环境的关系，这也是总平面图的基本功能。总平面图专业设计成果包括设计说明书、设计图纸以及根据合同规定的鸟瞰图、模型等。总平面图只是其中的设计图纸部分，在不同设计阶段，总平面图除了具备其基本功能外，表达设计意图的深度和倾向也有所不同。

在方案设计阶段，总平面图着重体现新建建筑物的体量大小、形状及与周边道路、房屋、绿地、广场和红线之间的空间关系，同时传达室外空间设计效果。因此，方案图在具有必要的技术性的基础上，还强调艺术性的体现。就目前情况来看，除了绘制 CAD 线条图，还需对线条图进行套色、渲染处理或制作鸟瞰图、模型等。总之，设计者总在不遗余力地展现自己设计方案的优点及魅力，以在竞争中胜出。

在初步设计阶段，要进一步推敲总平面图设计中涉及的各种因素和环节（如道路红线、建筑红线或用地界线、建筑控制高度、容积率、建筑密度、绿地率、停车位数以及总平面布局、周围环境、空间处理、交通组织、环境保护、文物保护、分期建设等），推敲方案的合理性、科学性和可实施性，进一步准确落实各种技术指标，深化竖向设计，为施工图的设计做准备。

在施工图设计阶段，总平面专业成果包括图纸目录、设计说明、设计图纸和计算书。其中设计图纸包括总平面图、竖向布置图、土方图、管道综合图、景观布置图及详图等。总平面图是新建房屋定位、放线以及布置施工现场的依据，因此必须详细、准确、清楚地表达出来。

## 15.1.2 创建别墅总平面图

具体操作步骤如下。

（1）打开 14.3.2 节创建的别墅文件，在项目浏览器的楼层平面节点下双击场地，将视图切换到场地视图。

（2）单击"视图"选项卡"图形"面板中的"可见性/图形"按钮，打开"楼层平面：场地的可见性/图形替换"对话框，在"注释类别"中取消选中"轴网""参照平面""立面"和"场地标记"复选框，如图 15-1 所示，单击"确定"按钮，使轴网、参照平面、立面和场地标记在场地视图中不显示，如图 15-2 所示。

（3）单击"注释"选项卡"尺寸标注"面板中的"高程点"按钮，打开"修改|放置尺寸标注"选项卡和选项栏，如图 15-3 所示。系统默认激活"高程点"按钮。

（4）在选项栏中取消选中"引线"复选框，并设置"显示高程"为"实际（选定）高程"。

（5）在"属性"选项板中选择"高程点 三角形（项目）"类型，单击"编辑类型"按钮，打开"类型属性"对话框，新建"三角形（项目）-场地"类型，更改文字大小为 5，其他采用默认设置。

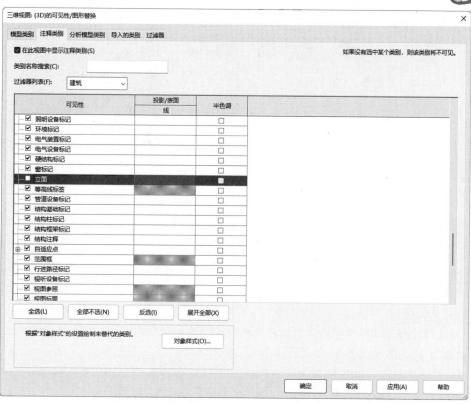

图 15-1　"楼层平面：场地的可见性/图形替换"对话框

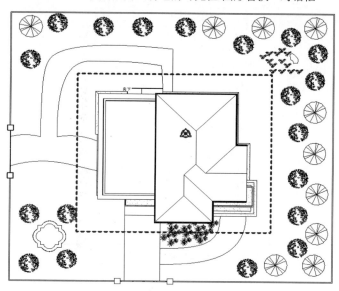

图 15-2　隐藏注释

图 15-3　"修改|放置尺寸标注"选项卡和选项栏

（6）将高程点放置在视图中的适当位置，如图 15-4 所示。

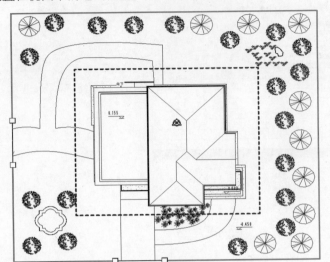

图 15-4  标注高程点

（7）单击"注释"选项卡"标记"面板中的"按类别标记"按钮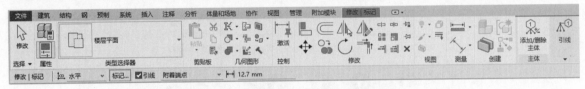，打开"修改|标记"选项卡和选项栏，如图 15-5 所示。

图 15-5  "修改|标记"选项卡和选项栏

（8）单击选项栏中的"标记"按钮 标记... ，打开"载入的标记和符号"对话框，如图 15-6 所示，选取"场地"→"建筑红线线段"，单击"载入族"按钮，打开"载入族"对话框，选取源文件中的"建筑红线线段标记"族文件，单击"打开"按钮，返回到"载入的标记和符号"对话框，其他采用默认设置，单击"确定"按钮，载入建筑红线线段标记。

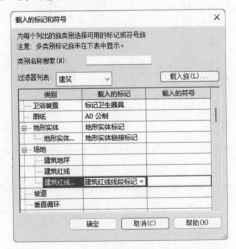

图 15-6  "载入的标记和符号"对话框

（9）在选项栏中取消选中"引线"复选框，在视图中选取建筑红线，添加建筑红线线段标记，如图 15-7 所示。继续添加其他建筑红线标记。

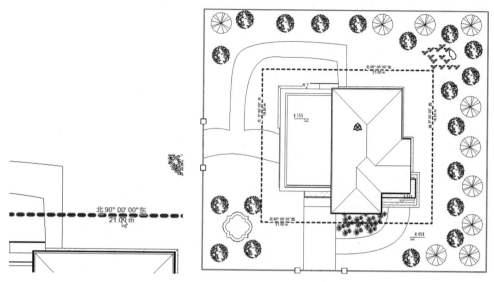

图 15-7　添加建筑红线线段标记

（10）单击"注释"选项卡"尺寸标注"面板中的"对齐"按钮，在"属性"选项板中选择"线性尺寸标注样式 对角线-3mm RomanD（场地）-引线-文字在上"类型，单击"编辑类型"按钮，打开"类型属性"对话框，新建"对角线-5mm RomanD（场地）-引线-文字在上"类型，更改"文字大小"为 5mm，其他采用默认设置，如图 15-8 所示，单击"确定"按钮。

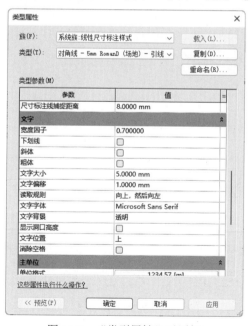

图 15-8　"类型属性"对话框

（11）标注围墙到建筑外墙的尺寸，如图 15-9 所示。

（12）单击"视图"选项卡"图纸组合"面板中的"图纸"按钮，打开"新建图纸"对话框，在列表中选择"A2 公制"图纸，如图 15-10 所示。

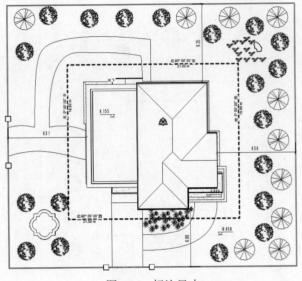

图 15-9　标注尺寸

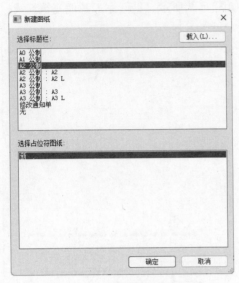

图 15-10　"新建图纸"对话框

（13）单击"确定"按钮，新建"J0-1-未命名"图纸，并显示在项目浏览器的图纸节点下，如图 15-11 所示。

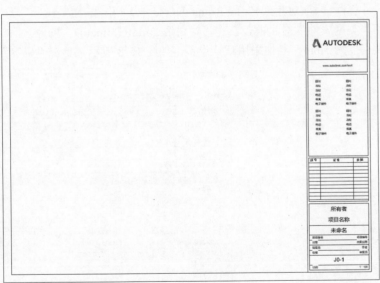

图 15-11　新建"J0-1-未命名"图纸

（14）单击"视图"选项卡"图纸组合"面板中的"放置视图"按钮，打开"选择视图"对话框，在列表中选择"楼层平面：场地"视图，如图 15-12 所示，然后单击"确定"按钮，将视图添加到图纸中，如图 15-13 所示。

（15）在图纸中选择标题和视口，单击鼠标右键，在弹出的快捷菜单中选择"在视图中隐藏"→"图元"命令，如图 15-14 所示，隐藏选中的图元。也可以单击"视图"面板"在视图中隐藏" 下的"隐藏图元"按钮 来隐藏图元。

图 15-12 "选择视图"对话框

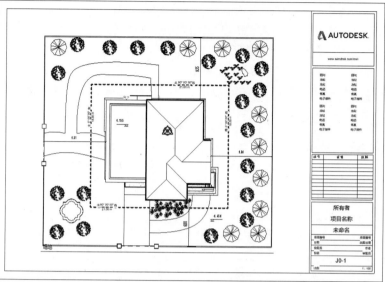

图 15-13 添加视图到图纸

（16）单击"注释"选项卡"符号"面板中的"符号"按钮，在"属性"选项板中选择"符号_指北针 填充"类型，将其放置在图纸的左上角；或者选择项目浏览器的"族"→"注释符号"→"符号_指北针"节点下的"填充"族，将其拖曳到图纸中的左上角，如图 15-15 所示。

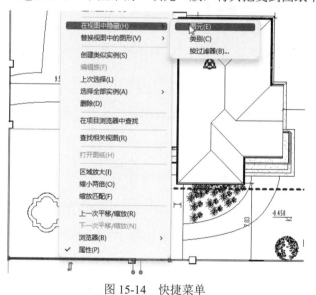

图 15-14 快捷菜单

图 15-15 放置指北针

（17）单击"注释"选项卡"文字"面板中的"文字"按钮，打开"修改|放置 文字"选项卡，如图 15-16 所示。

图 15-16 "修改|放置 文字"选项卡

（18）在"属性"选项板中选择"文字 宋体 10mm"类型，在图形下方单击显示文字输入框并打开"放置 编辑文字"选项卡，如图 15-17 所示。

（19）输入"总平面图"文字，如图 15-18 所示，单击"关闭"按钮☒，拖动文字上方的"拖曳"符号✛，可移动文字到适当位置，拖动文字上方的"旋转文字注释"符号↻，可旋转文字。

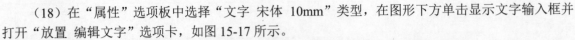

图 15-17　"放置 编辑文字"选项卡　　　　　　　　图 15-18　文字

（20）采用相同的方法，在"属性"选项板中选择"文字 宋体 7.5mm"类型，输入比例为"1：100"，结果如图 15-19 所示。

（21）在项目浏览器中的"J0-1-未命名"上单击鼠标右键，在弹出的快捷菜单中选择"重命名"命令。

（22）打开"图纸标题"对话框，输入名称为"总平面图"，如图 15-20 所示，单击"确定"按钮，完成图纸的命名。

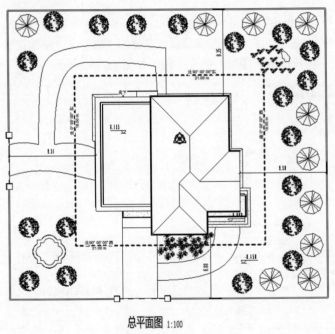

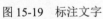

图 15-19　标注文字　　　　　　　　图 15-20　"图纸标题"对话框

（23）执行"文件"→"另存为"→"项目"命令，打开"另存为"对话框，指定保存位置并输入文件名，单击"保存"按钮。

# 15.2　平　面　图

建筑平面图是建筑施工图中最基本的图样之一，它主要反映房屋的平面形状、大小和房间的布置，墙柱的位置、厚度和材料，门窗的类型和位置等。

## 15.2.1　建筑平面图绘制概述

### 1. 建筑平面图的图示要点

（1）每个建筑平面图对应一个建筑物楼层，并注有相应的图名。

（2）可以表示多层的一张建筑平面图称为标准层平面图。标准层平面图各层的房间数量、大小和布置都必须一样。

（3）建筑物左右对称时，可以将两层平面图绘制在同一张图纸上，左右分别绘制各层的一半，同时中间要标注对称符号。

（4）当建筑平面较大时，可以分段绘制。

### 2. 建筑平面图的图示内容

（1）表示墙、柱、门、窗的位置和编号，房间名称或编号，轴线编号等。

（2）标注室内外的有关尺寸及室内楼、地面的标高。建筑物底层的标高为±0.000。

（3）表示电梯、楼梯的位置以及楼梯的上下方向和主要尺寸。

（4）表示阳台、雨篷、踏步、斜坡、雨水管道、排水沟等的具体位置以及尺寸。

（5）绘出卫生器具、水池、工作台以及其他重要的设备位置。

（6）绘出剖面图的剖切符号以及编号。根据绘图习惯，一般只在底层平面图中绘制。

（7）标出有关部位上节点详图的索引符号。

（8）绘制出指北针。根据绘图习惯，一般只在底层平面图中绘出指北针。

### 3. 建筑平面图类型

（1）按剖切位置不同分类。

根据剖切位置不同，建筑平面图可分为地下层平面图、底层平面图、X层平面图、标准层平面图、屋顶平面图、夹层平面图等。

（2）按不同的设计阶段分类。

按不同的设计阶段建筑平面图分为方案平面图、初设平面图和施工平面图。不同阶段其图纸表达深度不一样。

## 15.2.2　创建别墅平面图

具体操作步骤如下。

（1）打开 15.1.2 节创建的别墅文件，在项目浏览器的楼层平面节点下双击 F1，将视图切换到 F1 楼层平面视图。

（2）在项目浏览器中选择"楼层平面"→"F1"节点，单击鼠标右键，在弹出的快捷菜单中选择"复制视图"→"带详图复制"命令，如图 15-21 所示。

（3）生成 F1 副本 1 视图，单击鼠标右键，在弹出的快捷菜单中执行"重命名"命令，将其重命名为"一层平面图"，并切换至此视图。

（4）单击"视图"选项卡"图形"面板中的"可见性/图形"按钮，打开"楼层平面：一层平面图的可见性/图形替换"对话框，在"模型类别"选项卡中分别取消选中"场地"和"植物"复选框，在"注释类别"选项卡中取消选中"参照平面"和"立面"复选框，单击"确定"按钮。

（5）选取围墙、围墙上的柱和大门，将其隐藏，一层平面图如图 15-22 所示。

Note

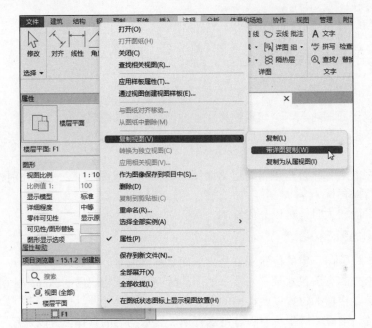

图 15-21 快捷菜单

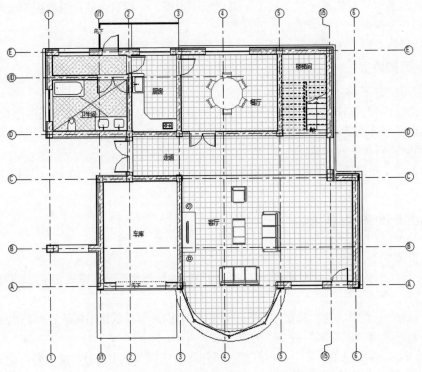

图 15-22 整理后的一层平面图

（6）在项目浏览器中的"族"→"注释符号"→"标记_门"节点下，拖曳"标记_门"到视图中的门位置。打开"修改|标记"选项卡，取消选中选项栏中的"引线"复选框，在视图中选取门，显示门标记，如图 15-23 所示，单击放置门标记。继续对所有门添加标记，如图 15-24 所示。

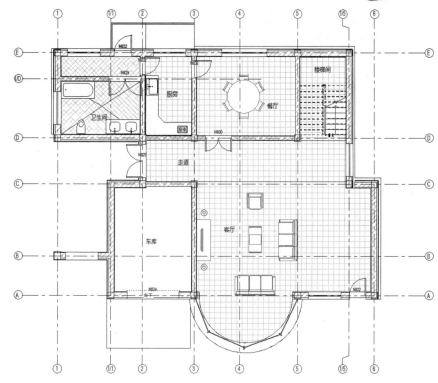

图 15-24　添加门标记

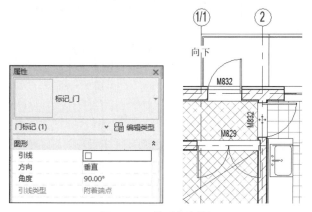

图 15-23　选取门添加标记

（7）选取门标记，拖曳并调整门标记的位置，然后在"属性"管理器中调整标记的"方向"为"垂直"，如图 15-25 所示。采用相同的方法，调整其他的门标记。

图 15-25　修改门标记

（8）单击"注释"选项卡"标记"面板中的"按类别标记"按钮，打开"修改|标记"选项卡和选项栏，如图 15-26 所示。

图 15-26　"修改|标记"选项卡和选项栏

（9）在视图中选取窗，显示窗标记，如图 15-27 所示，单击放置窗标记。然后继续对所有窗添加标记，如图 15-28 所示。

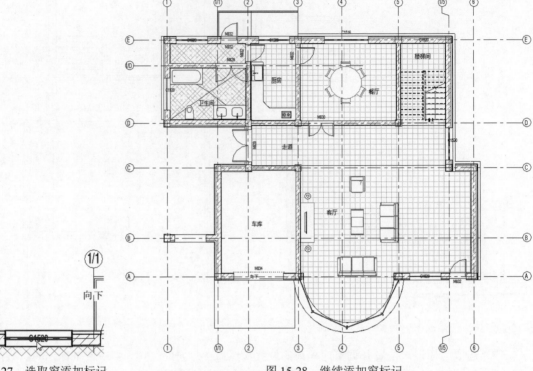

图 15-27　选取窗添加标记　　　　　　　　　图 15-28　继续添加窗标记

（10）选取窗标记，拖曳调整窗标记的位置，然后在"属性"管理器中调整标记的"方向"为"垂直"，如图 15-29 所示。采用相同的方法，调整其他的窗标记，结果如图 15-30 所示。

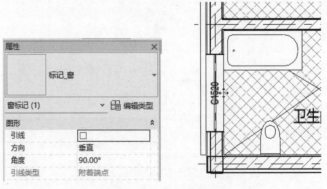

图 15-29　修改窗标记

（11）选取轴线控制点，调整轴线的长度，空出放置尺寸的位置。

（12）单击"注释"选项卡"尺寸标注"面板中的"对齐"按钮，在"属性"选项板中选择"线性尺寸标注样式 对角线-3mm RomanD-引线-文字在上"类型，标注细节尺寸，如图 15-31 所示。

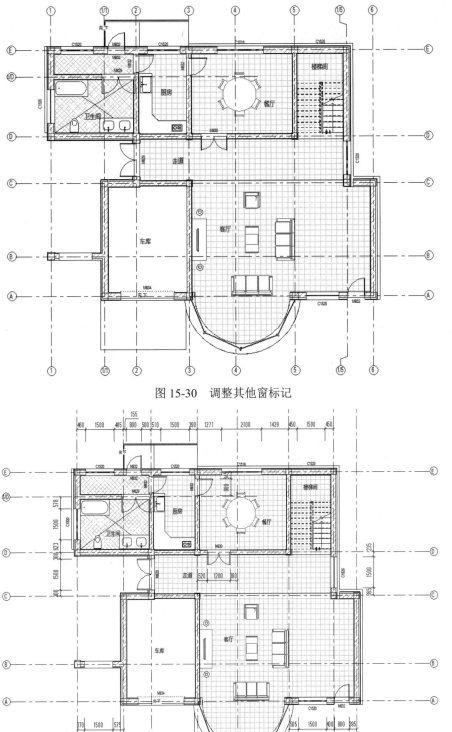

图 15-30 调整其他窗标记

图 15-31 标注细节尺寸

（13）单击"注释"选项卡"尺寸标注"面板中的"对齐"按钮，标注外部尺寸，取消轴线6上端轴号的显示，并调整其长度，如图 15-32 所示。

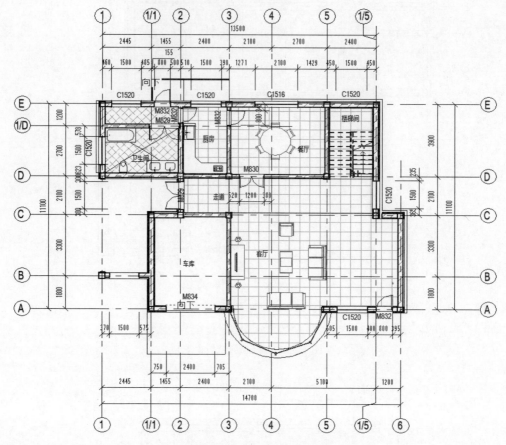

图 15-32　标注外部尺寸

（14）单击"视图"选项卡"图纸组合"面板中的"图纸"按钮，打开"新建图纸"对话框，在列表中选择 A3 公制图纸，单击"确定"按钮，新建"J0-2-未命名"图纸。

（15）单击"视图"选项卡"图纸组合"面板中的"放置视图"按钮，打开"视图"对话框，在列表中选择"楼层平面：一层平面图"视图，然后单击"确定"按钮，将视图添加到图纸中，如图 15-33 所示。

（16）选取图形中的视口标题，在"属性"选项板中选择"视口 没有线条的标题"类型，并将标题移动到图中适当位置。

（17）单击"注释"选项卡"文字"面板中的"文字"按钮 **A**，在"属性"选项板中选择"文字宋体 5mm"类型，输入比例为"1∶100"，结果如图 15-34 所示。

（18）在项目浏览器中的"J0-2-未命名"上单击鼠标右键，在弹出的快捷菜单中选择"重命名"命令，打开"图纸标题"对话框，输入"名称"为"一层平面图"，单击"确定"按钮，完成对图纸的命名。

（19）执行"文件"→"另存为"→"项目"命令，打开"另存为"对话框，指定保存位置并输入文件名，单击"保存"按钮。

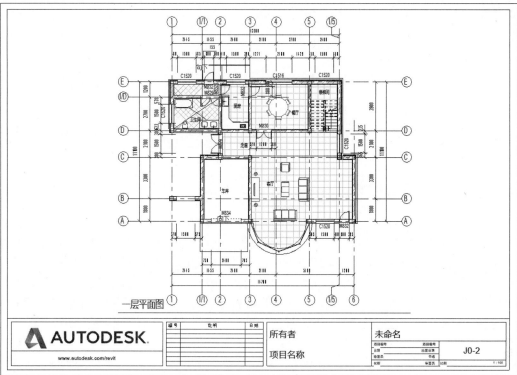

图 15-33　添加视图到图纸

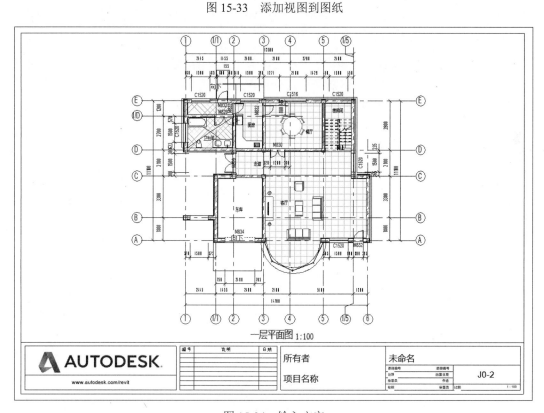

图 15-34　输入文字

读者可以根据一层平面图的创建方法，创建别墅的二层平面图和三层平面图，这里就不再一一介绍了。

# 15.3 立 面 图

建筑立面图是用来研究建筑立面的造型和装修的图样。立面图主要是反映建筑物的外貌和立面装修的做法，建筑物给人的美感主要来自其立面的造型和装修。

## 15.3.1 建筑立面图概述

立面图是用直接正投影法将建筑各个墙面进行投影所得到的正投影图。一般地，立面图上的图示内容有墙体外轮廓及内部凹凸轮廓、门窗（幕墙）、入口台阶及坡道、雨篷、窗台、窗楣、壁柱、檐口、栏杆、外露楼梯、各种线脚等。从理论上讲，所有建筑构配件的正投影图均要反映在立面图上。实际上，一些比例较小的细部可以简化或用图例来代替。例如，门窗的立面，可以在具有代表性的位置仔细绘制窗扇、门扇等细节，而同类门窗则用其轮廓表示即可。在施工图中，如果门窗不是引用有关门窗图集，则其细部构造需要通过绘制大样图来表示，这样就弥补了立面上的不足。

此外，当立面转折、曲折较复杂时，可以绘制展开立面图。对于圆形或多边形平面的建筑物，可分段展开绘制立面图。为了图示明确，在图名上均应注明"展开"二字，在转角处应准确标明轴线号。

建筑立面图命名的目的在于能够一目了然地识别其立面的位置。因此，各种命名方式都是围绕"明确位置"这个要求来实施。至于采取哪种方式，则因具体情况而定。

1. 以相对主入口的位置特征命名

以相对主入口的位置特征命名，则建筑立面图称为正立面图、背立面图、侧立面图。这种方式一般适用于建筑平面图方正、简单、入口位置明确的情况。

2. 以相对地理方位的特征命名

以相对地理方位的特征命名，建筑立面图常称为南立面图、北立面图、东立面图、西立面图。这种方式一般适用于建筑平面图规整、简单，而且朝向相对正南正北且偏转不大的情况。

3. 以轴线编号命名

以轴线编号命名是指用立面起止定位轴线来命名，如①-⑥立面图、Ⓔ-Ⓐ立面图等。这种方式命名准确、便于查对，特别适用于平面较复杂的情况。

根据国家标准 GB/T 50104，有定位轴线的建筑物，宜根据两端定位轴线号编注立面图名称。无定位轴线的建筑物可按平面图各面的朝向确定名称。

## 15.3.2 创建别墅立面图

具体操作步骤如下。

（1）打开 15.2.2 节创建的别墅文件，在项目浏览器的立面节点下双击南，将视图切换至南立面。

（2）在项目浏览器中选择"立面"→"南"节点，单击鼠标右键，在弹出的快捷菜单中选择"复制视图"→"带详图复制"选项。

（3）将新复制的立面图重命名为"南立面图"，隐藏围墙和大门，如图 15-35 所示。

图 15-35　南立面图

（4）单击"视图"选项卡"图形"面板中的"可见性/图形"按钮🔲，打开"立面：南立面图的可见性/图形替换"对话框，在"模型类别"选项卡中分别取消选中"场地""地形"和"植物"复选框，在"注释类别"选项卡中取消选中"参照平面"复选框，单击"确定"按钮，然后隐藏植物、参照平面等，南立面图如图 15-36 所示。

图 15-36　整理后的南立面图

（5）隐藏多余的轴线，并调整轴线编号的显示，如图 15-37 所示。

（6）单击"注释"选项卡"尺寸标注"面板中的"对齐"按钮，标注内部尺寸，如图 15-38 所示。

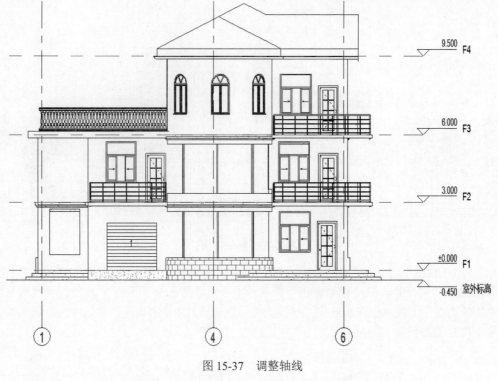

图 15-37　调整轴线

图 15-38　标注内部尺寸

（7）单击"注释"选项卡"尺寸标注"面板中的"对齐"按钮，标注外部尺寸，如图 15-39 所示。

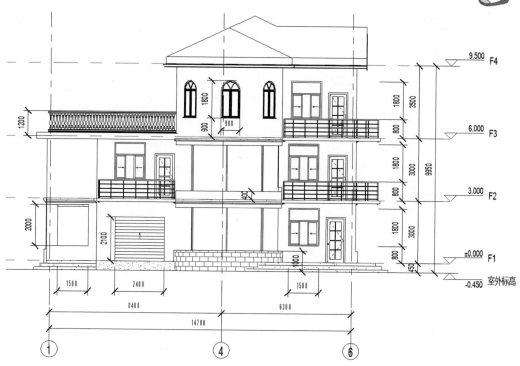

图 15-39 标注外部尺寸

（8）单击"注释"选项卡"尺寸标注"面板中的"高程点"按钮，标注屋顶的高程，如图 15-40 所示。

图 15-40 标注标高

（9）单击"注释"选项卡"标记"面板中的"材质标记"按钮，打开"修改|标记材质"选项卡和选项栏，如图15-41所示。

图15-41　"修改|标记材质"选项卡和选项栏

（10）在选项栏中选中"引线"复选框，在视图中选取要标记材质的对象，将标记拖曳到适当位置并单击进行放置，完成材质标记的添加，如图15-42所示。

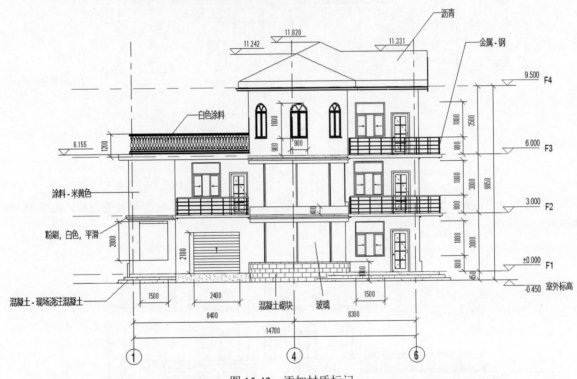

图15-42　添加材质标记

（11）单击"视图"选项卡"图纸组合"面板中的"图纸"按钮，打开"新建图纸"对话框，在列表中选择"A3公制"图纸，单击"确定"按钮，新建"J0-3-未命名"图纸。

（12）单击"视图"选项卡"图纸组合"面板中的"放置视图"按钮，打开"视图"对话框，在列表中选择"立面：南立面图"视图，然后单击"确定"按钮，将视图添加到图纸中，如图15-43所示。

（13）选取图形中的视口标题，在"属性"选项板中选择"视口 没有线条的标题"类型，并将标题移动到图中适当位置。

（14）单击"注释"选项卡"文字"面板中的"文字"按钮 A，在"属性"选项板中选择"文字宋体5mm"类型，输入比例为"1：100"。

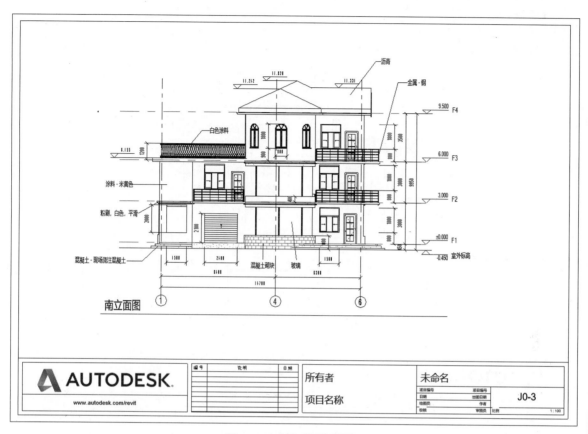

图 15-43　添加视图到图纸

（15）单击"注释"选项卡"详图"面板中的"详图线"按钮 🔲，打开"修改|放置 详图线"选项卡，如图 15-44 所示。默认激活"线"按钮 ✏，在文字下方绘制水平直线。

图 15-44　"修改|放置 详图线"选项卡

（16）在项目浏览器中的"J0-3-未命名"上单击鼠标右键，在弹出的快捷菜单中选择"重命名"命令，打开"图纸标题"对话框，输入名称为"南立面图"，如图 15-45 所示，单击"确定"按钮，完成图纸的命名。

（17）执行"文件"下拉菜单中的"另存为"→"项目"命令，打开"另存为"对话框，指定保存位置并输入文件名，单击"保存"按钮。

读者可以根据南立面图的创建方法，创建别墅的东立面图、西立面图和北立面图，这里就不再一一介绍了。

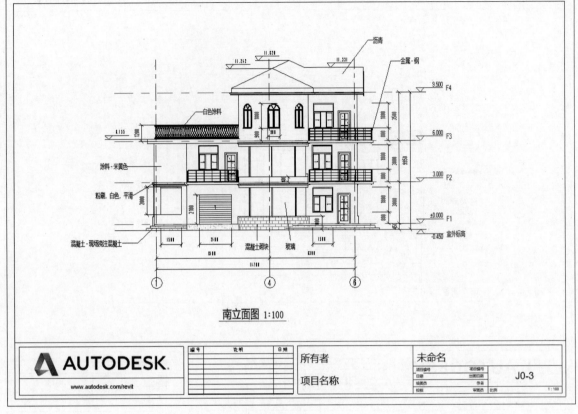

图 15-45　输入文字

# 15.4　剖　面　图

剖面图是表达建筑室内空间关系的必备图样，绘制剖面图是建筑制图中的一个重要环节，其绘制方法与立面图相似，主要区别在于剖面图需要表示出被剖切构配件的截面形式及材料图案。在平面图、立面图的基础上学习剖面图绘制会方便很多。

## 15.4.1　建筑剖面图绘制概述

剖面图是指用剖切面将建筑物的某一位置剖开，移去一侧后，剩下一侧沿剖视方向的正投影图，用来表达建筑内部空间关系、结构形式、楼层情况以及门窗、楼层、墙体构造做法等。根据工程的需要，绘制一个剖面图可以选择一个剖切面、两个平行的剖切面或相交的两个剖切面（见图 15-46）。对于两个相交剖切面的情形，应在图名中注明"展开"二字。剖面图与断面图的区别在于，剖面图除了表示剖切到的部位外，还应表示出投射方向看到的构配件轮廓（即"看线"）；而断面图只需要表示剖切到的部位。

不同的设计深度，图示内容有所不同。

一个剖切面　　　两个平行剖切面　　　两个相交剖切面

图 15-46　剖切面形式

方案阶段重点在于表达剖切部位的空间关系、建筑层数、高度、室内外高差等。剖面图中应注明室内外地坪标高、楼层标高、建筑总高度（室外地面至檐口）、剖面编号、比例或比例尺等。如果有建筑高度控制，还需标明最高点的标高。

初步设计阶段需要在方案图基础上增加主要内外承重墙、柱的定位轴线和编号，以更加详细、清晰、准确地表达出建筑结构、构件（剖到或看到的墙、柱、门窗、楼板、地坪、楼梯、台阶、坡道、雨篷、阳台等）本身及相互关系。

施工图阶段在优化、调整、丰富初设图的基础上，要尽量使图示内容更详细：一方面是剖到和看到的构配件图样准确、详尽、到位；另一方面是标注详细。除了标注室内外地坪、楼层、屋面突出物、各构配件的标高外，还要标注竖向尺寸和水平尺寸。竖向尺寸包括外部三道尺寸（与立面图类似）和内部地坑、隔断、吊顶、门窗等部位的尺寸；水平尺寸包括两端和内部剖到的墙、柱定位轴线间尺寸及轴线编号。

根据规范规定，剖面图的剖切部位应根据图纸的用途或设计深度，在平面图上选择空间复杂、能反映全貌、构造特征以及有代表性的部位剖切。

投射方向一般宜向左、向上，当然也要根据工程情况而定。剖切符号标在底层平面图中，短线指向为投射方向。剖面图编号标在投射方向一侧，剖切线若有转折，应在转角的外侧加注与该符号相同的编号，如图 15-46 所示。

## 15.4.2　创建别墅剖面图

具体操作步骤如下。

（1）打开 15.3.2 节创建的别墅文件，在项目浏览器的楼层平面节点下双击 F1，将视图切换到 F1 楼层平面视图。

（2）单击"视图"选项卡"创建"面板中的"剖面"按钮，打开"修改|剖面"选项卡和选项栏，如图 15-47 所示，采用默认设置。

图 15-47　"修改|剖面"选项卡和选项栏

（3）在视图中绘制剖面线，然后调整剖面线的位置，如图 15-48 所示。

（4）绘制完剖面线系统后，将自动创建剖面图，在项目浏览器的剖面（建筑剖面）节点下双击"剖面 1"视图，打开此剖面视图，如图 15-49 所示。

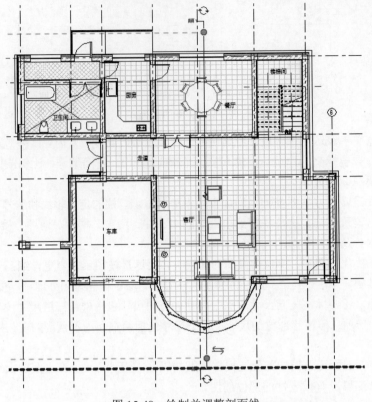

图 15-48 绘制并调整剖面线

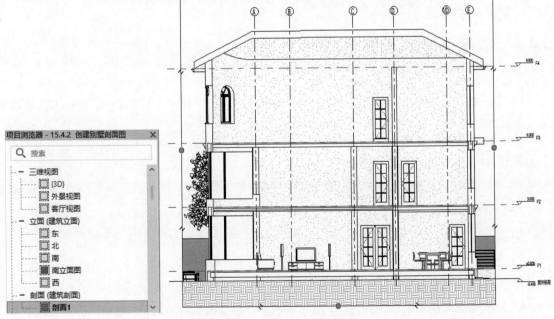

图 15-49 自动生成的剖面视图

（5）在"属性"选项板中取消选中"裁剪区域可见"复选框，隐藏视图中的裁剪区域，如图 15-50 所示。

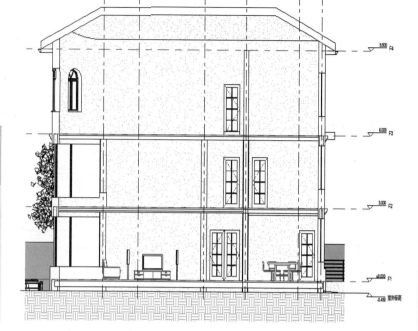

图 15-50　隐藏裁剪区域

（6）分别选取轴号和标高线，并拖曳调整其位置，然后更改轴号的显示和隐藏，整理后的结果如图 15-51 所示。

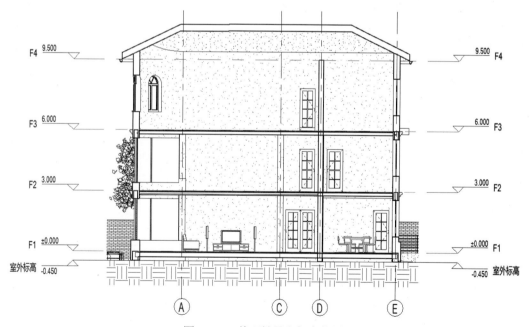

图 15-51　整理轴号和标高位置

（7）单击"注释"选项卡"尺寸标注"面板中的"对齐"按钮，标注尺寸，如图 15-52 所示。

（8）单击"视图"选项卡"图纸组合"面板中的"图纸"按钮，打开"新建图纸"对话框，在列表中选择 A3 公制图纸，单击"确定"按钮，新建"J0-4-未命名"图纸。

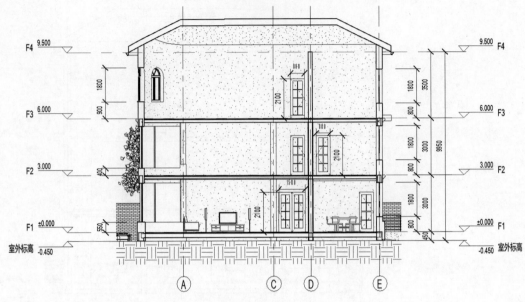

图 15-52    标注尺寸

（9）单击"视图"选项卡"图纸组合"面板中的"放置视图"按钮，打开"视图"对话框，在列表中选择"剖面：剖面 1"视图，然后单击"确定"按钮，将视图添加到图纸中，如图 15-53 所示。

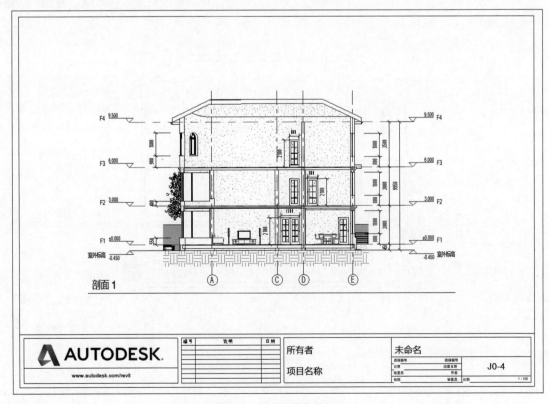

图 15-53    添加视图到图纸

（10）选取图形中的视口标题，在"属性"选项板中选择"视口 没有线条的标题"类型，并将标题移动到图中适当位置，然后在"属性"选项板中更改"视图名称"为"1-1 剖面图"，如图 15-54 所示。

（11）单击"注释"选项卡"文字"面板中的"文字"按钮 **A**，在"属性"选项板中选择"文字 宋体 5mm"类型，输入比例为"1∶100"。

（12）单击"注释"选项卡"详图"面板中的"详图线"按钮，在文字下方绘制水平线段。

（13）在项目浏览器中的"J0-4-未命名"上单击鼠标右键，在弹出的快捷菜单中选择"重命名"命令，打开"图纸标题"对话框，输入名称为"1-1 剖面图"，如图 15-55 所示，单击"确定"按钮，完成图纸的命名。

图 15-54 "属性"选项板

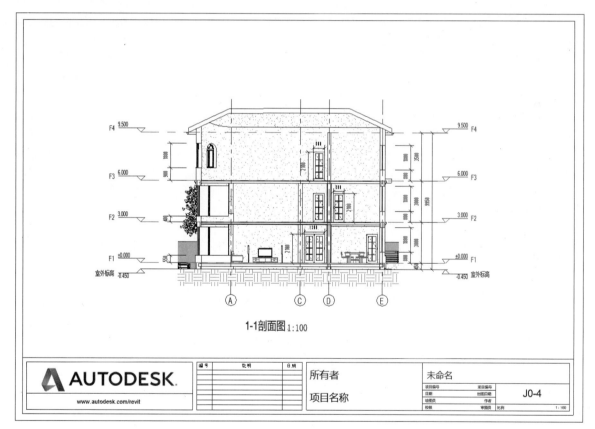

图 15-55 输入文字

（14）执行"文件"→"另存为"→"项目"命令，打开"另存为"对话框，指定保存位置并输入文件名，单击"保存"按钮。

读者可以根据 1-1 剖面图的创建方法，创建别墅的东西方向的 2-2 剖面图，这里就不再一一介绍了。

# 15.5 详 图

建筑详图是建筑施工图绘制中的一项重要内容，与建筑构造设计息息相关。

## 15.5.1 建筑详图绘制概述

前面介绍的平、立、剖面图均是全局性的图纸，由于比例的限制，不可能将一些复杂的细部或局部做法表示清楚，因此需要将这些细部、局部的构造、材料及相互关系采用较大的比例详细绘制出来，以指导施工。这样的建筑图形称为详图，也称大样图。对于局部平面（如厨房、卫生间）放大绘制的图形，习惯将其叫作放大图。需要绘制详图的位置一般有室内外墙节点、楼梯、电梯、厨房、卫生间、门窗、室内外装饰等构造详图或局部平面放大图。

内外墙节点一般用平面和剖面表示，常用比例为 1∶20。平面节点详图表示墙、柱或构造柱的材料和构造关系。剖面节点详图即常说的墙身详图，需要表示墙体与室内外地坪、楼面、屋面的关系，以及相关的门窗洞口、梁或圈梁、雨篷、阳台、女儿墙、檐口、散水、防潮层、屋面防水、地下室防水等构造做法。墙身详图可以从室内外地坪、防潮层处开始一路画到女儿墙压顶。为了节省图纸，在门窗洞口处可以断开，也可以重点绘制地坪、中间层、屋面处的几个节点，而将中间层重复使用的节点集中到一个详图中表示。节点编号一般由上至下编号。

楼梯详图包括平面、剖面及节点 3 部分。平面、剖面常用 1∶50 的比例绘制，楼梯中的节点详图可以根据对象大小酌情采用 1∶5、1∶10、1∶20 等比例。楼梯平面图与建筑平面图不同的是，它只需绘制楼梯及四面相接的墙体；而且，楼梯平面图需要准确地表示楼梯间净空、梯段长度、梯段宽度、踏步宽度和级数、栏杆（栏板）的大小及位置，以及楼面、平台处的标高等。楼梯间剖面图只需绘制出楼梯相关的部分，相邻部分可用折断线断开。选择在底层第一跑梯并能够剖到门窗的位置剖切，向底层另一跑梯段方向投射。尺寸需要标注层高、平台、梯段、门窗洞口、栏杆高度等竖向尺寸，并应标注出室内外地坪、平台、平台梁底面的标高。水平方向需要标注定位轴线及编号、轴线尺寸、平台、梯段尺寸等。梯段尺寸一般用"踏步宽（高）×级数=梯段宽（高）"的形式表示。此外，楼梯剖面上还应注明栏杆构造节点详图的索引编号。

电梯详图一般包括电梯间平面图、机房平面图和电梯间剖面图 3 部分，常用 1∶50 的比例绘制。平面图需要表示出电梯井、电梯厅、前室相对定位轴线的尺寸及自身的净空尺寸，表示出电梯图例及配重位置、电梯编号、门洞大小及开取形式、地坪标高等。机房平面需表示设备平台位置及平面尺寸、顶面标高、楼面标高以及通往平台的梯子形式等内容。剖面图需要剖在电梯井、门洞处，表示地坪、楼层、地坑、机房平台的竖向尺寸和高度，标注出门洞高度。为了节约图纸，中间相同部分可以折断绘制。

厨房、卫生间放大图根据其大小可酌情采用 1∶30、1∶40、1∶50 的比例绘制。需要详细表示出各种设备的形状、大小和位置及地面设计标高、地面排水方向及坡度等，对于需要进一步说明的构造节点，需标明详图索引符号，或绘制节点详图，或引用图集。

门窗详图包括立面图、断面图、节点详图等内容。立面图常用 1∶20 的比例绘制，断面图常用 1∶5 的比例绘制，节点图常用 1∶10 的比例绘制。标准化的门窗可以引用有关标准图集，说明其门窗图集编号和所在位置。根据《建筑工程设计文件编制深度规定》（2021 年版），非标准的门窗、幕墙需绘制详图。如委托加工，需绘制出立面分格图，标明开取扇、开取方向，说明材料、颜色及与主体结构的连接方式等。

就图形而言，详图兼有平、立、剖面的特征，它综合了平、立、剖面绘制的基本操作方法，并具有自己的特点，只要掌握一定的绘图程序，难度应不大。真正的难度在于对建筑构造、建筑材料、建筑规范等相关知识的掌握。

## 15.5.2　创建别墅楼梯详图

### 1.　创建楼梯平面详图

（1）打开 15.4.2 节创建的别墅文件。在项目浏览器的楼层平面节点下双击 F1，将视图切换到 F1 楼层平面视图。

（2）单击"视图"选项卡"创建"面板中的"详图索引"下拉列表中的"矩形"按钮 ⚲，打开"修改|详图索引"选项卡，如图 15-56 所示。

图 15-56　"修改|详图索引"选项卡

（3）在视图中的楼梯间左上角单击，确定详图索引的第一个角，向右下角移动鼠标，使详图索引框包含楼梯间，单击以确定详图索引的两角，生成详图索引范围框，如图 15-57 所示。

图 15-57　楼梯间索引

（4）系统自动创建"F1-详图索引 1"视图，双击进入此视图，如图 15-58 所示。

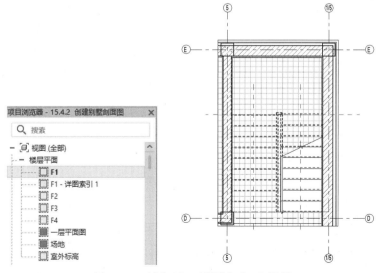

图 15-58　进入"F1-详图索引 1"视图

（5）在"属性"选项板的"视图样板"中单击"无"按钮，打开"指定视图样板"对话框，在"名称"列表中选择"楼梯_平面大样"名称，如图 15-59 所示。

（6）在"视图范围"栏中单击"编辑"按钮 <u>编辑...</u> ，打开"视图范围"对话框，设置顶部偏移为 2000，剖切面偏移为 2300，其他采用默认设置，如图 15-60 所示。连续单击"确定"按钮，结果如图 15-61 所示。

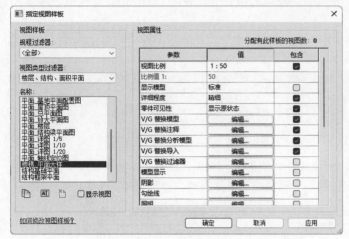

图 15-59 "指定视图样板"对话框

图 15-60 "视图范围"对话框

（7）在"属性"选项板中取消选中"裁剪区域可见"复选框，或者单击"控制栏"中的"隐藏裁剪区域"按钮 ，隐藏裁剪区域，如图 15-62 所示。

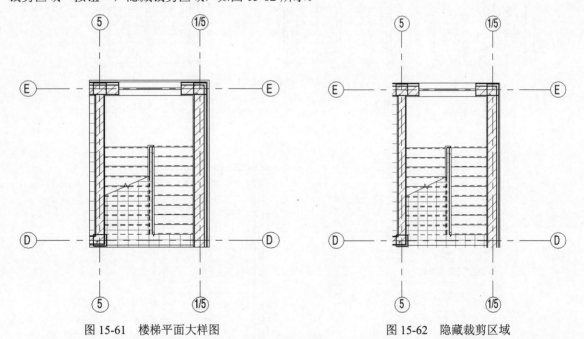

图 15-61 楼梯平面大样图　　　　　　　　　图 15-62 隐藏裁剪区域

（8）单击"注释"选项卡"符号"面板中的"符号"按钮 ，打开"修改|放置 符号"选项卡和选项栏，在"属性"选项板中选择"符号剖断线"类型，然后在选项栏中选中"放置后旋转"复选框，如图 15-63 所示。

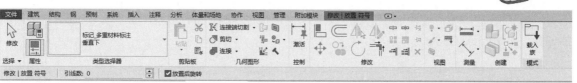

图 15-63　"修改|放置 符号"选项卡和选项栏

（9）在视图中楼梯间左侧单击，确定剖断线的放置位置，然后将其旋转 90 度，按 Esc 键退出剖断线的绘制，如图 15-64 所示。

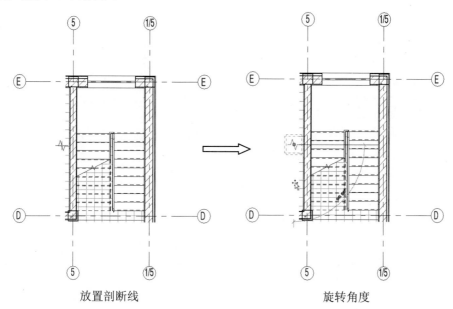

放置剖断线　　　　　　　　旋转角度

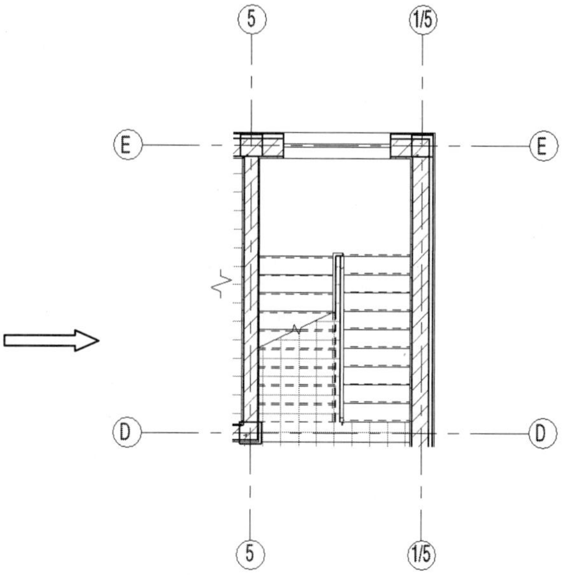

完成绘制

图 15-64　绘制剖断线的过程

（10）选取上步绘制的剖断线，在"属性"选项板中更改"虚线长度"为 45，然后调整剖断线的位置，如图 15-65 所示。

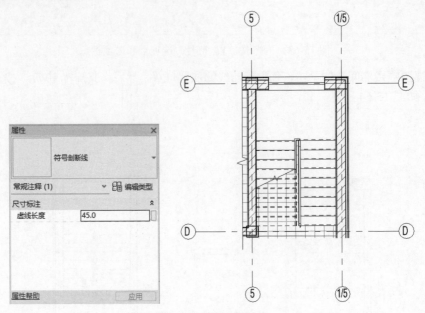

图 15-65　修改剖断线

（11）采用相同的方法，绘制水平剖断线，其"虚线长度"为 30，结果如图 15-66 所示。

（12）单击"注释"选项卡"尺寸标注"面板中的"对齐"按钮，标注尺寸，如图 15-67 所示。

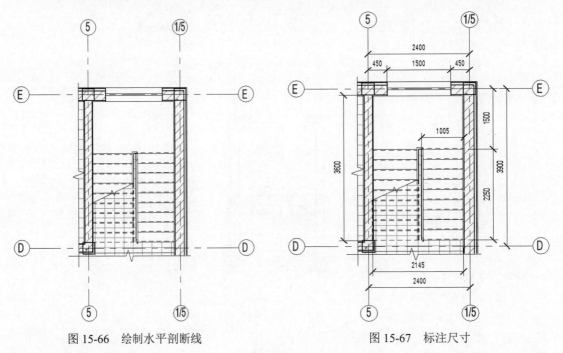

图 15-66　绘制水平剖断线　　　　　　　　图 15-67　标注尺寸

（13）双击楼梯标注中段文字，打开"尺寸标注文字"对话框，选中"以文字替换"单选按钮，输入"9×250=2250"，其他采用默认设置，如图 15-68 所示，单击"确定"按钮，修改后的结果如图 15-69

所示。

图 15-68 "尺寸标注文字"对话框

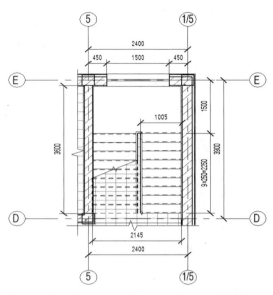

图 15-69 修改尺寸

（14）在项目浏览器的"F1-详图索引 1"视图上单击鼠标右键，在弹出的快捷菜单中选择"重命名"命令，更改视图名称为"楼梯平面详图"。

**2．创建楼梯剖面详图**

（1）在项目浏览器的楼层平面节点下双击F1，将视图切换到 F1 楼层平面视图。

（2）单击"视图"选项卡"创建"面板中的"剖面"按钮，打开"修改|剖面"选项卡和选项栏，采用默认设置。

（3）在视图中沿楼梯右侧的参照平面绘制剖面线。

（4）绘制完剖面线后，系统自动创建剖面图，在项目浏览器的剖面（建筑剖面）节点下双击剖面1 视图，打开此剖面视图，如图 15-70 所示。

（5）在控制栏中将视图详细程度调整为"精细"，然后拖曳裁剪框，将其调整到适合的大小，并隐藏裁剪框，如图 15-71 所示。

（6）单击"注释"选项卡"尺寸标注"面板中的"对齐"按钮，标注尺寸，如图 15-72 所示。

（7）单击"注释"选项卡"尺寸标注"面板中的"高程点"按钮，打开"修改|放置尺寸标注"选项卡和选项栏，在选项栏中取消选中"引线"复选框，显示高程为"实际（选定）高程"。

（8）在"属性"选项板中选择"高程点 三角形（项目）"类型，将高程点放置在房间地面和楼梯平台上，结果如图 15-73 所示。

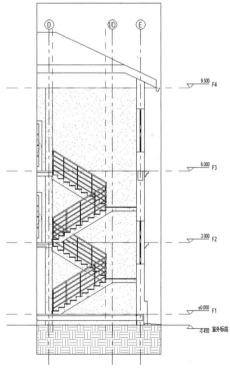

图 15-70 自动生成的剖面视图

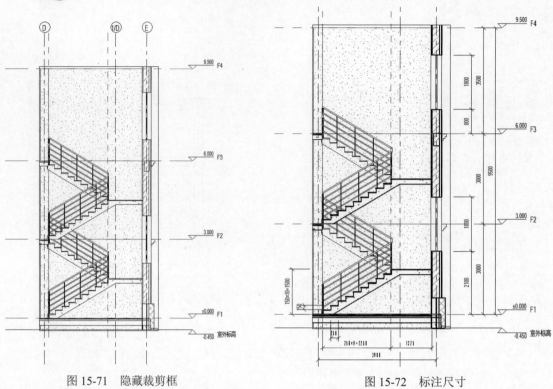

图 15-71　隐藏裁剪框

图 15-72　标注尺寸

（9）隐藏参照平面和 1/D 轴线，然后设置轴线 D 和 E 的轴号在下端显示，如图 15-74 所示。

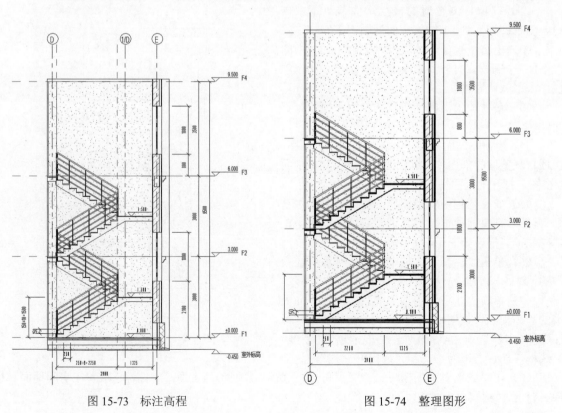

图 15-73　标注高程

图 15-74　整理图形

（10）在项目浏览器的剖面 1 视图上单击鼠标右键，在弹出的快捷菜单中执行"重命名"命令，更改视图名称为"楼梯剖面详图"。

3. 创建楼梯详图图纸

（1）单击"视图"选项卡"图纸组合"面板中的"图纸"按钮，打开"新建图纸"对话框，在列表中选择 A2 公制图纸，单击"确定"按钮，新建"J0-5-未命名"图纸。

（2）单击"视图"选项卡"图纸组合"面板中的"放置视图"按钮，打开"视图"对话框，在列表中分别选择"楼层平面：楼梯平面详图"和"剖面：楼梯剖面详图"视图，然后单击"确定"按钮，将视图添加到图纸中，如图 15-75 所示。

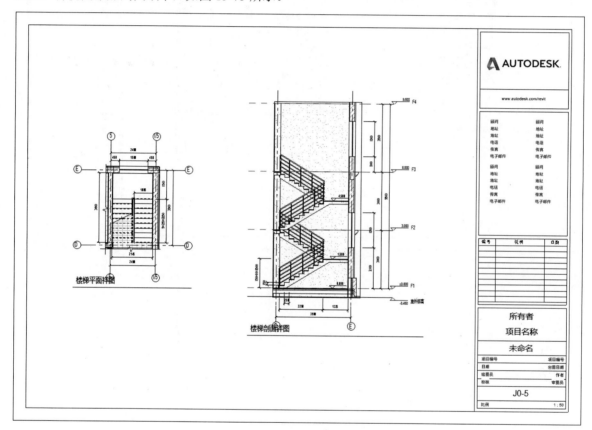

图 15-75 添加视图到图纸

（3）选取图形中的视口标题，在"属性"选项板中选择"视口 没有线条的标题"类型，并将标题移动到图中的适当位置。

（4）单击"注释"选项卡"文字"面板中的"文字"按钮 **A**，在"属性"选项板中选择"文字 宋体 5mm"类型，输入比例为"1∶50"，结果如图 15-76 所示。

（5）单击"注释"选项卡"详图"面板中的"详图线"按钮，在文字下方绘制水平线段。

（6）在项目浏览器中的"J0-5-未命名"上单击鼠标右键，在弹出的快捷菜单中选择"重命名"命令，打开"图纸标题"对话框，输入名称为"楼梯详图"，单击"确定"按钮，完成图纸的命名。

（7）执行"文件"→"另存为"→"项目"命令，打开"另存为"对话框，指定保存位置并输入文件名，单击"保存"按钮。

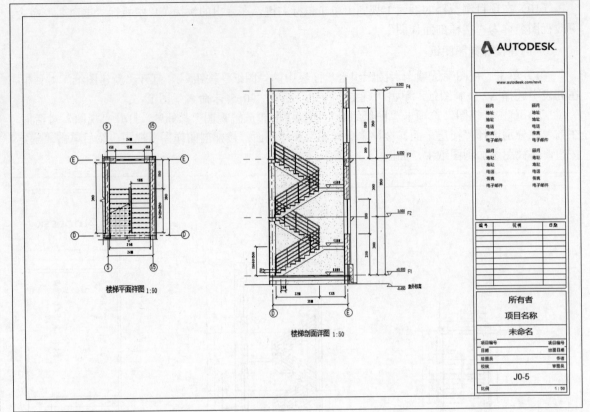

图 15-76　输入文字

# 第16章

## 明细表

 **知识导引**

明细表以表格形式显示信息，这些信息是从项目中的图元属性中提取的。明细表可以列出要编制明细表的图元类型的每个实例，或根据明细表的成组标准将多个实例压缩到一行中。

- ☑ 明细表
- ☑ 图形柱明细表
- ☑ 材质提取明细表
- ☑ 修改明细表

## 任务驱动&项目案例

| <别墅-门明细表> | | | | | | |
|---|---|---|---|---|---|---|
| **A** | **B** | **C** | **D** | **E** | **F** | **G** |
| | 尺寸 | | | | | |
| 门编号 | 高度 | 宽度 | 注释 | 数里 | 类型 | 洞口面积 |
| 800 x 2100mm | 2100 | 800 | M832 | 16 | 单扇平开门 | 1.68 |
| 1200 x 2100mm | 2100 | 1200 | M830 | 1 | 双扇平开门 | 2.52 |
| 1500 x 2100mm | 2100 | 1500 | M829 | 4 | 双扇平开门 | 3.15 |
| 2400 x 2100mm | 2100 | 2400 | M834 | 1 | 滑升门 | 5.04 |
| DM_3050_041 | | | | 2 | 铁艺大门 | |

# 16.1 概　　述

明细表是模型的另一种视图。可以在设计过程中的任何时候创建明细表，可以将明细表添加到图纸中，还可以将明细表导出到其他软件程序中，如电子表格程序。

如果对模型的修改会影响明细表，则明细表将自动更新以反映这些修改。例如，如果移动一面墙，则房间明细表中的平方英尺也会相应更新。

修改模型中建筑构件的属性时，相关明细表会自动更新。例如，可以在模型中选择一扇门并修改其制造商属性，门明细表将反映制造商属性的变化。

与其他任何视图一样，可以在 Revit 中创建和修改明细表视图。

## 1．带图像的明细表

要生成包含图形信息的明细表，可以在模型中将图像与图元关联。

与图元相关联的图像包含导入到模型的图像，以及通过将模型视图（例如三维或渲染视图）保存到项目所创建的图像。

如果包含在明细表定义中，图像会显示在图纸上放置的明细表视口中。明细表视图本身包含图像名称，而不是图像。如图 16-1 所示为带图像的家具明细表。

| 家具明细表 | | | | | |
|---|---|---|---|---|---|
| 部件代码 | 部件说明 | 族 | 族和类型 | 类型 | 图像 |
| E2020200 | Furniture & Accessories | Table-Dining Round w Chairs | Table-Dining Round w Chairs: 60" Diameter | 60" Diameter |  |
| E2020200 | Furniture & Accessories | Table-Dining Round w Chairs | Table-Dining Round w Chairs: 60" Diameter | 60" Diameter |  |
| E2020200 | Furniture & Accessories | Table-End | Table-End: 24" x 24" | 24" x 24" | |
| E2020200 | Furniture & Accessories | Table-Night Stand | Table-Night Stand: 18" x 18" x 24" | 18" x 18" x 24" | |
| E2020200 | Furniture & Accessories | Table-Rectangular | Table-Rectangular: 36" x 36" | 36" x 36" | |

图 16-1　带图像的家具明细表

对于系统族，如墙、楼板和屋顶，可以编辑模型中图元的"图像"参数，以将图像与实例或族类型相关联。

对于可载入的族，编辑模型中的"图像"属性可以将图像与可载入族的实例相关联。若要更改与族类型关联的图像，必须在"族编辑器"中打开该族，编辑族的"类型图像"属性，然后将族重新载入到模型中。

对于钢筋形状族，可在"族编辑器"中打开该族，修改"钢筋形状参数"对话框（族类型）中的"形状图像"类型属性并重新加载族来管理与族关联的图像。"形状图像"属性与钢筋形状组关联。更改模型中钢筋图元的指定形状，也会更改"形状图像"。

### 2. 明细表视图样板

明细表视图样板可应用到明细表、材质提取、图纸列表、视图列表和注释块以及由部件创建的视图，它具有以下特征。

（1）参数兼容性：应用或指定明细表视图样板时，仅兼容的参数可用于目标明细表。例如，应用钢筋专用明细表视图将与结构框架材质提取的参数化需求不匹配。将只应用那些与目标兼容的参数。请注意，无论视图是否兼容，"外观"和"阶段过滤器"参数均可用。

（2）视图样板属性：在明细表视图的属性选项板和"视图样板"对话框中以下参数可用："字段""过滤器""排序/成组""格式""外观""阶段过滤器"和"可见性/图形替换"。指定明细表视图样板时，属性选项板上的兼容参数不可用，这是因为样板控制了其数值。在此情况下仅兼容参数可用。在明细表视图样板中编辑兼容参数。

（3）可见性/图形替换：在模型中执行链接模型、嵌套链接模型和/或设计选项时，它们将具有可用于明细表的替换参数。在"视图样板"对话框中访问这些参数时，以下被列为单独的参数：V/G 替换 RVT 链接，V/G 替换设计选项。

（4）应用多个明细表样板：可以将明细表视图样板应用到先前已应用过视图样板的明细表。系统会发出警告：只有当前未被模板控制的属性可用于新样板应用程序。新样板应用将添加到当前应用的样板，但不会覆盖它。

# 16.2 创建别墅门明细表

具体操作步骤如下。

（1）单击"视图"选项卡"创建"面板"明细表"下拉列表中的"明细表/数量"按钮，打开"新建明细表"对话框，如图 16-2 所示。

（2）在"类别"列表中选择"门"对象类型，输入"名称"为"别墅-门明细表"，选择"建筑构件明细表"单选按钮，其他采用默认设置，如图 16-3 所示，单击"确定"按钮。

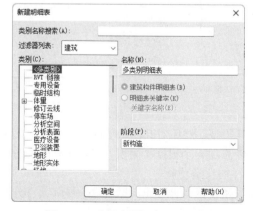

图 16-2 "新建明细表"对话框 　　　　　　图 16-3 设置参数

（3）打开"明细表属性"对话框，在"选择可用的字段"下拉列表中选择"门"，在"可用的字段"列表框中依次选择类型、高度、宽度、注释、合计和框架类型，单击"添加参数"按钮，将其添加到"明细表字段"列表中，单击"上移"按钮和"下移"按钮，可调整"明细表字段"列表中的排序，如图16-4所示。

"明细表属性"对话框中的选项说明如下。

"可用的字段"列表：显示"选择可用的字段"中设置的类别中所有可用在明细表中显示的实例参数和类型参数。

☑ 添加参数：将字段添加到明细表字段列表中。

☑ 移除参数：从"明细表字段"列表中删除字段，移除合并参数时，合并参数会被删除。

☑ 上移和下移：将列表中的字段上移或下移。

☑ 新建参数：添加自定义字段，单击此按钮，打开"参数属性"对话框，选择是添加项目参数还是共享参数。

☑ 添加计算参数：单击此按钮，打开如图16-5所示的"计算值"对话框。

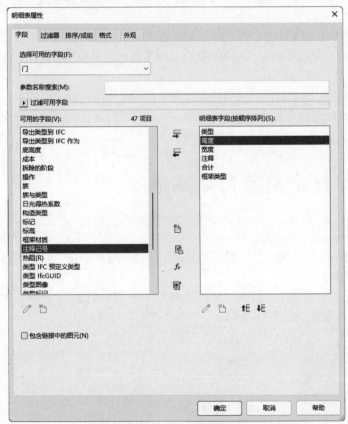

图16-4 "明细表属性"对话框

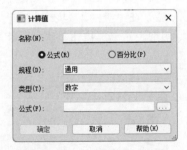

图16-5 "计算值"对话框

在"明细表属性"对话框中输入字段的名称，设置其类型，然后对其输入使用明细表中现有字段的公式。例如，如果要根据房间面积计算占用负荷，可以添加一个根据"面积"字段计算而来的称为"占用负荷"的自定义字段。公式支持和族编辑器中一样的数学功能。

在"明细表属性"对话框中输入字段的名称，将其类型设置为百分比，然后输入要取其百分比的字段的名称。例如，如果按楼层对房间明细表进行成组，则可以显示该房间占楼层总面积的百分比。

默认情况下，百分比是根据整个明细表的总数计算出来的。如果在"排序/成组"选项卡中设置成组字段，则可以选择此处的一个字段。

☑ 合并参数 ：合并单个字段中的参数。打开如图 16-6 所示的"合并参数"对话框，选择要合并的参数以及可选的前缀、后缀和分隔符。

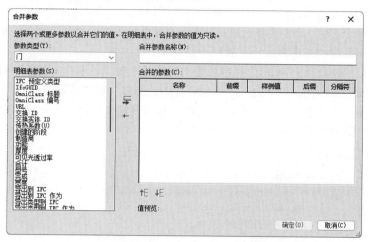

图 16-6 "合并参数"对话框

（4）在"排序/成组"选项卡中设置"排序方式"为"类型"，按"升序"排序，取消选中"逐项列举每个实例"复选框，如图 16-7 所示。

图 16-7 "排序/成组"选项卡

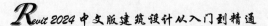

"排序/成组"选项卡中的选项说明如下。

☑ 排序方式：选中"升序"或"降序"单选按钮。

☑ 页眉：选中此复选框，添加排序参数值，将其作为排序组的页眉。

☑ 页脚：选中此复选框，在排序组下方添加页脚信息。

☑ 空行：选中此复选框，在排序组间插入一个空行。

☑ 逐项列举每个实例：选中此复选框，在单独的行中显示图元的所有实例；取消选中此复选框，则多个实例会根据排序参数压缩到同一行中。

（5）在"外观"选项卡的"图形"栏中选中"网格线"和"轮廓"，设置"网格线"为"细线"，"轮廓"为"中粗线"，取消选中"页眉/页脚/分隔符中的网格"和"数据前的空行"复选框，在"文字"栏中选中"显示标题"和"显示页眉"复选框，分别设置"标题文本""标题"和"正文"都为"仿宋_3.5mm"，如图 16-8 所示。

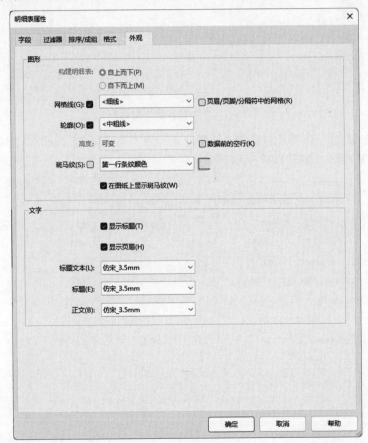

图 16-8　"外观"选项卡

"外观"选项卡中的选项说明如下。

☑ 网格线：选中此复选框，可在明细表行周围显示网格线。从列表中可选择网格线样式。

☑ 页眉/页脚/分隔符中的网格：将垂直网格线延伸至页眉、页脚和分隔符。

☑ 轮廓：选中此复选框，在明细表周围显示边界。

☑ 数据前的空行：选中此复选框，可在数据行前插入空行，会影响图纸上的明细表部分和明细表视图。

☑　斑马纹：选中此复选框，在明细表中显示条纹。单击□按钮，打开"颜色"对话框，设置条纹颜色。

☑　显示标题：显示明细表的标题。

☑　显示页眉：显示明细表的页眉。

☑　标题文本/标题/正文：可在其下拉列表中选择文字类型。

（6）在对话框中单击"确定"按钮，完成明细表属性的设置。系统自动生成"别墅-门明细表"，如图 16-9 所示。

| <别墅-门明细表> | | | | | |
|---|---|---|---|---|---|
| A | B | C | D | E | F |
| 类型 | 高度 | 宽度 | 注释 | 合计 | 框架类型 |
| 800 x 2100mm | 2100 | 800 | | 16 | |
| 1200 x 2100mm | 2100 | 1200 | | 1 | |
| 1500 x 2100mm | 2100 | 1500 | | 4 | |
| 2400 x 2100mm | 2100 | 2400 | | 1 | |
| DM_3050_041 | | | | 2 | |

图 16-9　生成明细表

（7）按住鼠标左键并拖动，选取"高度"和"宽度"页眉，如图 16-10 所示，单击"修改明细表/数量"选项卡"外观"面板中的"成组"按钮，合并生成新标头单元格，如图 16-11 所示。

| <别墅-门明细表> | | | | | |
|---|---|---|---|---|---|
| A | B | C | D | E | F |
| 类型 | 高度 | 宽度 | 注释 | 合计 | 框架类型 |
| 800 x 2100mm | 2100 | 800 | | 16 | |
| 1200 x 2100mm | 2100 | 1200 | | 1 | |
| 1500 x 2100mm | 2100 | 1500 | | 4 | |
| 2400 x 2100mm | 2100 | 2400 | | 1 | |
| DM_3050_041 | | | | 2 | |

图 16-10　选取页眉

| <别墅-门明细表> | | | | | |
|---|---|---|---|---|---|
| A | B | C | D | E | F |
| 类型 | 高度 | 宽度 | 注释 | 合计 | 框架类型 |
| 800 x 2100mm | 2100 | 800 | | 16 | |
| 1200 x 2100mm | 2100 | 1200 | | 1 | |
| 1500 x 2100mm | 2100 | 1500 | | 4 | |
| 2400 x 2100mm | 2100 | 2400 | | 1 | |
| DM_3050_041 | | | | 2 | |

图 16-11　生成新标头

（8）单击新标头单元格，进入文字输入状态，输入文字为"尺寸"，如图 16-12 所示。

| <别墅-门明细表> | | | | | |
|---|---|---|---|---|---|
| A | B | C | D | E | F |
| | 尺寸 | | | | |
| 类型 | 高度 | 宽度 | 注释 | 合计 | 框架类型 |
| 800 x 2100mm | 2100 | 800 | | 16 | |
| 1200 x 2100mm | 2100 | 1200 | | 1 | |
| 1500 x 2100mm | 2100 | 1500 | | 4 | |
| 2400 x 2100mm | 2100 | 2400 | | 1 | |
| DM_3050_041 | | | | 2 | |

图 16-12　输入文字

（9）单击单元格，进入编辑状态，输入新的文字，修改为其他标头名称，如图 16-13 所示。

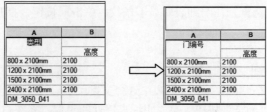

单击单元格　　　　　　　　　输入文字

更改标头

图16-13　修改标头名称的过程

（10）在"属性"选项板的"格式"栏中单击"编辑"按钮 ▢ 编辑… ，打开"明细表属性"对话框的"格式"选项卡，在"字段"列表框中选择"合计"（注意该字段已修改为"数量"），设置"对齐"为"中心线"，如图16-14所示。单击"确定"按钮，"数量"列的数值全部居中显示，如图16-15所示。

图16-14　"格式"选项卡

（11）选择"800×2100mm"单元格，在"修改明细表/数量"选项卡的"图元"面板中单击"在模型中高亮显示"按钮，系统切换至包含该图元的视图中，并打开如图 16-16 所示的"显示视图中的图元"对话框，单击"显示"按钮，切换不同的视图，当切换至一层平面图时，单击"关闭"按钮退出对话框。

| <别墅-门明细表> | | | | | |
|---|---|---|---|---|---|
| A | B | C | D | E | F |
| 门编号 | 尺寸 | | 注释 | 数量 | 类型 |
| | 高度 | 宽度 | | | |
| 800 x 2100mm | 2100 | 800 | | 16 | |
| 1200 x 2100mm | 2100 | 1200 | | 1 | |
| 1500 x 2100mm | 2100 | 1500 | | 4 | |
| 2400 x 2100mm | 2100 | 2400 | | 1 | |
| DM_3050_041 | | | | 2 | |

图 16-15　居中显示

图 16-16　"显示视图中的图元"对话框

（12）在一层平面图中打开该类型的"属性"选项板，在"框架类型"栏中输入"单扇平开门"，在"注释"栏中输入门的标记"M832"，如图 16-17 所示，单击"应用"按钮，此时"别墅-门明细表"中的"注释"和"类型"单元格的内容同"属性"选项板中的一样，如图 16-18 所示。

图 16-17　"属性"选项板

| <别墅-门明细表> | | | | | |
|---|---|---|---|---|---|
| A | B | C | D | E | F |
| 门编号 | 尺寸 | | 注释 | 数量 | 类型 |
| | 高度 | 宽度 | | | |
| 800 x 2100mm | 2100 | 800 | M832 | 16 | 单扇平开门 |
| 1200 x 2100mm | 2100 | 1200 | | 1 | |
| 1500 x 2100mm | 2100 | 1500 | | 4 | |
| 2400 x 2100mm | 2100 | 2400 | | 1 | |
| DM_3050_041 | | | | 2 | |

图 16-18　修改 800×2100mm 门的单元格内容

（13）采用相同的方法，修改其他门的单元格内容，如图 16-19 所示。

（14）在单元格中单击鼠标右键，在弹出的如图 16-20 所示的快捷菜单中执行相应的命令可对单元格进行编辑，如果执行"删除行"命令，则弹出如图 16-21 所示的"Revit"提示对话框，不仅会删除明细表中的行，还将从项目中删除相关图元和几何图形。单击"取消"按钮，取消此操作。

| <别墅-门明细表> | | | | | |
|---|---|---|---|---|---|
| A | B | C | D | E | F |
| 门编号 | 尺寸 | | 注释 | 数量 | 类型 |
| | 高度 | 宽度 | | | |
| 800 x 2100mm | 2100 | 800 | M832 | 16 | 单扇平开门 |
| 1200 x 2100mm | 2100 | 1200 | M830 | 1 | 双扇平开门 |
| 1500 x 2100mm | 2100 | 1500 | M829 | 4 | 双扇平开门 |
| 2400 x 2100mm | 2100 | 2400 | M834 | 1 | 滑升门 |
| DM_3050_041 | | | | 2 | |

图 16-19　修改单元格内容

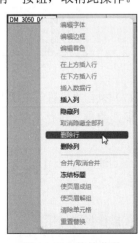

图 16-20　快捷菜单

（15）在 DM_3050_041 栏的"类型"单元格中单击，直接输入类型为"铁艺大门"，如图 16-22 所示。

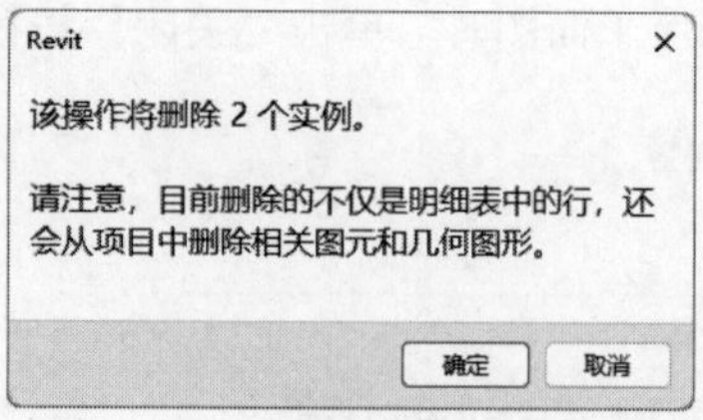

**Revit** ×

该操作将删除 2 个实例。

请注意，目前删除的不仅是明细表中的行，还会从项目中删除相关图元和几何图形。

确定　　取消

图 16-21　"Revit"提示对话框

<别墅-门明细表>

| A | B | C | D | E | F |
|---|---|---|---|---|---|
| 门编号 | 尺寸 | | 注释 | 数量 | 类型 |
| | 高度 | 宽度 | | | |
| 800 x 2100mm | 2100 | 800 | M832 | 16 | 单扇平开门 |
| 1200 x 2100mm | 2100 | 1200 | M830 | 1 | 双扇平开门 |
| 1500 x 2100mm | 2100 | 1500 | M829 | 4 | 双扇平开门 |
| 2400 x 2100mm | 2100 | 2400 | M834 | 1 | 滑升门 |
| DM_3050_041 | | | | 2 | 铁艺大门 |

图 16-22　输入类型

（16）在"属性"选项板的"字段"栏中单击"编辑"按钮 编辑... ，打开"明细表属性"对话框的"字段"选项卡，单击"添加计算参数"按钮 *fx*，打开"计算值"对话框，输入"名称"为"洞口面积"，设置"类型"为"面积"，如图 16-23 所示，单击"公式"后面的 按钮，打开如图 16-24 所示的"字段"对话框，分别选择"高度"和"宽度"，单击"确定"按钮，返回"计算值"对话框中，在"高度"和"宽度"中间添加"*"号，连续单击"确定"按钮，在"别墅-门明细表"中添加"洞口面积"列表，如图 16-25 所示。

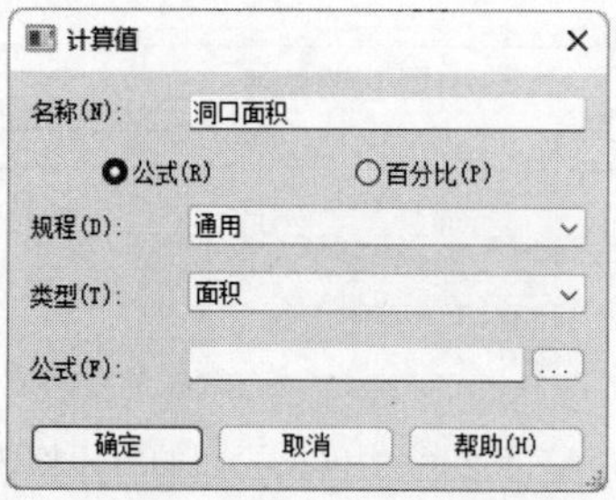

**计算值** ×

名称(N): 洞口面积

⦿ 公式(R)　　○ 百分比(P)

规程(D): 通用

类型(T): 面积

公式(F): ［　　　　］ ...

确定　　取消　　帮助(H)

图 16-23　"计算值"对话框

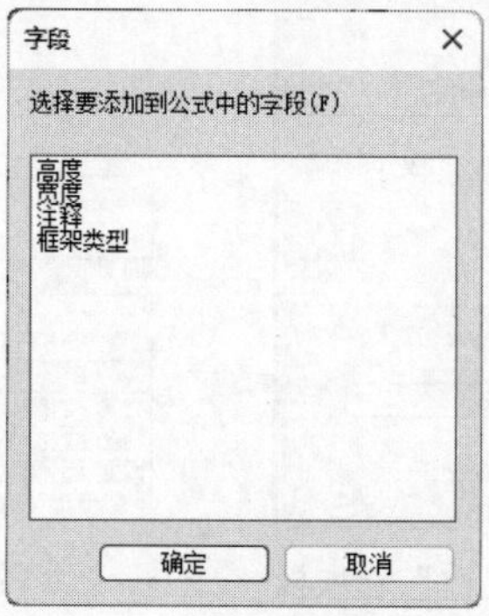

**字段** ×

选择要添加到公式中的字段(F)

高度
宽度
注释
框架类型

确定　　取消

图 16-24　"字段"对话框

<别墅-门明细表>

| A | B | C | D | E | F | G |
|---|---|---|---|---|---|---|
| 门编号 | 尺寸 | | 注释 | 数量 | 类型 | 洞口面积 |
| | 高度 | 宽度 | | | | |
| 800 x 2100mm | 2100 | 800 | M832 | 16 | 单扇平开门 | 1.68 |
| 1200 x 2100mm | 2100 | 1200 | M830 | 1 | 双扇平开门 | 2.52 |
| 1500 x 2100mm | 2100 | 1500 | M829 | 4 | 双扇平开门 | 3.15 |
| 2400 x 2100mm | 2100 | 2400 | M834 | 1 | 滑升门 | 5.04 |
| DM_3050_041 | | | | 2 | 铁艺大门 | |

图 16-25　增加洞口面积

（17）执行"文件"→"另存为"→"项目"命令，打开"另存为"对话框，指定保存位置并输入文件名，单击"保存"按钮。

# 16.3　创建别墅材质提取明细表

具体操作步骤如下。

（1）单击"视图"选项卡"创建"面板"明细表" 下拉列表中的"材质提取"按钮 ，打开

"新建材质提取"对话框，如图 16-26 所示。

（2）在"类别"列表中选择"墙"对象类型，输入"名称"为"别墅-墙材质提取"明细表，其他采用默认设置，如图 16-27 所示，单击"确定"按钮。

图 16-26　"新建材质提取"对话框

图 16-27　设置参数

（3）打开"材质提取属性"对话框的"字段"选项卡，在"可用的字段"列表框中依次选择"材质：名称""材质：面积""材质：体积"和"材质：注释"，单击"添加参数"按钮 ，将其添加到"明细表字段"列表中，如图 16-28 所示。

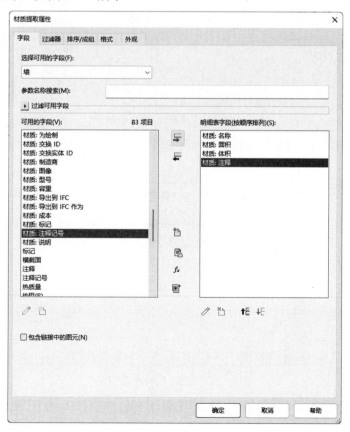

图 16-28　"字段"选项卡

（4）在"排序/成组"选项卡中设置"排序方式"为"材质：名称"，按"升序"排序，取消选中"逐项列举每个实例"复选框，如图 16-29 所示。

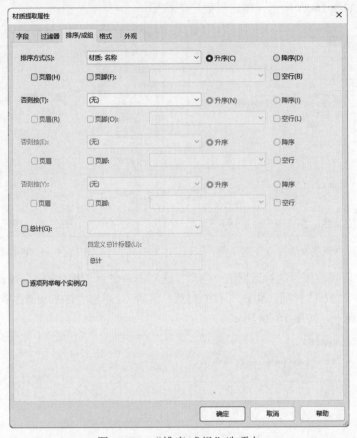

图 16-29　"排序/成组"选项卡

（5）在对话框中单击"确定"按钮，完成明细表属性设置。系统自动生成别墅-墙材质明细表，如图 16-30 所示。

<别墅-墙材质明细表>

| A | B | C | D |
|---|---|---|---|
| 材质:名称 | 材质:面积 | 材质:体积 | 材质:注释 |
| 松散 - 石膏板 | | | |
| 涂料 - 米黄色 | | | |
| 混凝土砌块 | | | |
| 砌体 - 普通砖 75x | | | |
| 空气 | | | |
| 粉刷，米色，平 | | | |
| 纤维填充 | | | |
| 胶合板，面层 | | | |
| 隔汽层 | | 0.00 | |
| 默认墙 | | | |

图 16-30　别墅-墙材质明细表

（6）从图 16-30 中可以看出"材质：面积"和"材质：体积"列内容为空白。在"属性"选项板的"格式"栏中单击"编辑"按钮 [ 编辑... ]，打开"材质提取属性"对话框中的"格式"选项卡，在"字段"列表框中选择"材质：面积"，选中"在图纸上显示条件格式"复选框，并设置"条件格式"为"计算总数"，如图 16-31 所示，单击"确定"按钮，在"材质：面积"单元格中生成面积；采用相同的方法，在"材质：体积"单元格中生成体积，如图 16-32 所示。

图 16-31　"格式"选项卡

| <别墅-墙材质明细表> | | | |
|---|---|---|---|
| **A** | **B** | **C** | **D** |
| 材质: 名称 | 材质:面积 | 材质:体积 | 材质:注释 |
| | | | |
| 松散 - 石膏板 | 29.51 | 0.38 | |
| 涂料 - 米黄色 | 390.95 | 7.76 | |
| 混凝土砌块 | 30.92 | 6.12 | |
| 砌体 - 普通砖 75x | 881.14 | 163.43 | |
| 空气 | 30.29 | 2.29 | |
| 粉刷，米色，平 | 876.37 | 21.31 | |
| 纤维填充 | 391.30 | 23.25 | |
| 胶合板，面层 | 30.05 | 0.57 | |
| 隔汽层 | 30.92 | 0.00 | |
| 默认墙 | 29.99 | 4.52 | |

图 16-32　材质面积和体积

（7）在"属性"选项栏的"外观"栏中单击"编辑"按钮 编辑... ，打开"材质提取属性"对话框的"外观"选项卡。在"图形"栏中选中"网格线"和"轮廓"复选框，设置"网格线"为"细线"，"轮廓"为"中粗线"，取消选中"页眉/页脚/分隔符中的网格"和"数据前的空行"复选框。在"文字"栏中选中"显示标题"和"显示页眉"复选框，分别设置"标题文本""标题"和"正文"为"仿宋_5mm"，如图 16-33 所示，单击"确定"按钮。

图 16-33　"外观"选项卡

（8）执行"文件"→"另存为"→"项目"命令，打开"另存为"对话框，指定保存位置并输入文件名，单击"保存"按钮。

# 16.4　创建别墅图形柱明细表

具体操作步骤如下。

（1）单击"视图"选项卡"创建"面板"明细表" 下拉列表中的"图形柱明细表"按钮，生成图形柱明细表，如图 16-34 所示。

（2）在"属性"选项板的"隐藏标高"栏中单击"编辑"按钮 编辑... ，打开"隐藏在图形柱明细表中的标高"对话框，选中"F1""F2""F3"复选框，如图 16-35 所示。单击"确定"按钮，隐藏"F1""F2""F3"标高，如图 16-36 所示。

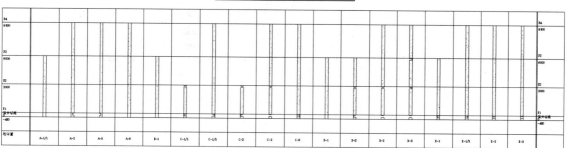

图 16-34　图形柱明细表

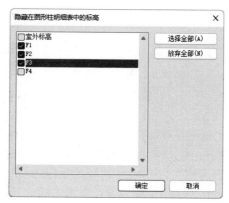

图 16-35　"隐藏在图形柱明细表中的标高"对话框

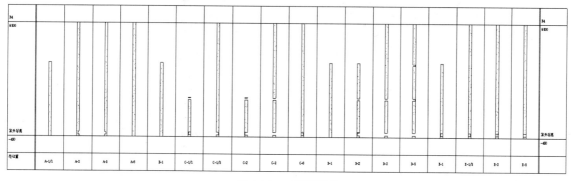

图 16-36　隐藏标高

（3）在"属性"选项板的"文字外观"栏中单击"编辑"按钮 <u>　编辑…　</u>，打开"图形柱明细表属性"对话框的"文字外观"选项卡，分别设置"标题文字""标高文字"和"柱位置"的文字高度都为3.5mm，在标题文字栏中选中"粗体"复选框，如图16-37所示，单击"确定"按钮，明细表中的文字随之更改，更改文字外观后的效果如图16-38所示。

图16-37　"文字外观"选项卡

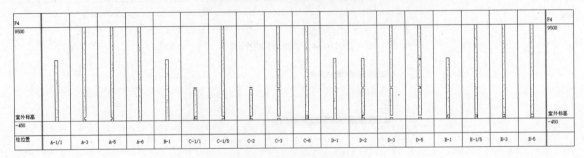

图16-38　更改文字外观

（4）在"属性"选项板的"轴网外观"栏中单击"编辑"按钮　编辑...　，打开"图形柱明细表属性"对话框的"轴网外观"选项卡，或者直接在图16-37中切换至"轴网外观"选项卡，设置"对于柱位置"为20mm，"对于标高名称"为30mm，"顶部标高之上"为10mm，"底部标高之下"为20mm，"介于线段之间"为15mm，如图16-39所示，单击"确定"按钮，系统根据对话框中的数值调整明细表轴网外观，如图16-40所示。

图16-39　"轴网外观"选项卡

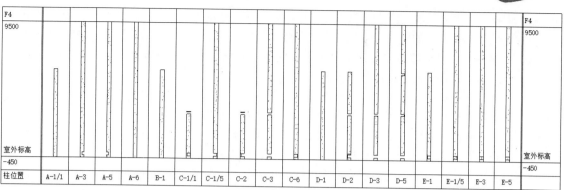

图 16-40  明细表轴网外观

"轴网外观"选项卡中的选项说明如下。

- ☑  对于柱位置：柱位置列的宽度。
- ☑  对于标高名称："标高"标题列的宽度。
- ☑  顶部标高之上：顶部标高之上的边缘。
- ☑  底部标高之下：底部标高之下的边缘。
- ☑  介于线段之间：明细表线段之间的最小间距。

示意图如图 16-41 所示。

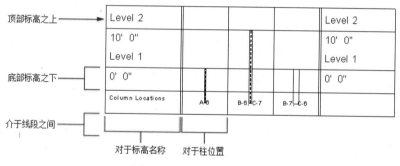

图 16-41  轴网外观示意图

（5）执行"文件"→"另存为"→"项目"命令，打开"另存为"对话框，指定保存位置并输入文件名，单击"保存"按钮。

# 16.5  修改明细表

修改明细表并设置其格式可提高可读性，以及提供所需的特定信息以记录和管理模型。其中图形柱明细表是视觉明细表的一个独特类型，不能像标准明细表那样修改。

打开明细表，在如图 16-42 所示的"修改明细表/数量"选项卡中可对明细表进行修改。

图 16-42  "修改明细表/数量"选项卡

Note

☑ 插入：将列添加到正文。单击此按钮，打开"选择字段"对话框，其作用类似于"明细表属性"对话框中的"字段"选项卡。可添加新的明细表字段，并根据需要调整字段的顺序。

☑ 插入数据行：将数据行添加到房间明细表、面积明细表、关键字明细表、空间明细表或图纸列表。新行显示在明细表的底部。

☑ 插入行（在选定位置上方或在选定位置下方）：在选定位置的上方或下方插入空行。注意，在"配电盘明细表样板"中插入行的方式有所不同。

☑ 删除列：选择多个单元格，单击此按钮，删除列。

☑ 删除行：选择一行或多行中的单元格，单击此按钮，删除行。

☑ 隐藏：选择一个单元格或列页眉，单击此按钮，隐藏选中单元格的一列，单击"取消隐藏全部"按钮，显示隐藏的列。注意，隐藏的列不会显示在明细表视图或图纸中，位于隐藏列中的值可以用于过滤、排序和分组明细表中的数据。

☑ 调整列：选取单元格，单击此按钮，打开如图 16-43 所示的"调整柱尺寸"对话框，输入尺寸，单击"确定"按钮，根据对话框中的值调整列宽。如果选择多个列，则将它们设置为相同尺寸。

☑ 调整行：选择标题部分中的一行或多行，单击此按钮，打开如图 16-44 所示的"调整行高"对话框，输入尺寸，单击"确定"按钮，根据对话框中的值调整行高。

☑ 合并/取消合并：选择要合并的页眉单元格，单击此按钮，合并单元格，再次单击此按钮，分离合并的单元格。

☑ 插入图像：将图像插入标题部分的单元格中。

☑ 清除单元格：删除标题单元格中的参数。

☑ 着色：设置单元格的背景颜色。

☑ 边界：单击此按钮，打开如图 16-45 所示的"编辑边框"对话框，可为单元格指定线样式和边框。

图 16-43　"调整柱尺寸"对话框

图 16-44　"调整行高"对话框

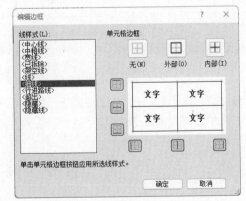

图 16-45　"编辑边框"对话框

☑ 重置：删除与选定单元关联的所有格式，条件格式将保持不变。

☑ 拆分和放置：单击此按钮，将明细表拆分为多个段，并放置在选定图纸上的相同位置。

# 第 3 篇

# 住宅设计综合实例篇

　　本篇将通过住宅设计综合实例完整地介绍 Revit 建筑设计全过程。通过本篇的学习，读者将掌握 Revit 建筑设计中工程设计的操作方法。

　　☑　掌握 Revit 建筑设计思路

　　☑　巩固 Revit 绘图技巧

# 第17章

## 创建地下一层

### 知识导引

首先绘制住宅的标高和轴网，然后根据轴网绘制柱和墙体，再布置门和窗，然后绘制楼板和楼梯。

- ☑ 创建标高
- ☑ 创建轴网
- ☑ 创建柱
- ☑ 创建墙
- ☑ 布置门和窗
- ☑ 绘制楼板
- ☑ 绘制楼梯

### 任务驱动&项目案例

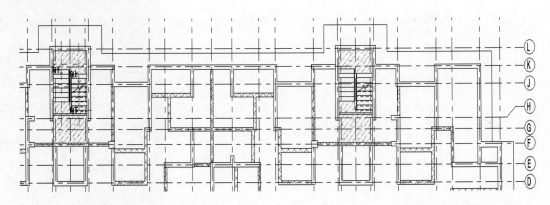

# 17.1  创  建  标  高

具体操作步骤如下。

（1）在主页中单击"模型"→"新建"按钮  ，打开"新建项目"对话框，在"样板文件"下拉列表中选择"建筑样板"，如图 17-1 所示，单击"确定"按钮，新建一个项目文件，系统自动切换视图到楼层平面：标高 1。

图 17-1  "新建项目"对话框

（2）在项目浏览器中双击立面节点下的东，将视图切换到东立面视图。

（3）单击"建筑"选项卡"基准"面板中的"标高"按钮，绘制标高线，如图 17-2 所示。

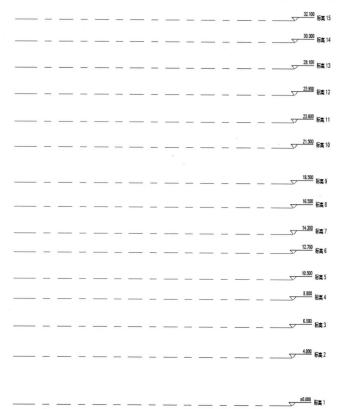

图 17-2  绘制标高线

（4）选取标高线，更改标高线之间的尺寸值或直接更改标头上的数值，结果如图 17-3 所示。

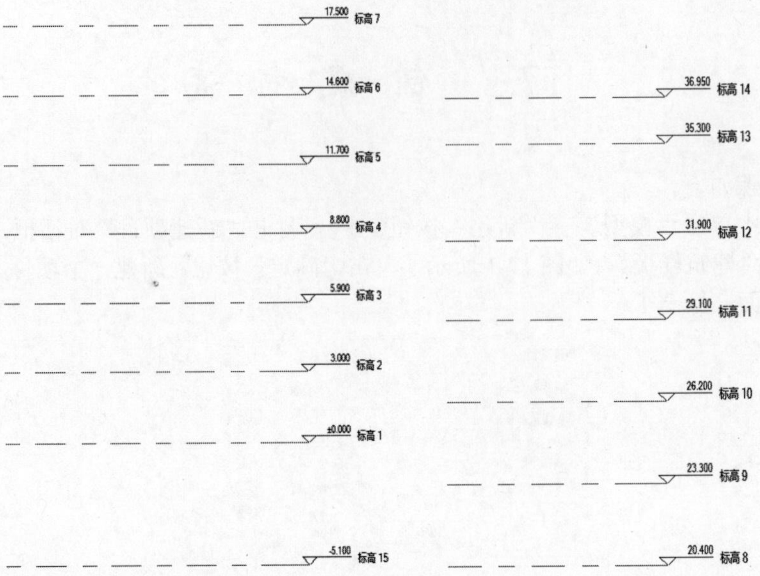

图 17-3　更改标高尺寸

（5）双击标高标头上的名称，打开"确认标高重命名"对话框，单击"是"按钮，更改相应的视图名称，结果如图 17-4 所示。

图 17-4　更改标高名称

（6）选中标高线另一侧的"显示编号"☑，显示标头，如图17-5所示。

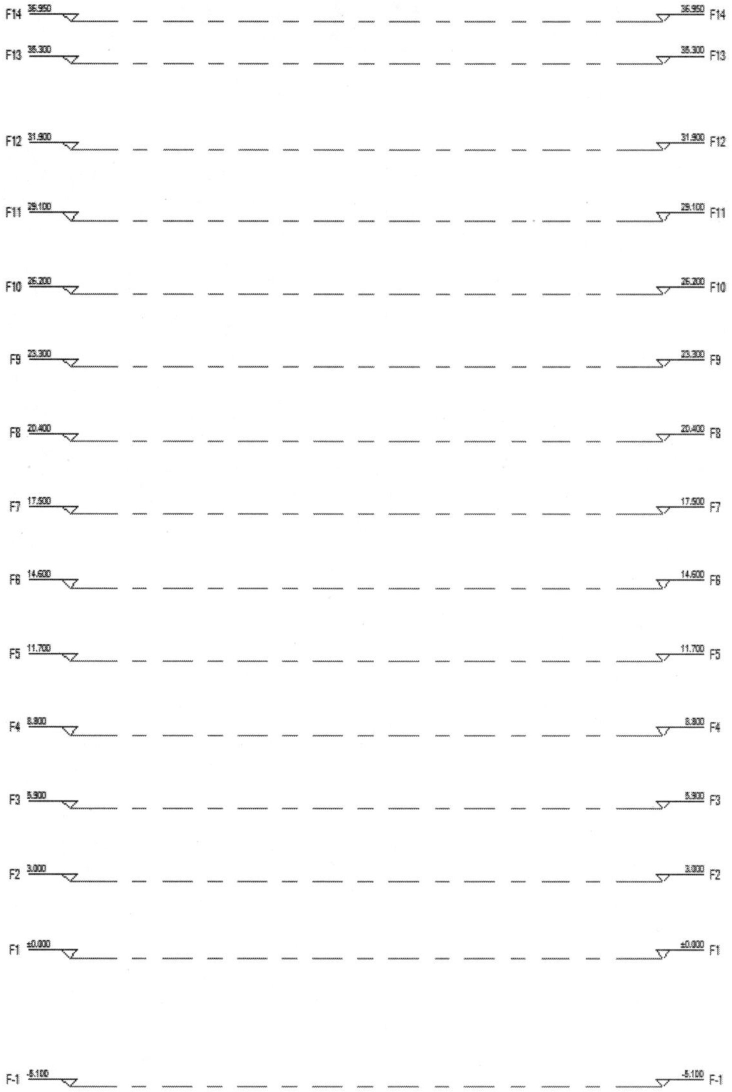

| | |
|---|---|
| F14 36.950 | 36.950 F14 |
| F13 38.300 | 38.300 F13 |
| F12 31.900 | 31.900 F12 |
| F11 29.100 | 29.100 F11 |
| F10 26.200 | 26.200 F10 |
| F9 23.300 | 23.300 F9 |
| F8 20.400 | 20.400 F8 |
| F7 17.500 | 17.500 F7 |
| F6 14.600 | 14.600 F6 |
| F5 11.700 | 11.700 F5 |
| F4 8.800 | 8.800 F4 |
| F3 5.900 | 5.900 F3 |
| F2 3.000 | 3.000 F2 |
| F1 ±0.000 | ±0.000 F1 |
| F-1 -5.100 | -5.100 F-1 |

图 17-5　显示标头

（7）选取"F-1"标高线，在"属性"选项板中选择"标高 下标头"类型，更改其标头的类型，如图17-6所示。

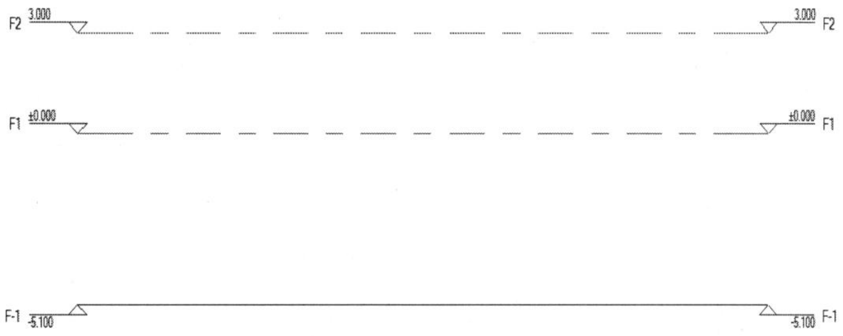

| | |
|---|---|
| F2 3.000 | 3.000 F2 |
| F1 ±0.000 | ±0.000 F1 |
| F-1 -5.100 | -5.100 F-1 |

图 17-6　更改标头类型

# 17.2 创建轴网

具体操作步骤如下。

（1）在项目浏览器中双击楼层平面节点下的F-1，将视图切换到F-1楼层平面视图。

（2）单击"建筑"选项卡"基准"面板中的"轴网"按钮，打开"修改|放置 轴网"选项卡和选项栏。

（3）在"属性"选项板中选择"轴网 6.5mm 编号"类型，单击"编辑类型"按钮，打开"类型属性"对话框，选中"平面视图轴号端点 1（默认）"，其他采用默认设置，单击"确定"按钮。

（4）在绘图区中绘制轴网，双击水平方向的轴线编号，更改编号为英文字母，从字母 A 开始，结果如图 17-7 所示。

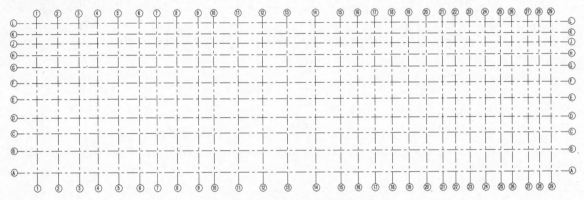

图 17-7　绘制轴网并更改轴线编号

（5）单击"注释"选项卡"尺寸标注"面板中的"对齐"按钮，对轴网进行连续标注，然后选取要更改的轴线，更改尺寸值即可调整轴线位置，结果如图 17-8 所示。

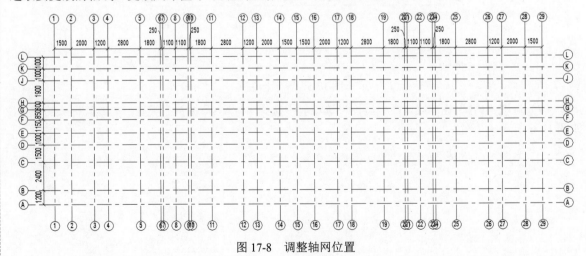

图 17-8　调整轴网位置

（6）单击轴线上的"添加弯头"按钮，调整轴线的轴号端点位置，使轴线之间不发生干涉，如图 17-9 所示。

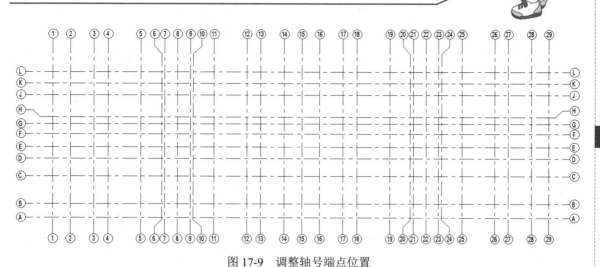

图 17-9　调整轴号端点位置

# 17.3　创　建　柱

具体操作步骤如下。

（1）单击"建筑"选项卡"构建"面板"柱" 下拉列表中的"结构柱"按钮 ，打开"修改|放置 结构柱"选项卡和选项栏。

（2）单击"模式"面板中的"载入族"按钮 ，打开"载入族"对话框，选择"Chinese→结构→柱→混凝土"文件夹中的"混凝土-矩形-柱.rfa"族文件，单击"打开"按钮，载入"混凝土-矩形-柱.rfa"族文件。

（3）在"属性"选项板中选择"矩形柱 300×450mm"类型，单击"编辑类型"按钮 ，打开"类型属性"对话框，单击"复制"按钮，新建"400×450mm"类型，更改 b 为 400，h 为 450，单击"确定"按钮。

（4）在"选项板"栏中设置高度为 F1，选中"放置后旋转"复选框，在轴线 11、19 与轴线 F 的交点处放置矩形柱并旋转，如图 17-10 所示。

（5）选取上步放置的矩形柱，然后在"属性"选项板中设置"底部偏移"为-20，"顶部偏移"为-100，其他采用默认设置，如图 17-11 所示。

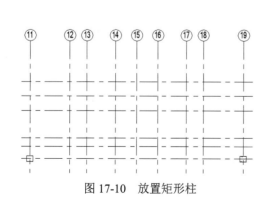

图 17-10　放置矩形柱

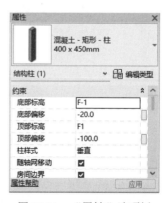

图 17-11　"属性"选项板

（6）在"属性"选项板的"结构材质"栏中单击按钮，打开"材质浏览器"对话框，在"表面填充图案"选项组的"前景"中单击图案右侧区域，打开"填充样式"对话框，选择"混凝土-钢砼"填充图案，如图17-12所示，单击"确定"按钮。采用相同的方法设置截面填充图案的前景为无。

（7）在"表面填充图案"选项组的"前景"中单击颜色右侧区域，打开"颜色"对话框，输入RGB值为（128,128,128），单击"添加"按钮，将其添加到自定义颜色，单击"确定"按钮，采用相同的方法设置"着色"选项组中的颜色，如图17-13所示。

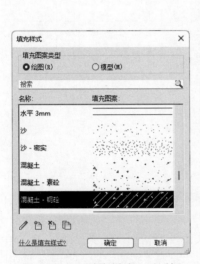

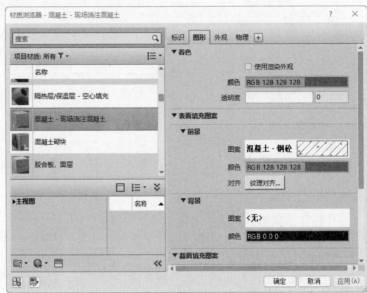

图17-12　"填充样式"对话框　　　　图17-13　"材质浏览器"对话框

（8）调整结构柱的位置，具体尺寸如图17-14所示。

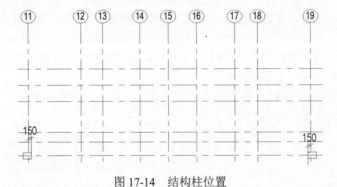

图17-14　结构柱位置

# 17.4　创　建　墙

具体操作步骤如下。

（1）单击"建筑"选项卡"构建"面板中的"墙"按钮，在"属性"选项板中选择"基本墙 挡土墙-300mm 混凝土"类型，单击"编辑类型"按钮，打开"类型属性"对话框，单击结构栏中的"编辑"按钮，打开"编辑部件"对话框，设置结构的材质为"混凝土-现场浇注混凝土"，单击"确定"按钮，返回到"类型属性"对话框。

（2）在"功能"下拉列表中选择"外部"，设置"粗略比例填充样式"为无，其他采用默认设置，如图 17-15 所示，单击"确定"按钮。

（3）在"属性"选项板中设置"定位线"为"面层面：外部"，"底部约束"为 F-1，"底部偏移"为-20，"顶部约束"为"直到标高：F1"，"顶部偏移"为-100，其他采用默认设置，如图 17-16 所示。

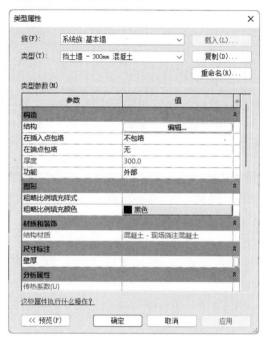

图 17-15　"类型属性"对话框

图 17-16　"属性"选项板

（4）根据轴网绘制 300mm 厚挡土墙，如图 17-17 所示，墙面层到轴线的距离为 100。

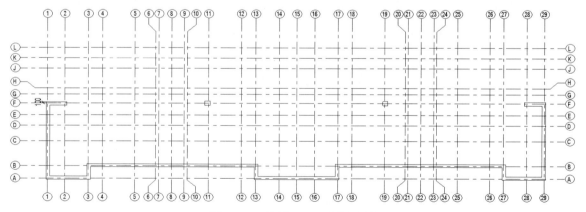

图 17-17　绘制 300mm 厚挡土墙

（5）重复"墙体"命令，在"属性"选项板中选择"基本墙 挡土墙-300mm 混凝土"类型，单击"编辑类型"按钮，打开"类型属性"对话框，新建"挡土墙-250mm"类型，单击结构栏中的"编辑"按钮，打开"编辑部件"对话框，设置结构的厚度为 250，连续单击"确定"按钮。绘制 250mm 厚的挡土墙，如图 17-18 所示，墙面层到轴线的距离为 100。

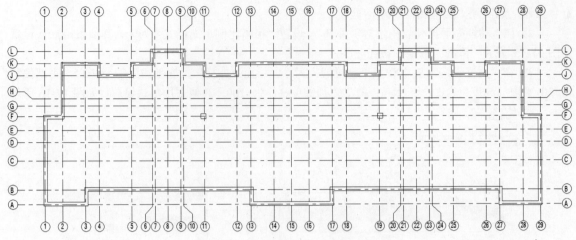

图 17-18  绘制 250mm 厚的挡土墙

（6）重复"墙体"命令，在"属性"选项板中选择"基本墙 挡土墙-250mm 混凝土"类型，单击"编辑类型"按钮，打开"类型属性"对话框，新建"剪力墙-250mm"类型，其他采用默认设置，绘制 250mm 厚的剪力墙，如图 17-19 所示。

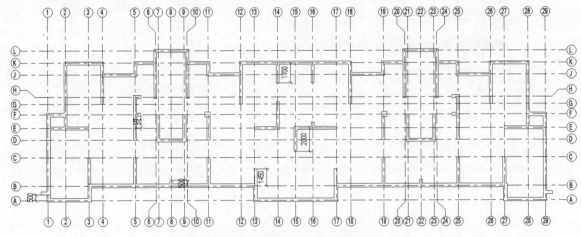

图 17-19  绘制 250mm 厚的剪力墙

（7）在"属性"选项板中选择"基本墙 常规-200mm"类型，单击"编辑类型"按钮，打开"类型属性"对话框，单击"复制"按钮，新建"砌体墙-200mm"类型，单击"结构"栏中的"编辑"按钮。

（8）打开"编辑部件"对话框，单击"结构"栏中材质列表中的按钮，打开"材质浏览器"对话框，选取"混凝土砌块"材质，将其复制并重命名为"砌体"，在"表面填充图案"选项组的"前景"中单击图案右侧区域，打开"填充样式"对话框，选择"砌体-砖 03"填充图案，如图 17-20 所示，单击"确定"按钮。

（9）在"表面填充图案"选项组的"前景"中单击颜色右侧区域，打开"颜色"对话框，选取自定义颜色，单击"确定"按钮，返回到"材质浏览器"对话框，如图 17-21 所示。连续单击"确定"按钮，完成砌体墙的设置。

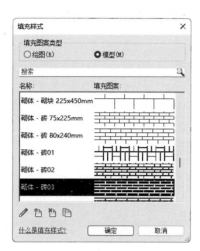

图 17-20  "填充样式"对话框　　　　　　　　　图 17-21  "材质浏览器"对话框

（10）在"属性"选项板中设置定位线为"墙中心线"，"底部约束"为 F-1，"底部偏移"为-20，"顶部约束"为"直到标高：F1"，"顶部偏移"为-100，其他采用默认设置。根据轴网绘制厚度为 200mm 的砌体墙，如图 17-22 所示。

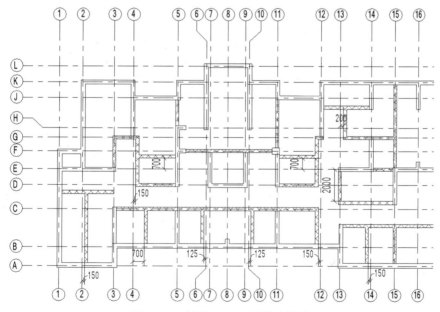

图 17-22  绘制 200mm 厚的砌体墙

（11）按住 Ctrl 键选取上步绘制的砌体墙，单击"修改"选项卡"修改"面板中的"镜像-拾取轴"按钮，选取轴线 15 为镜像轴，将砌体墙进行镜像，删除不需要的砌体墙，然后添加需要的砌体墙，结果如图 17-23 所示。

（12）在"属性"选项板中选择"基本墙 砌体墙-200mm 混凝土"类型，单击"编辑类型"按钮，打开"类型属性"对话框，新建"砌体墙-250mm"类型，单击"结构"栏中的"编辑"按钮，打开"编辑部件"对话框，设置结构的"厚度"为 250，连续单击"确定"按钮，在如图 17-24 所示的位置绘制砌体墙。

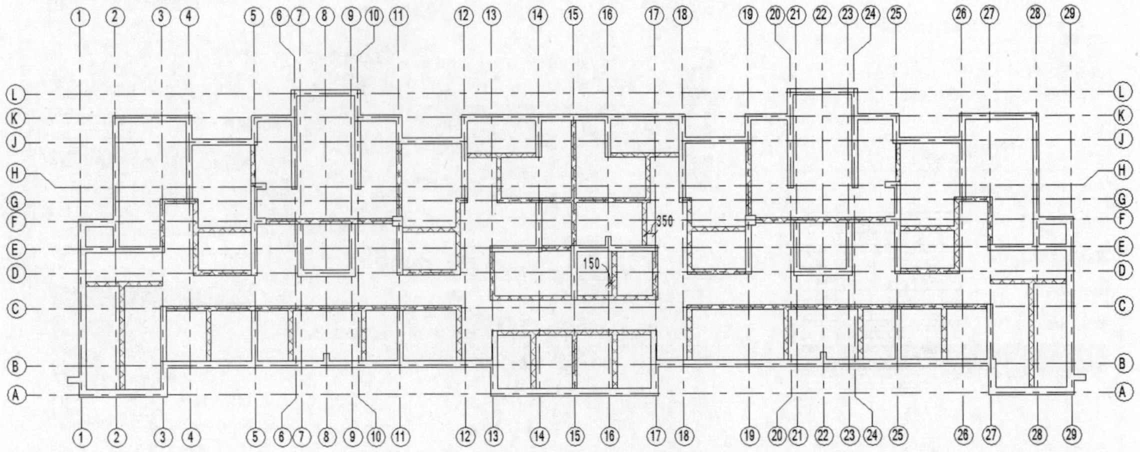

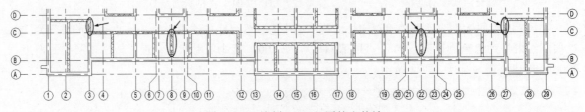

图 17-23　镜像砌体墙

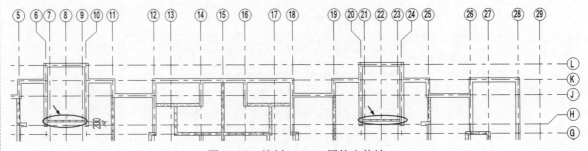

图 17-24　绘制 250mm 厚的砌体墙

（13）在"属性"选项板中选择"基本墙 砌体墙-250mm 混凝土"类型，单击"编辑类型"按钮，打开"类型属性"对话框，新建"砌体墙-100mm"类型，单击结构栏中的"编辑"按钮，打开"编辑部件"对话框，设置结构的厚度为 100，连续单击"确定"按钮，在如图 17-25 所示的位置绘制砌体墙。

图 17-25　绘制 100mm 厚的砌体墙

# 17.5　布置门和窗

具体操作步骤如下。

（1）单击"建筑"选项卡"构建"面板中的"门"按钮，打开"修改|放置门"选项卡。

（2）单击"模式"面板中的"载入族"按钮，打开"载入族"对话框，选择"Chinese\建筑\门\普通门\平开门\单扇"文件夹中的"单嵌板木门1.rfa"族文件，单击"打开"按钮，载入族文件。

（3）在"属性"选项板中选取"单嵌板木门1900×2100mm"类型，单击"编辑类型"按钮，打开"类型属性"对话框，新建"1000×2000mm"类型，更改"高度"为2000，"宽度"为1000，其他采用默认设置，单击"确定"按钮。

（4）在如图17-26所示的位置放置单扇门。

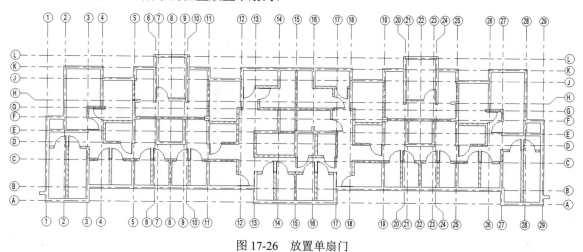

图17-26 放置单扇门

（5）重复"门"命令，单击"模式"面板中的"载入族"按钮，打开"载入族"对话框，选择"Chinese\建筑\门\普通门\平开门\双扇"文件夹中的"双面嵌板木门1.rfa"族文件，单击"打开"按钮，载入族文件。

（6）在"属性"选项板中选取"双面嵌板木门1 1500×2100mm"类型，单击"编辑类型"按钮，打开"类型属性"对话框，新建"1200×2100mm"类型，更改"宽度"为1200，其他采用默认设置，单击"确定"按钮。

（7）在如图17-27所示的位置放置双扇平开门。

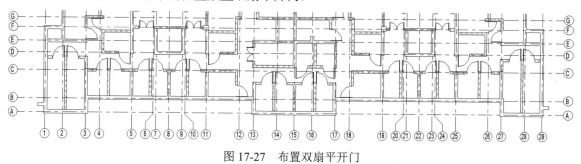

图17-27 布置双扇平开门

（8）单击"建筑"选项卡"构建"面板中"构件"下拉列表中的"放置构件"按钮，打开"修改|放置 构件"选项卡。

（9）单击"模式"面板中的"载入族"按钮，打开"载入族"对话框，选择"Chinese\建筑\专用设备\电梯"文件夹中的"电梯门.rfa"族文件，单击"打开"按钮，载入族文件。

（10）在"属性"选项板中选择"电梯门1100mm_入口宽度"类型，将其放置在如图17-28所示的位置。

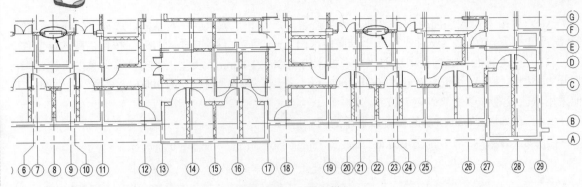

图 17-28　布置电梯门

（11）单击"建筑"选项卡"构建"面板中的"窗"按钮▦，打开"修改|放置窗"选项卡。

（12）单击"模式"面板中的"载入族"按钮，打开"载入族"对话框，选取"双层单列.rfa"族文件，单击"打开"按钮，载入族文件。

（13）在"属性"选项板中选取"双层单列 1000×600"类型，输入"底高度"值为 500，在如图 17-29 所示的位置放置窗。

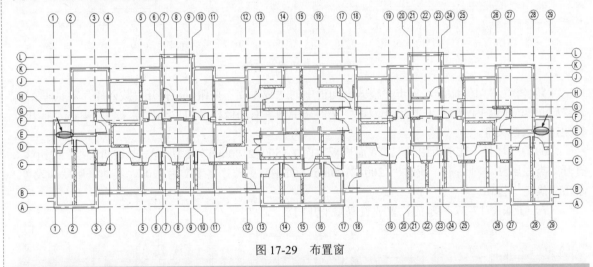

图 17-29　布置窗

提示：如果放置的窗在视图中不可见，可以在"属性"选项板的"视图范围"栏中单击"编辑"按钮，打开"视图范围"对话框，设置"剖切面"的"偏移"值为 800，如图 17-30 所示。

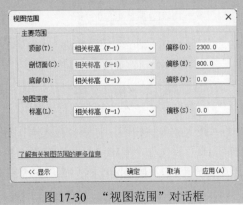

图 17-30　"视图范围"对话框

# 17.6 绘 制 楼 板

具体操作步骤如下。

（1）单击"建筑"选项卡"构建"面板中"楼板"  下拉列表中的"楼板：结构"按钮 ，打开"修改|创建楼层边界"选项卡和选项栏。

（2）单击"绘制"面板中的"边界线"按钮 、"线"按钮 和"矩形"按钮 ，绘制楼板边界线，如图17-31所示。

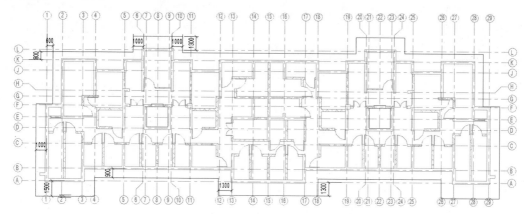

图17-31 绘制边界线

（3）在"属性"选项板中选择"常规-150mm"类型，单击"编辑类型"按钮 ，打开"类型属性"对话框，新建"筏板-600mm"类型，单击"编辑"按钮，打开"编辑部件"对话框，设置结构的材质为"混凝土，现场浇注混凝土"，输入"厚度"值为600，其他采用默认设置，如图17-32所示。连续单击"确定"按钮。

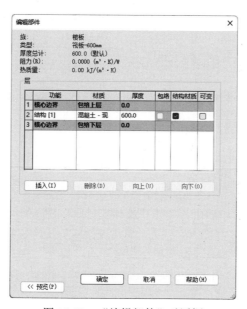

图17-32 "编辑部件"对话框

（4）在"属性"选项板中设置自标高的"高度偏移"为-20，单击"模式"面板中的"完成编辑模式"按钮✔，完成地下一层楼板创建，如图17-33所示。

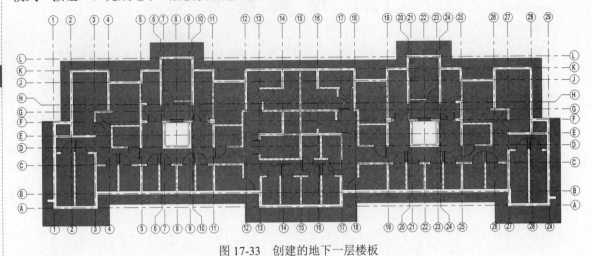

图17-33　创建的地下一层楼板

# 17.7　绘制楼梯

具体操作步骤如下。

（1）单击"建筑"选项卡"工作平面"面板中的"参照平面"按钮，在楼梯间绘制参照平面，具体尺寸如图17-34所示。

（2）单击"建筑"选项卡"楼梯坡道"面板中的"楼梯"按钮，打开"修改|创建楼梯"选项卡和选项栏。

（3）在选项栏中设置"定位线"为"梯段：中心"，"偏移"为0，"实际梯段宽度"为1200，并选中"自动平台"复选框。

（4）在"属性"选项板中选择"现场浇注楼梯整体式楼梯"类型，单击"编辑类型"按钮，打开"类型属性"对话框1，如图17-35所示。

（5）单击"梯段类型"栏中的按钮，打开"类型属性"对话框2，新建"100mm结构深度"类型，更改"结构深度"为100，单击"整体式材质"栏中的按钮，打开"材质浏览器"对话框，选择"混凝土，现场浇注混凝土"材质，将其进行复制并重命名为"混凝土-现场浇注"，设置"表面填充图案"的"前景"为无，"截面填充图案"的"前景"为"混凝土-素砼"，设置"着色"颜色为"RGB 192 192 192"，如图17-36所示，单击"确定"按钮，返回"类型属性"对话框2，如图17-37所示，其他采用默认设置，单击"确定"按钮，返回到"类型属性"对话框1。

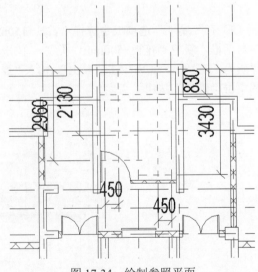

图17-34　绘制参照平面

*Note*

图 17-35 "类型属性"对话框 1

图 17-36 "材质浏览器"对话框

（6）单击"平台类型"栏中的▦按钮，打开"类型属性"对话框 3，新建"100mm 厚度"类型，更改"整体厚度"为 100，"整体式材质"为"混凝土-现场浇注"，如图 17-38 所示，连续单击"确定"按钮。

图 17-37 "类型属性"对话框 2

图 17-38 "类型属性"对话框 3

（7）在"属性"选项板中设置"底部标高"为 F-1，"底部偏移"为 0，"顶部标高"为 F-1，"顶部偏移"为 850。

（8）单击"构件"面板中的"梯段"按钮◎和"直梯"按钮▥（默认状态下，系统会激活这两个按钮），绘制梯段 1，如图 17-39 所示。单击"模式"面板中的"完成编辑模式"按钮✔，完成梯段 1 的创建。

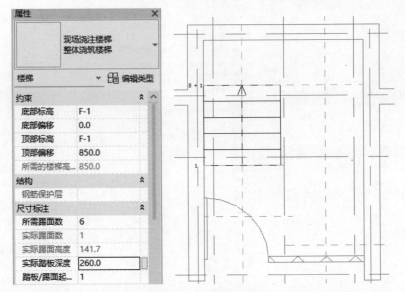

图 17-39　绘制的梯段 1

（9）选取靠墙的扶手栏杆，按 Delete 键将其删除。选取另一侧的扶手栏杆，在"属性"选项板中选择"900mm 圆管"类型。

（10）重复"楼梯"命令，在"属性"选项板中选择"现场浇注楼梯 整体浇注楼梯"类型，设置"底部标高"为 F-1，"底部偏移"为 850，"顶部标高"为 F-1，"顶部偏移"为 3900。

（11）单击"构件"面板中的"梯段"按钮 和"直梯"按钮 （默认状态下，系统会激活这两个按钮），绘制梯段 2，如图 17-40 所示。单击"模式"面板中的"完成编辑模式"按钮 ，完成梯段 2 的创建。

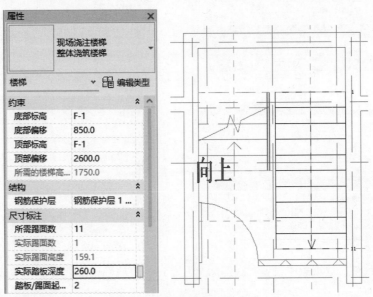

图 17-40　绘制的梯段 2

（12）选取靠墙的扶手栏杆，按 Delete 键将其删除，选取另一侧的扶手栏杆，在"属性"选项板中选取"900mm 圆管"，完成扶手栏杆的更改，如图 17-41 所示。

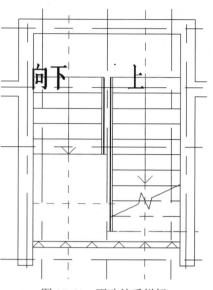

图 17-41   更改扶手栏杆

（13）重复"楼梯"命令，在"属性"选项板中选择"现场浇注楼梯 整体浇注楼梯"类型，设置"底部标高"为 F-1，"底部偏移"为 2600，"顶部标高"为 F-1，"顶部偏移"为 3900。

（14）单击"构件"面板中的"梯段"按钮 和"直梯"按钮 （默认状态下，系统会激活这两个按钮），绘制梯段 3，如图 17-42 所示。单击"模式"面板中的"完成编辑模式"按钮 ，完成梯段 3 的创建。

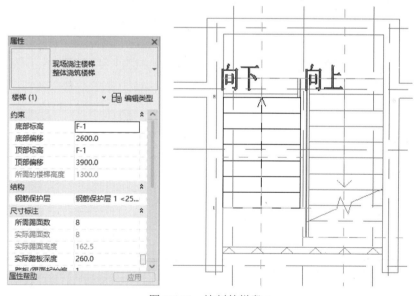

图 17-42   绘制的梯段 3

（15）选取靠墙的扶手栏杆，按 Delete 键将其删除。选取另一侧的扶手栏杆，在"属性"选项板中选取"900mm 圆管"，完成扶手栏杆的更改，如图 17-43 所示。

（16）重复"楼梯"命令，在"属性"选项板中选择"现场浇注楼梯整体浇注楼梯"类型，设置"底部标高"为 F-1，"底部偏移"为 3900，"顶部标高"为 F1，"顶部偏移"为 0。

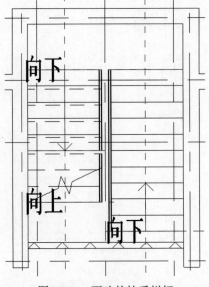

图 17-43　更改的扶手栏杆

（17）单击"构件"面板中的"梯段"按钮和"直梯"按钮（默认状态下，系统会激活这两个按钮），绘制梯段 4，如图 17-44 所示。单击"模式"面板中的"完成编辑模式"按钮✔，完成梯段 4 的创建。

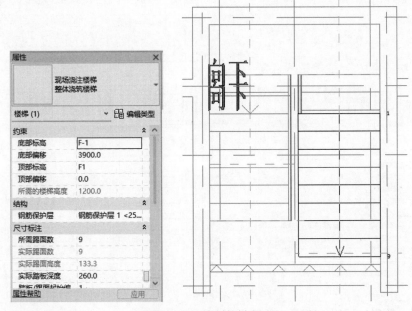

图 17-44　绘制的梯段 4

（18）选取靠墙的扶手栏杆，按 Delete 键将其删除，选取另一侧的扶手栏杆，在"属性"选项板中选取"900mm 圆管"，完成扶手栏杆的更改。

（19）单击"建筑"选项卡"构建"面板中"楼板"下拉列表中的"楼板：结构"按钮，打开"修改|创建楼层边界"选项卡和选项栏。

（20）单击"绘制"面板中的"边界线"按钮和"矩形"按钮，绘制楼梯平台 1 边界线，如图 17-45 所示。

（21）在"属性"选项板中选择"常规-150mm"类型，单击"编辑类型"按钮，打开"类型属性"对话框，新建"常规-120mm"类型，单击"编辑"按钮，打开"编辑部件"对话框，设置"结构"的"材质"为"混凝土-现场浇注混凝土"，输入"厚度"值为 120，其他采用默认设置，如图 17-46 所示。连续单击"确定"按钮。

Note

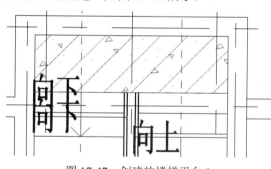

图 17-45　绘制平台 1 边界线

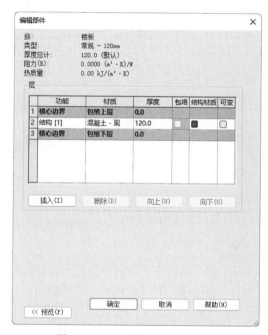

图 17-46　"编辑部件"对话框

（22）在"属性"选项板中设置"自标高的高度偏移"为 850，单击"模式"面板中的"完成编辑模式"按钮 ✓，完成楼梯平台 1 的创建，如图 17-47 所示。

图 17-47　创建的楼梯平台 1

（23）重复"楼板：结构"命令，单击"绘制"面板中的"边界线"按钮和"线"按钮，绘制楼梯平台 2 边界线，如图 17-48 所示。

（24）在"属性"选项板中设置"自标高的高度偏移"为 2600，单击"模式"面板中的"完成编辑模式"按钮 ✓，完成楼梯平台 2 的创建，如图 17-49 所示。

（25）重复"楼板：结构"命令，单击"绘制"面板中的"边界线"按钮和"线"按钮，绘制楼梯平台 3 边界线，如图 17-50 所示。

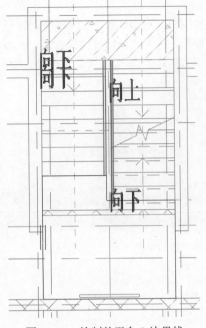

图 17-48　绘制的平台 2 边界线

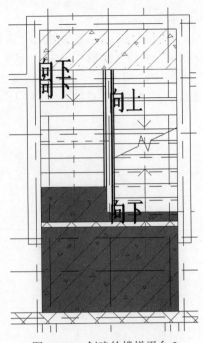

图 17-49　创建的楼梯平台 2

（26）在"属性"选项板中设置"自标高的高度偏移"为 3800，单击"模式"面板中的"完成编辑模式"按钮✔，完成楼梯平台 3 的创建，如图 17-51 所示。

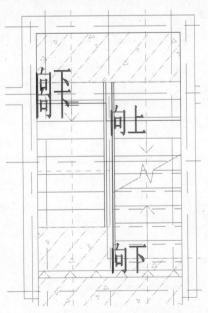

图 17-50　绘制的平台 3 边界线

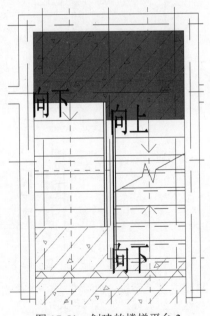

图 17-51　创建的楼梯平台 3

（27）单击"视图"选项卡"图形"面板中的"可见性/图形"按钮，或者单击"属性"选项板"可见性/图形替换"栏中的"编辑"按钮　编辑…　，打开"楼层平面：F-1 的可见性/图形替换"对话框，取消选中"墙""结构柱""结构框架"和"轴网"选项，单击"确定"按钮，使墙、柱、梁和轴网不可见。

（28）单击"建筑"选项卡"模型"面板中"模型组"⊞下拉列表中的"创建组"按钮⊠，打开"创建组"对话框，输入"名称"为"地下一层楼梯"，如图 17-52 所示，单击"确定"按钮，打开"编辑组"面板。

图 17-52 "创建组"对话框

（29）单击"添加"按钮⊠，选取所有的梯段和平台，单击"完成"按钮✔，完成"地下一层楼梯"组的创建。

（30）单击"视图"选项卡"图形"面板中的"可见性/图形"按钮⊠，或单击"属性"选项板"可见性/图形替换"栏中的"编辑"按钮 编辑... ，打开"楼层平面：F-1 的可见性/图形替换"对话框，依次选择"墙""结构柱""结构框架"和"轴网"选项，单击"确定"按钮，使墙、柱、梁和轴网可见。

（31）选取"地下一层楼梯"组，单击"修改|模型组"选项卡"修改"面板中的"复制"按钮⊠，将"地下一层楼梯"组复制到另一侧楼梯间，如图 17-53 所示。

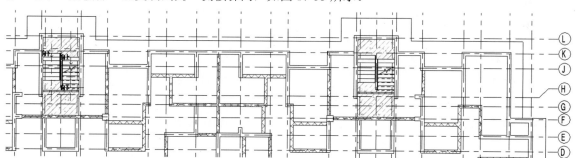

图 17-53 复制楼梯

# 第18章

## 创建一层到十一层

### 知识导引

在第 17 章的基础上，根据轴网绘制一层的外墙和内隔墙，在墙体上布置门、窗，然后根据外墙绘制楼板。将第一层复制到第二层然后进行整理得到标准层，最后创建楼梯。

☑ 创建墙　　　　　　☑ 绘制楼板
☑ 布置门　　　　　　☑ 创建标准层
☑ 布置窗　　　　　　☑ 创建楼梯

### 任务驱动&项目案例

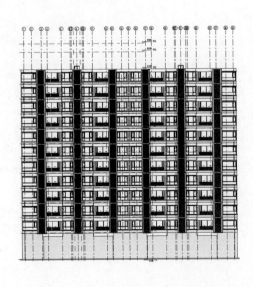

# 18.1 创建第一层

## 18.1.1 创建柱

具体操作步骤如下。

（1）在项目浏览器中双击楼层平面节点下的 F1，将视图切换到 F1 楼层平面视图。

（2）单击"建筑"选项卡"构建"面板"柱"下拉列表中的"结构柱"按钮，打开"修改|放置 结构柱"选项卡和选项栏，在选项栏中设置"高度"为 F2，选中"放置后旋转"复选框。

（3）在"属性"选项板中选择"矩形柱 400×450mm"类型，在如图 18-1 所示的位置放置结构柱。

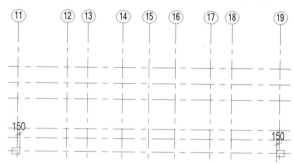

图 18-1 结构柱位置

（4）选取上步布置的结构柱，在"属性"选项板中设置"底部标高"为 F1，"底部偏移"为−100，"顶部标高"为 F2，"顶部偏移"为−100。

（5）重复"结构柱"命令，在"属性"选项板中选择"矩形柱 400×450mm"类型，单击"编辑类型"按钮，打开"类型属性"对话框，单击"复制"按钮，新建"200×200mm"类型，更改 b 为 200，h 为 200，单击"确定"按钮。

（6）在轴线 1、29 与轴线 F 的交点处放置矩形柱，如图 18-2 所示。

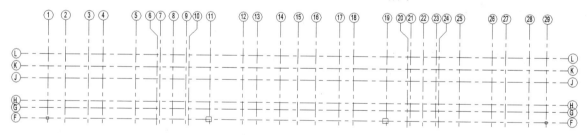

图 18-2 放置矩形柱

（7）选取上步放置的矩形柱，然后在"属性"选项板中设置"底部偏移"为−100，"顶部标高"为 F1，"顶部偏移"为 800，其他采用默认设置。

（8）重复"结构柱"命令，在"属性"选项板中选择"矩形柱 200×200mm"类型，单击"编辑类型"按钮，打开"类型属性"对话框，单击"复制"按钮，新建"400×400mm"类型，更改 b 为 400，h 为 400，单击"确定"按钮。

（9）在如图 18-3 所示位置放置矩形柱。

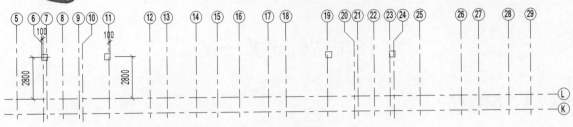

图 18-3　放置矩形柱

（10）选取上步放置的矩形柱，然后在"属性"选项板中设置"底部标高"为F1，"底部偏移"为-1500，"顶部标高"为F3，"顶部偏移"为-100，其他采用默认设置。

## 18.1.2　创建梁

具体操作步骤如下。

（1）在"属性"选项板的"视图范围"栏中单击"编辑"按钮，打开"视图范围"对话框，更改"底部偏移"为-200，"视图深度标高偏移"为-200，单击"确定"按钮。

（2）单击"结构"选项卡"结构"面板中的"梁"按钮，打开"修改|放置 梁"选项卡和选项栏。

（3）单击"模式"面板中的"载入族"按钮，打开"载入族"对话框，选择"Chinese\结构\框架\混凝土"文件夹中的"混凝土-矩形梁.rfa"族文件，单击"打开"按钮，载入"混凝土-矩形梁.rfa"族文件。

（4）在"属性"选项板中选择"混凝土-矩形梁 300×600mm"类型，单击"编辑类型"按钮，打开"类型属性"对话框，单击"复制"按钮，新建"250×500mm"类型，更改 b 为 250，h 为 500，单击"确定"按钮。

（5）在"属性"选项板的"结构材质"栏中单击按钮，打开"材质浏览器"对话框，选取"混凝土-现场浇注混凝土"材质，其他采用默认设置，单击"确定"按钮。

（6）在如图 18-4 所示的位置放置 250×500 的矩形梁。可以根据地下一层的墙体绘制矩形梁。

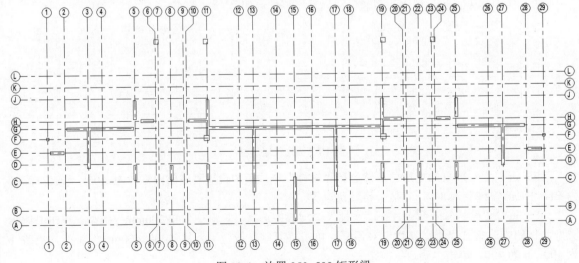

图 18-4　放置 250×500 矩形梁

（7）重复"梁"命令，在"属性"选项板中选择"混凝土-矩形梁 250×500mm"类型，单击"编辑类型"按钮，打开"类型属性"对话框，单击"复制"按钮，新建"250×2000mm"类型，更改 b 为 250，h 为 2000，单击"确定"按钮。

（8）在如图 18-5 所示的位置放置 250×2000 的矩形梁。可以根据地下一层的墙体绘制矩形梁。

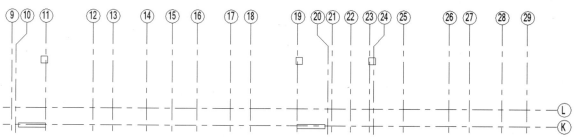

图 18-5 放置 250×2000 矩形梁

（9）重复"梁"命令，在"属性"选项板中选择"混凝土-矩形梁 250×500mm"类型，单击"编辑类型"按钮，打开"类型属性"对话框，单击"复制"按钮，新建"200×400mm"类型，更改 b 为 200，h 为 400，单击"确定"按钮。

（10）在如图 18-6 所示的位置放置 200*400 的矩形梁。可以根据地下一层的墙体绘制矩形梁。

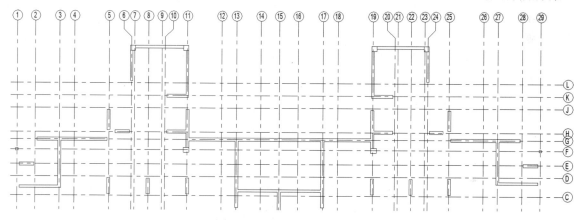

图 18-6 放置 200×400 矩形梁

（11）重复"梁"命令，在"属性"选项板中选择"混凝土-矩形梁 200×400mm"类型，单击"编辑类型"按钮，打开"类型属性"对话框，单击"复制"按钮，新建"200×600mm"类型，更改 b 为 200，h 为 600，单击"确定"按钮。

（12）在如图 18-7 所示的位置放置 200×600 的矩形梁。可以根据地下一层的墙体绘制矩形梁。

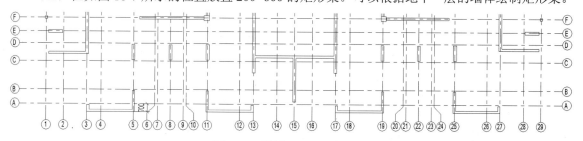

图 18-7 放置 200×600 矩形梁

（13）重复"梁"命令，在"属性"选项板中选择"混凝土-矩形梁 200×400mm"类型，单击"编辑类型"按钮，打开"类型属性"对话框，单击"复制"按钮，新建"250×400mm"类型，更改 b 为 250，h 为 400，单击"确定"按钮。

（14）在如图 18-8 所示的位置放置 250×400 的矩形梁。可以根据地下一层的墙体绘制矩形梁。

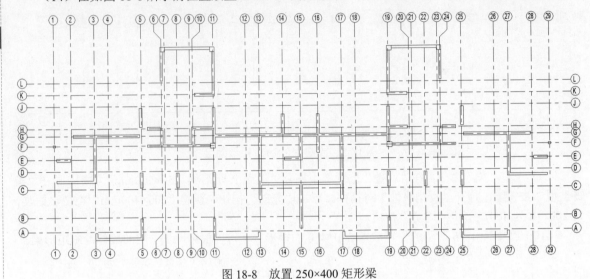

图 18-8　放置 250×400 矩形梁

（15）选取视图中所有的矩形梁，在"属性"选项板中更改"Z轴偏移值"为-100，其他采用默认设置。

## 18.1.3　创建墙

具体操作步骤如下。

### 1. 绘制剪力墙

（1）在"属性"选项板的"视图范围"栏中单击"编辑"按钮，打开"视图范围"对话框，更改"底部偏移"为0，"视图深度标高偏移"为0，单击"确定"按钮。

（2）在项目浏览器中双击楼层平面节点下的F1，将视图切换到F1楼层平面视图。

（3）单击"建筑"选项卡"构建"面板中的"墙"按钮，在"属性"选项板中选择"基本墙 剪力墙-250mm 混凝土"类型，单击"编辑类型"按钮，打开"类型属性"对话框，新建"剪力墙-200mm"类型，单击"编辑"按钮，打开"编辑部件"对话框，更改结构[1]的"厚度"值为200，连续单击"确定"按钮。

（4）在"属性"选项板中设置"定位线"为"核心层中心线"，"底部约束"为F1，"底部偏移"为-100，"顶部约束"为"直到标高：F2"，"顶部偏移"为-100，其他采用默认设置。

（5）根据轴网绘制到二层的左侧剪力墙，如图 18-9 所示，图中未标注尺寸的墙体到轴线的距离为500。

（6）在"属性"选项板中设置"定位线"为"核心层中心线"，"底部约束"为F1，"底部偏移"为-100，"顶部约束"为"直到标高：F1"，"顶部偏移"为 400，其他采用默认设置。根据轴网绘制高度为500mm的剪力墙，如图 18-10 所示。

（7）在"属性"选项板中设置"定位线"为"核心层中心线"，"底部约束"为F1，"底部偏移"为-100，"顶部约束"为"直到标高：F1"，"顶部偏移"为 200，其他采用默认设置。根据轴网绘制高度为 300mm 的剪力墙，如图 18-11 所示。

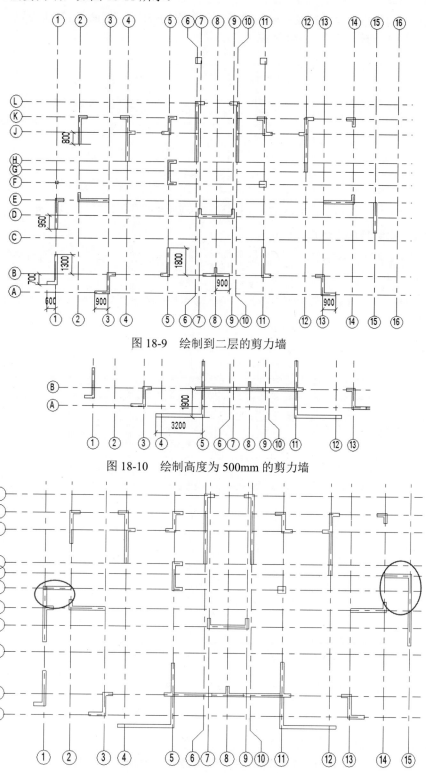

图 18-9　绘制到二层的剪力墙

图 18-10　绘制高度为 500mm 的剪力墙

图 18-11　绘制高度为 300mm 的剪力墙

（8）在"属性"选项板中设置"定位线"为"核心层中心线"，"底部约束"为F1，"底部偏移"为-100，"顶部约束"为"直到标高：F1"，"顶部偏移"为 500，其他采用默认设置。根据轴网绘制高度为600mm的剪力墙，如图18-12 所示。

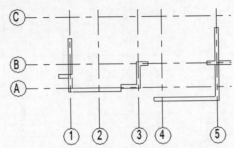

图 18-12　绘制高度为 600mm 的剪力墙

### 2. 绘制 200mm 厚的砌体墙

（1）单击"建筑"选项卡"构建"面板中的"墙"按钮🗔，在"属性"选项板中选择"基本墙 砌体墙-200mm"类型。

（2）在"属性"选项板中设置"定位线"为"核心层中心线"，"底部偏移"为-100，"顶部约束"为"直到标高：F2"，"顶部偏移"为-250，其他采用默认设置。绘制高度为2850mm的砌体墙，如图 18-13 所示。

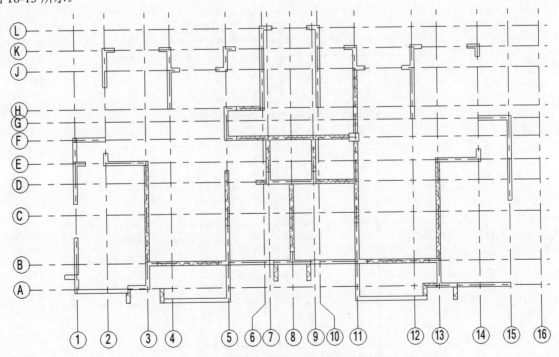

图 18-13　绘制高度为 2850mm 的砌体墙

（3）在"属性"选项板中设置"定位线"为"核心层中心线"，"底部约束"为F1，"底部偏移"为-100，"顶部约束"为"直到标高：F2"，"顶部偏移"为-700，其他采用默认设置。根据轴网绘制高度为2400mm的砌体墙，如图 18-14 所示。

*Note*

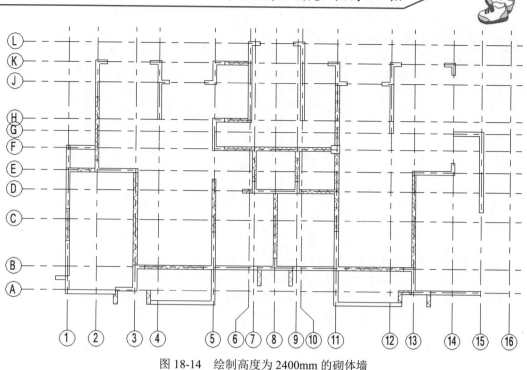

图 18-14　绘制高度为 2400mm 的砌体墙

（4）在"属性"选项板中设置"定位线"为"核心层中心线"，"底部约束"为 F1，"底部偏移"为-100，"顶部约束"为"直到标高：F2"，"顶部偏移"为-600，其他采用默认设置。根据轴网绘制高度为 2500mm 的砌体墙，如图 18-15 所示。

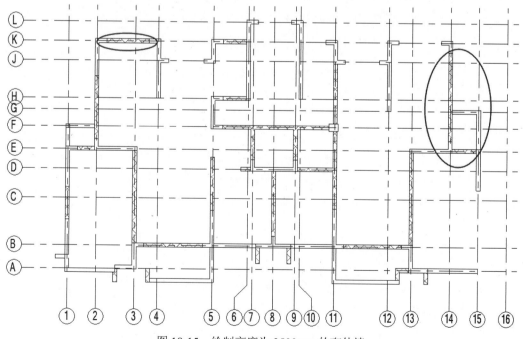

图 18-15　绘制高度为 2500mm 的砌体墙

（5）在"属性"选项板中设置"定位线"为"核心层中心线"，"底部约束"为 F1，"底部偏移"为-100，"顶部约束"为"直到标高：F2"，"顶部偏移"为-500，其他采用默认设置。根据轴网绘制高度为2600mm的砌体墙，如图18-16所示。

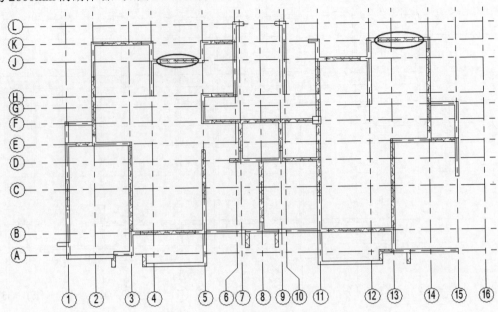

图18-16　绘制高度为2600mm的砌体墙

（6）在"属性"选项板中设置"定位线"为"核心层中心线"，"底部约束"为F1，"底部偏移"为-100，"顶部约束"为"直到标高：F2"，"顶部偏移"为-100，其他采用默认设置。根据轴网绘制高度为3000mm的砌体墙，如图18-17所示。

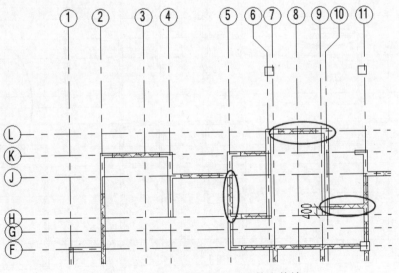

图18-17　绘制高度为3000mm的砌体墙

### 3．绘制其他砌体墙

（1）单击"建筑"选项卡"构建"面板中的"墙"按钮，在"属性"选项板中选择"基本墙　砌体墙-200mm"类型，单击"编辑类型"按钮，打开"类型属性"对话框，新建"砌体墙-150mm"类型，单击"编辑"按钮，打开"编辑部件"对话框，更改结构的厚度为150，连续单击"确定"按钮。

（2）在"属性"选项板中设置"定位线"为"面层面：外部"，"底部偏移"为-100，"顶部约束"为"直到标高：F2"，"顶部偏移"为-250，其他采用默认设置。绘制厚度为150mm的砌体墙，如图18-18所示。

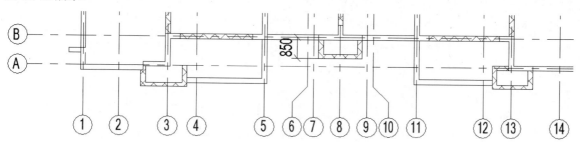

图18-18 绘制厚度为150mm砌体墙

（3）单击"建筑"选项卡"构建"面板中的"墙"按钮，在"属性"选项板中选择"基本墙 砌体墙-100mm"类型。

（4）在"属性"选项板中设置"定位线"为"面层面：外部"，"底部偏移"为-100，"顶部约束"为"直到标高：F2"，"顶部偏移"为-250，其他采用默认设置。绘制厚度为100mm的砌体墙，如图18-19所示。

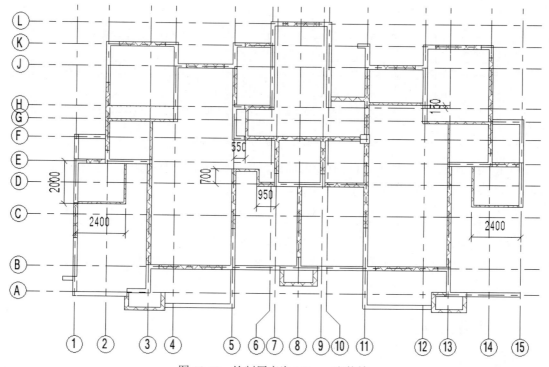

图18-19 绘制厚度为100mm砌体墙

（5）按住Ctrl键，选取图18-19中所有的墙体，单击"修改"面板中的"镜像-拾取轴"按钮，拾取轴线15为镜像轴进行镜像，结果如图18-20所示。

（6）在"属性"选项板的"视图范围"栏中单击"编辑"按钮，打开"视图范围"对话框，更改"剖切面的偏移"为700，单击"确定"按钮。

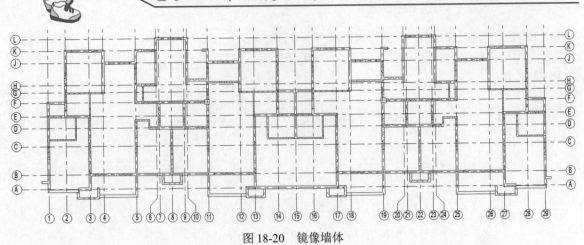

图 18-20　镜像墙体

（7）单击"建筑"选项卡"构建"面板中的"墙"按钮，在"属性"选项板中选择"基本墙 砌体墙-200mm"类型。

（8）在"属性"选项板中设置"定位线"为"面层面：外部"，"底部偏移"为 500，"顶部约束"为"直到标高：F2"，"顶部偏移"为-700，其他采用默认设置。绘制厚度为 200mm 的砌体墙，如图 18-21 所示。

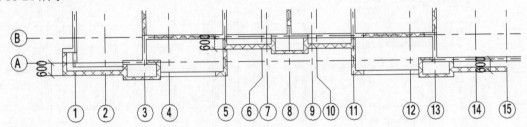

图 18-21　绘制厚度为 200mm 的砌体墙

（9）按住 Ctrl 键，选取图 18-21 中所有的墙体，单击"修改"面板中的"镜像-拾取轴"按钮，拾取轴线 15 为镜像轴进行镜像，结果如图 18-22 所示。

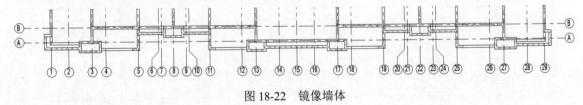

图 18-22　镜像墙体

## 18.1.4　布置门和窗

具体操作步骤如下。

（1）单击"建筑"选项卡"构建"面板中的"门"按钮，打开"修改|放置门"选项卡。

（2）在"属性"选项板中选取"单嵌板木门 1900×2100mm"类型，在如图 18-23 所示的位置放置单扇门。

（3）重复"门"命令，单击"模式"面板中的"载入族"按钮，打开"载入族"对话框，选择"Chinese\建筑\门\普通门\子母门"文件夹中的"子母门.rfa"族文件，单击"打开"按钮，载入族文件。

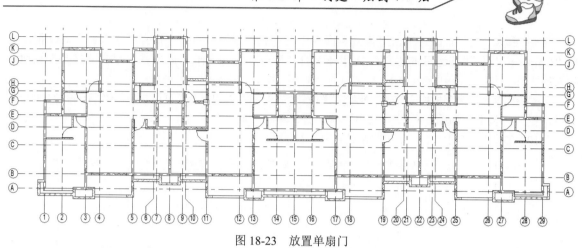

图 18-23　放置单扇门

（4）在"属性"选项板中单击"编辑类型"按钮圖，打开"类型属性"对话框，新建"1200×2300mm"类型，更改"高度"为 2300，其他采用默认设置，单击"确定"按钮。

（5）在如图 18-24 所示的位置放置子母门。

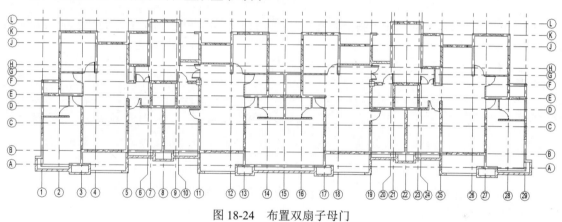

图 18-24　布置双扇子母门

（6）重复"门"命令，在"属性"选项板中选取"双面嵌板木门 1 1500×2100mm"类型，单击"编辑类型"按钮圖，打开"类型属性"对话框，新建"1400×2400mm"类型，更改"宽度"为 1400，"高度"为 2400，其他采用默认设置，单击"确定"按钮。

（7）在如图 18-25 所示的位置放置双扇平开门。

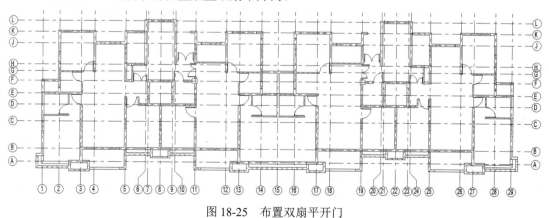

图 18-25　布置双扇平开门

（8）重复"门"命令，单击"模式"面板中的"载入族"按钮，打开"载入族"对话框，选择"Chinese\建筑\门\普通门\推拉门"文件夹中的"双扇推拉门 5.rfa"族文件，单击"打开"按钮，载入族文件。

（9）在"属性"选项板中单击"编辑类型"按钮，打开"类型属性"对话框，新建"1600×2100mm"类型，更改"宽度"为1600，其他采用默认设置，单击"确定"按钮。

（10）在如图18-26所示的位置放置双扇推拉门。

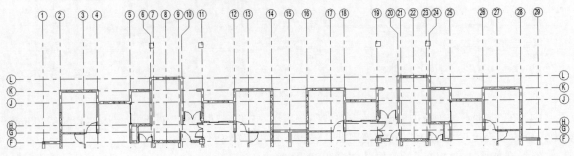

图18-26　布置双扇推拉门

（11）在"属性"选项板中单击"编辑类型"按钮，打开"类型属性"对话框，新建"2400×2400mm"类型，更改"高度"和"宽度"均为2400，其他采用默认设置，单击"确定"按钮。

（12）在如图18-27所示的位置放置双扇推拉门。

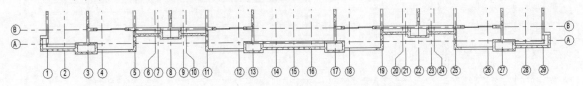

图18-27　布置2400×2400双扇推拉门

（13）单击"建筑"选项卡"构建"面板中"构件"下拉列表中的"放置构件"按钮，打开"修改|放置 构件"选项卡。

（14）在"属性"选项板中选择"电梯门1100mm_入口宽度"类型，将其放置在如图18-28所示的位置。

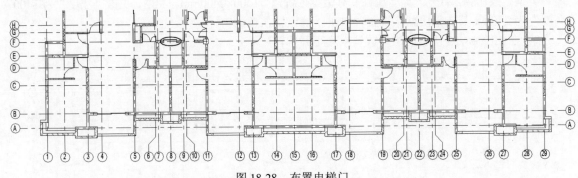

图18-28　布置电梯门

（15）在"属性"选项板的"视图范围"栏中单击"编辑"按钮，打开"视图范围"对话框，更改"剖切面的偏移"为2000，单击"确定"按钮。

（16）单击"建筑"选项卡"构建"面板中的"窗"按钮，打开"修改|放置窗"选项卡。

（17）在"属性"选项板中选取"双层单列 600×1400"类型，输入底高度为 900，在如图 18-29 所示的位置放置窗。

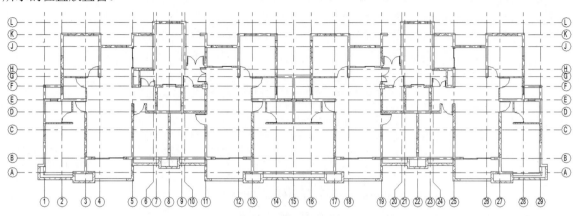

图 18-29 布置双层单列 600×1400 窗

（18）单击"模式"面板中的"载入族"按钮，打开"载入族"对话框，选择"Chinese\建筑\窗\普通窗\组合窗"文件夹中的"组合窗-双层双列（平开+固定）-下部单扇.rfa"族文件，单击"打开"按钮，载入族文件。

（19）在"属性"选项板中单击"编辑类型"按钮，打开"类型属性"对话框，新建"1100×1700mm"类型，更改"高度"为 1700，"宽度"为 1100，其他采用默认设置，单击"确定"按钮。

（20）在"属性"选项板中输入底高度为 1970，布置双层双列 1100×1700 的窗，如图 18-30 所示。

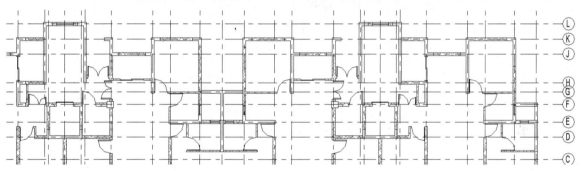

图 18-30 布置双层双列 1100×1700 的窗

（21）在"属性"选项板中输入"底高度"值为 500，继续布置双层双列 1100×1700 的窗，如图 18-31 所示。

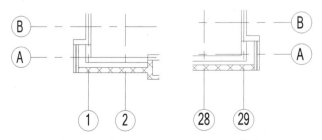

图 18-31 布置双层双列 1100×1700 的窗 2

（22）在"属性"选项板中单击"编辑类型"按钮，打开"类型属性"对话框，新建"2900×1700mm"

类型，更改"宽度"为 2900，"高度"为 1700，其他采用默认设置，单击"确定"按钮。

（23）在"属性"选项板中输入底高度为 500，布置双层双列 2900×1700 的窗，如图 18-32 所示。

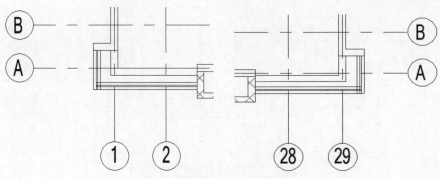

图 18-32　布置双层双列 2900×1700 的窗

（24）在"属性"选项板中单击"编辑类型"按钮，打开"类型属性"对话框，新建"900×1400mm"类型，更改"宽度"为 900，"高度"为 1400，其他采用默认设置，单击"确定"按钮。

（25）在"属性"选项板中输入底高度为 900，布置双层双列 900×1400 的窗，如图 18-33 所示。

图 18-33　布置双层双列 900×1400 的窗

（26）在"属性"选项板中选择"组合窗-双层双列（平开+固定）-下部单扇 1800×1800"，输入底高度为 500，布置双层双列 1800×1800 的窗，如图 18-34 所示。

图 18-34　布置双层双列 1800×1800 的窗

（27）单击"模式"面板中的"载入族"按钮，打开"载入族"对话框，选择"Chinese→建筑→窗→普通窗→组合窗"文件夹中的"组合窗-双层三列（平开+固定+平开）-下部三扇固定.rfa"族文件，单击"打开"按钮，载入族文件。

（28）在"属性"选项板中单击"编辑类型"按钮，打开"类型属性"对话框，新建"2150×1800mm"类型，更改"高度"为 1800，"宽度"为 2150，其他采用默认设置，单击"确定"按钮。

（29）在"属性"选项板中输入底高度为 500，布置双层三列 2150×1800 的窗，如图 18-35 所示。

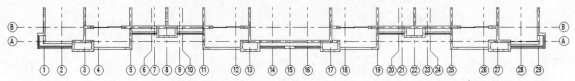

图 18-35　布置双层三列 2150×1800 的窗

（30）单击"模式"面板中的"载入族"按钮，打开"载入族"对话框，选择"Chinese\建筑\窗\普通窗\百叶风口"文件夹中的"百叶风口 4-角度可变.rfa"族文件，单击"打开"按钮，载入族文件。

（31）在"属性"选项板中单击"编辑类型"按钮，打开"类型属性"对话框，新建"1220×2750mm"类型，更改"高度"为2750，"宽度"为1220，其他采用默认设置，单击"确定"按钮。

（32）在"属性"选项板中输入"底高度"值为0，布置百叶窗，如图18-36所示。

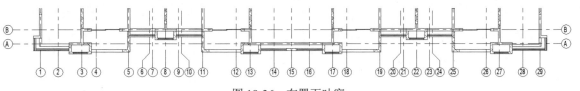

图18-36  布置百叶窗

## 18.1.5  绘制楼板

具体操作步骤如下。

（1）单击"建筑"选项卡"构建"面板中"楼板"下拉列表中的"楼板：结构"按钮，打开"修改|创建楼层边界"选项卡和选项栏。

（2）在"属性"选项板中选择"常规-150mm"类型，单击"编辑类型"按钮，打开"类型属性"对话框，新建"常规-160mm"类型，单击"编辑"按钮，打开"编辑部件"对话框，设置结构的材质为"混凝土，现场浇注混凝土"，更改"厚度"为160，其他采用默认设置，如图18-37所示。连续单击"确定"按钮。

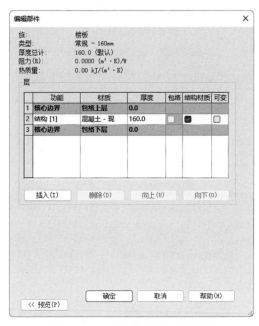

图18-37  "编辑部件"对话框

（3）单击"绘制"面板中的"边界线"按钮、"拾取墙"按钮和"线"按钮，绘制楼板边界线，如图18-38所示。

（4）在"属性"选项板中设置"自标高的高度偏移"为-100，单击"模式"面板中的"完成编辑模式"按钮，完成楼板创建，如图18-39所示。

（5）单击"建筑"选项卡"构建"面板中"楼板"下拉列表中的"楼板：结构"按钮，打开"修改|创建楼层边界"选项卡和选项栏。

Note

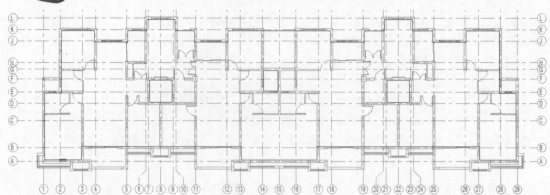

图 18-38　绘制边界线

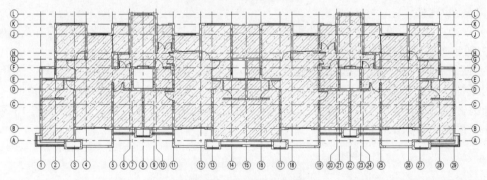

图 18-39　创建的一层楼板

（6）在"属性"选项板中单击"编辑类型"按钮，打开"类型属性"对话框，新建"常规-100mm"类型，单击"编辑"按钮，打开"编辑部件"对话框，更改"厚度"为100，其他采用默认设置，如图 18-40 所示。连续单击"确定"按钮。

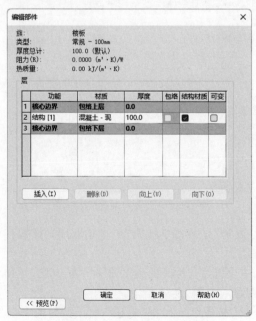

图 18-40　"编辑部件"对话框

（7）单击"绘制"面板中的"边界线"按钮 和"矩形"按钮 ，绘制阳台楼板边界线，如图 18-41 所示。

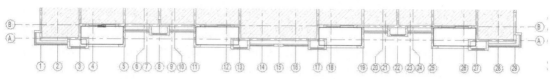

图 18-41 绘制阳台楼板边界线

（8）在"属性"选项板中设置"自标高的高度偏移"为-160，单击"模式"面板中的"完成编辑模式"按钮 ，完成阳台楼板的创建。

（9）重复"楼板：结构"命令，在"属性"选项板中设置"自标高的高度偏移"为 500，单击"绘制"面板中的"边界线"按钮 和"线"按钮 ，绘制边界线，如图 18-42 所示。单击"模式"面板中的"完成编辑模式"按钮 ，完成楼板创建。

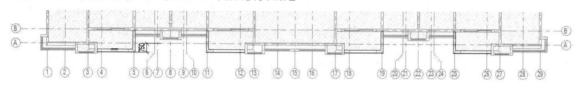

图 18-42 绘制边界线

（10）重复执行"楼板：结构"命令，在"属性"选项板中设置"自标高的高度偏移"为 500，单击"绘制"面板中的"边界线"按钮 和"线"按钮 ，绘制边界线，如图 18-43 所示。单击"模式"面板中的"完成编辑模式"按钮 ，完成楼板的创建。

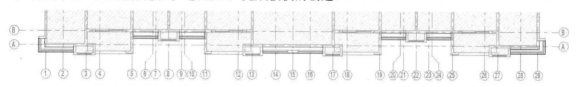

图 18-43 绘制边界线 1

（11）将视图切换至南立面视图，选取上步创建的楼板，单击"修改"面板中的"复制"按钮 ，将其复制到窗户的上方（可以在"属性"面板中更改"标高"为 F2，"自标高的高度偏移"为-600）。

（12）将视图切换至 F1 楼层平面视图。重复"楼板：结构"命令，在"属性"选项板中设置"自标高的高度偏移"为 800，单击"绘制"面板中的"边界线"按钮 和"矩形"按钮 ，绘制边界线，如图 18-44 所示。单击"模式"面板中的"完成编辑模式"按钮 ，完成楼板的创建。

图 18-44 绘制边界线 2

（13）在"属性"选项板的"视图范围"栏中单击"编辑"按钮，打开"视图范围"对话框，更改"剖切面"的"偏移"为-100，"底部偏移"为-200，"视图深度"的"标高"的"偏移"为-500，单击"确定"按钮。

（14）重复执行"楼板：结构"命令，在"属性"选项板中设置"自标高的高度偏移"为-100，单击"绘制"面板中的"边界线"按钮和"线"按钮，绘制边界线，如图 18-45 所示。单击"模式"面板中的"完成编辑模式"按钮，完成楼板的创建。

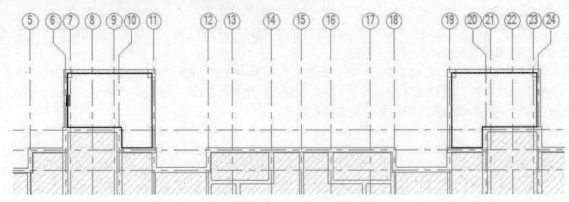

图 18-45　绘制边界线

（15）重复执行"楼板：结构"命令，在"属性"选项板中设置"自标高的高度偏移"为-100，单击"绘制"面板中的"边界线"按钮和"矩形"按钮，绘制边界线，如图 18-46 所示。单击"模式"面板中的"完成编辑模式"按钮，完成楼板的创建。

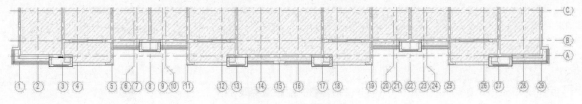

图 18-46　绘制边界线

## 18.1.6　布置栏杆扶手

具体操作步骤如下。

（1）单击"建筑"选项卡"楼梯坡道"面板中"栏杆扶手"下拉菜单中的"绘制路径"按钮，打开"修改|创建栏杆扶手"选项卡。

（2）在"属性"选项板中选择"栏杆扶手 900mm 圆管"类型，单击"编辑类型"按钮，打开"类型属性"对话框，新建"600mm 圆管"类型，更改"高度"为600。

（3）单击"扶栏结构（非连续）"栏中的"编辑"按钮，打开"编辑扶手（非连续）"对话框，选取对话框中的扶栏1～扶栏4，单击"删除"按钮，删除所有扶栏，如图 18-47 所示，单击"确定"按钮，返回到"类型属性"对话框。

（4）单击"栏杆位置"栏中的"编辑"按钮，打开"编辑栏杆位置"对话框，更改"相对前一栏杆的距离"为100，其他采用默认设置，如图 18-48 所示，单击"确定"按钮，返回到"类型属性"对话框。

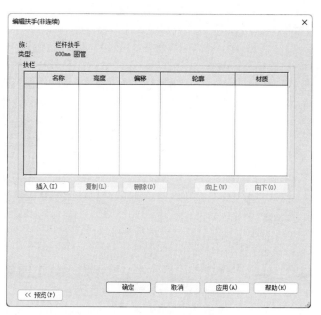

图 18-47 "编辑扶手（非连续）"对话框

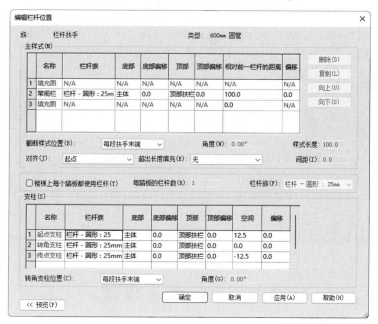

图 18-48 "编辑栏杆位置"对话框

（5）单击"绘制"面板中的"线"按钮 ，绘制如图 18-49 所示的栏杆路径。

（6）在"属性"选项板中设置"底部偏移"为 500，其他采用默认设置。单击"模式"面板中的"完成编辑模式"按钮 ，完成栏杆的创建，如图 18-50 所示。

（7）重复上述步骤继续绘制其他栏杆扶手，或者利用"镜像-拾取轴"按钮 ，创建其他阳台上的栏杆扶手，如图 18-51 所示。

（8）重复"栏杆扶手"命令，在"属性"选项板中选择"栏杆扶手 600mm 圆管"类型，设置"底部偏移"为 200，其他采用默认设置。

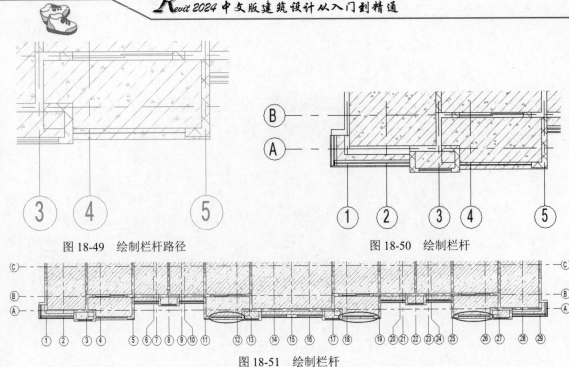

图 18-49　绘制栏杆路径　　　　　　　　　　图 18-50　绘制栏杆

图 18-51　绘制栏杆

（9）单击"绘制"面板中的"线"按钮 ，绘制如图 18-52 所示的栏杆路径。单击"模式"面板中的"完成编辑模式"按钮 ，完成栏杆的创建。采用相同的方法，创建另一个栏杆，如图 18-53 所示。继续创建排气孔上的栏杆。

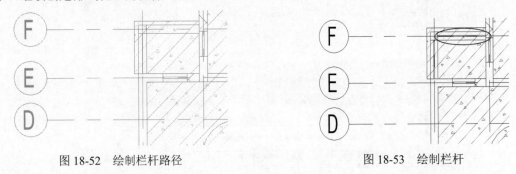

图 18-52　绘制栏杆路径　　　　　　　　　　图 18-53　绘制栏杆

# 18.2　创建标准层

## 18.2.1　创建梁

具体操作步骤如下。

（1）在"属性"选项板的"视图范围"栏中单击"编辑"按钮，打开"视图范围"对话框，更改"剖切面"的"偏移"为-300，"底部偏移"-300，"视图深度"的"标高偏移"为-500，单击"确定"按钮。

（2）单击"视图"选项卡"图形"面板中的"可见性/图形"按钮 ，打开"可见性/图形替换"对话框，取消选中"墙""窗""门""楼板"和"栏杆扶手"复选框，单击"确定"按钮，视图中只显示轴网、柱和梁。

（3）单击"修改"选项卡"创建"面板中的"创建组"按钮，打开"创建组"对话框，输入名称为"一层梁"，选择"模型"组类型，如图18-54所示，单击"确定"按钮。

（4）弹出"编辑组"面板，单击"添加"按钮，在视图中选取所有的梁，单击"完成"按钮，完成一层梁组的创建。

（5）在项目浏览器中双击立面节点下的东，将视图切换到东立面视图。

（6）选取"一层梁"模型组，单击"修改|模型组"选项卡"剪贴板"面板中的"复制到剪贴板"按钮，然后单击"粘贴"下拉列表中的"与选定的标高对齐"按钮，打开如图18-55所示的"选择标高"对话框，选择"F2"，单击"确定"按钮。

图 18-54 "创建组"对话框

图 18-55 "选择标高"对话框

（7）在项目浏览器中双击楼层平面节点下的F2，将视图切换到F2楼层平面视图。

（8）在"属性"选项板的"视图范围"栏中单击"编辑"按钮，打开"视图范围"对话框，更改"剖切面"的"偏移"为-200，"底部偏移"为-200，"视图深度"的"标高"的"偏移"为-500，单击"确定"按钮。

（9）选取复制后的"一层梁"模型组，单击"修改|模型组"选项卡"成组"面板中的"解组"按钮，将模型组进行分解。

（10）选取图18-56所示的梁，更改其类型，调整长度和位置。

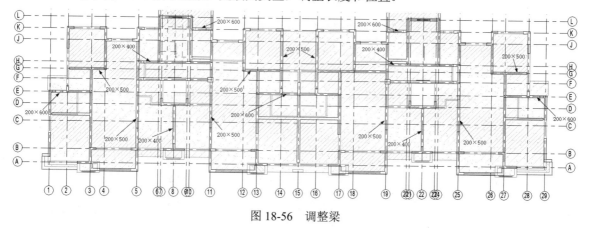

图 18-56 调整梁

（11）单击"结构"选项卡"结构"面板中的"梁"按钮，打开"修改|放置 梁"选项卡和选

项栏。

（12）在"属性"选项板中选择"混凝土-矩形梁 200×600mm"类型，设置"参照标高"为 F2，"Z 轴偏移值"为-100，在如图 18-57 所示的位置绘制 200×600mm 的矩形梁。

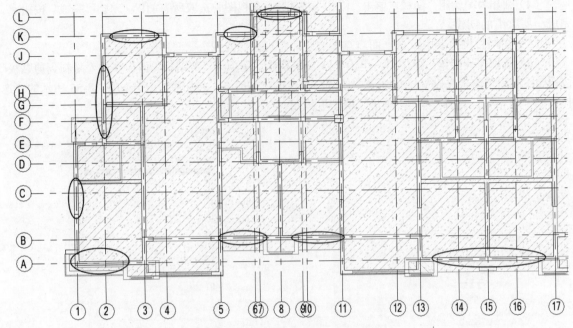

图 18-57　绘制 200×600mm 的矩形梁

（13）按住 Ctrl 键，选取上步绘制的矩形梁，单击"修改|结构框架"选项卡"修改"面板中的"镜像-拾取轴"按钮，拾取轴线 15 为镜像轴进行镜像。

（14）重复"梁"命令，在"属性"选项板中选择"混凝土-矩形梁 200×400mm"类型，设置"参照标高"为 F2，"Z 轴偏移值"为-100，在如图 18-58 所示的位置绘制 200×400mm 的矩形梁。

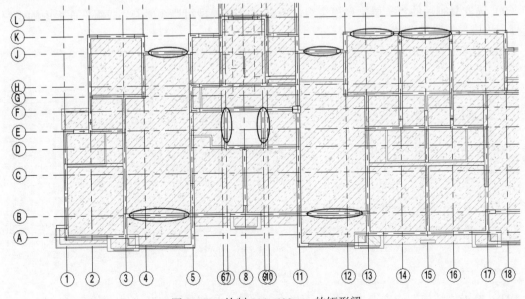

图 18-58　绘制 200×400mm 的矩形梁

（15）按住 Ctrl 键，选取上步绘制的矩形梁，单击"修改|结构框架"选项卡"修改"面板中的"镜像-拾取轴"按钮，拾取轴线 15 为镜像轴进行镜像。

（16）单击"视图"选项卡"图形"面板中的"可见性/图形"按钮，打开"可见性/图形替换"对话框，取消选中"墙""楼板"和"窗"复选框，单击"确定"按钮，视图中只显示轴网、柱和梁。

（17）单击"修改"选项卡"创建"面板中的"创建组"按钮，打开"创建组"对话框，输入"名称"为"二层梁"，选择"模型"组类型，单击"确定"按钮。

（18）弹出"编辑组"面板，单击"添加"按钮，在视图中选取轴线 L 以内的所有梁，单击"完成"按钮，完成二层梁组的创建。

（19）选取"二层梁"模型组，单击"修改|模型组"选项卡"剪贴板"面板中的"复制到剪贴板"按钮，然后单击"粘贴"下拉列表中的"与选定的标高对齐"按钮，打开如图 18-59 所示的"选择标高"对话框，选择 F3～F12，单击"确定"按钮。

（20）选取复制后的"二层梁"模型组，单击"修改|模型组"选项卡"成组"面板中的"解组"按钮，将模型组进行分解。

（21）在项目浏览器中双击楼层平面节点下的 F12，将视图切换到 F12 楼层平面视图。

（22）在"属性"选项板的"视图范围"栏中单击"编辑"按钮，打开"视图范围"对话框，更改"剖切面"的"偏移"为-200，"底部偏移"为-200，"视图深度"的"标高"的"偏移"为-500，单击"确定"按钮。

图 18-59　"选择标高"对话框

（23）分别选取视图中的梁，在"属性"选项板中更改"Z 轴偏移值"为 0，其他采用默认设置。

（24）重复上述步骤，将轴线 L 以上的梁创建成组，将其复制到 F3 楼层。

## 18.2.2　创建墙、门和窗

具体操作步骤如下。

（1）在项目浏览器中双击楼层平面节点下的 F1，将视图切换到 F1 楼层平面视图。

（2）在"属性"选项板的"视图范围"栏中单击"编辑"按钮，打开"视图范围"对话框，更改"剖切面"的"偏移"为 2000，"底部偏移"为 0，"视图深度"的"标高"的"偏移"为 0，单击"确定"按钮。

（3）单击"视图"选项卡"图形"面板中的"可见性/图形"按钮，打开"可见性/图形替换"对话框，选中"墙"和"窗"复选框，取消选中"结构框架"复选框，单击"确定"按钮，视图中只显示轴网、柱、墙、门和窗。

（4）单击"修改"选项卡"创建"面板中的"创建组"按钮，打开"创建组"对话框，输入名称为"一层墙门窗"，选择"模型"组类型，单击"确定"按钮。

（5）弹出"编辑组"面板，单击"添加"按钮，在视图中选取所有墙、门和窗，单击"完成"按钮，完成一层墙门窗组的创建。注意选取时，先选取墙，再选取墙上的门窗。

（6）选取"一层墙门窗"模型组，单击"修改|模型组"选项卡"剪贴板"面板中的"复制到剪贴板"按钮，然后单击"粘贴"下拉列表中的"与选定的标高对齐"按钮，打开"选择标高"对话框，选择 F2，单击"确定"按钮。

（7）在项目浏览器中双击楼层平面节点下的 F2，将视图切换到 F2 楼层平面视图。单击"视图"

选项卡"图形"面板中的"可见性/图形"按钮 ，打开"可见性/图形替换"对话框，选中"墙"和"窗"复选框，单击"确定"按钮，视图中显示轴网、柱、墙、门和窗。

（8）在"属性"选项板的"视图范围"栏中单击"编辑"按钮，打开"视图范围"对话框，更改"剖切面"的"偏移"为 2000，"底部偏移"为 0，"视图深度"的"标高"的"偏移"为 0，单击"确定"按钮。

（9）选取复制后的"一层墙门窗"模型组，单击"修改|模型组"选项卡"成组"面板中的"解组"按钮 ，将模型组进行分解。

（10）选取不需要的墙体、门，按 Delete 键删除，结构如图 18-60 所示。

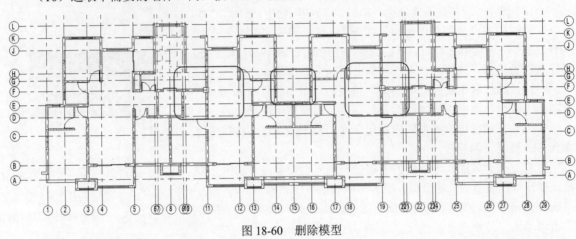

图 18-60　删除模型

（11）按住 Ctrl 键，选取如图 18-61 所示的墙体和门，单击"修改|选择"选项卡"修改"面板中的"镜像-拾取轴"按钮 ，选取轴线 8 为镜像轴进行镜像，调整镜像后的墙体，使其墙体进行连接，如图 18-62 所示。

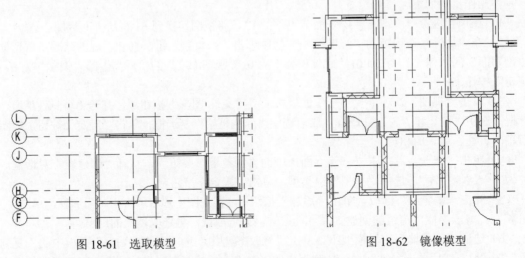

图 18-61　选取模型　　　　　　　　　　图 18-62　镜像模型

（12）采用相同的方法，镜像模型并调整墙体、门的位置，结果如图 18-63 所示。

（13）分别拾取视图中的墙体，在"属性"选项板中更改"顶部偏移"的值（在原基础上-100，因为一层的层高比二层的层高高 100）。

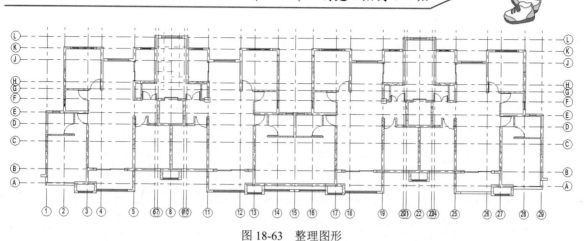

图 18-63　整理图形

（14）选取图 18-64 所示的两处墙体，在"属性"选项板中更改"底部偏移"为 670。然后选取 F1 层中的这两处墙体，更改"顶部偏移"为 670。

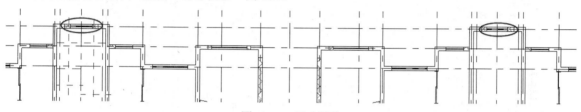

图 18-64　更改墙体

（15）单击"建筑"选项卡"构建"面板中的"墙"按钮，在"属性"选项板中选择"基本墙砌体墙-200mm"类型，设置"底部约束"为 F2，"底部偏移"为 400，"顶部约束"为"直到标高：F3"，"顶部偏移"为-700，在如图 18-65 所示的位置绘制墙体。

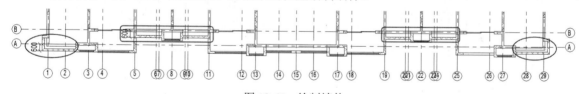

图 18-65　绘制墙体

（16）单击"建筑"选项卡"构建"面板中的"窗"按钮，在上一步绘制的墙体上放置窗，更改"底高度"为 400。也可以直接将一层上的窗复制到二层上，然后更改"底高度"为 400。

（17）单击"修改"选项卡"创建"面板中的"创建组"按钮，打开"创建组"对话框，输入"名称"为"二层墙门窗"，选择"模型"组类型，单击"确定"按钮。

（18）切换到三维视图或者立面图，观察模型，查看模型是否符合要求，将不符合要求的进行修改。

（19）弹出"编辑组"面板，单击"添加"按钮，在视图中选取除轴线 3 以外的所有墙、柱、门和窗，单击"完成"按钮，完成二层墙门窗组的创建。

（20）切换到三维视图或者立面图，选取上步创建的组模型，单击"成组"面板中的"编辑组"按钮，弹出"编辑组"面板，单击"添加"按钮，继续添加二层中的墙体和窗。

（21）切换至二层平面视图，选取"二层墙门窗"模型组，单击"修改|模型组"选项卡"剪贴板"面板中的"复制到剪贴板"按钮，然后单击"粘贴"下拉列表中的"与选定的标高对齐"按钮，

打开"选择标高"对话框，选择 F3～F11，单击"确定"按钮。

（22）选取复制后的"二层墙门窗"模型组，单击"修改|模型组"选项卡"成组"面板中的"解组"按钮，将模型组进行分解。

（23）在项目浏览器中双击立面节点下的北，将视图切换到北立面视图。删除楼梯间外墙上的梁，调整墙的高度，使上下墙连接在一起，结果如图 18-66 所示。

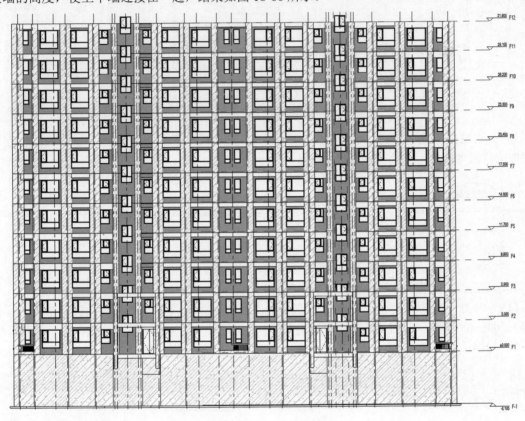

图 18-66　北立面视图

## 18.2.3　绘制楼板

具体操作步骤如下。

（1）在项目浏览器中双击楼层平面节点下的 F2，将视图切换到 F2 楼层平面视图。

（2）单击"视图"选项卡"图形"面板中的"可见性/图形"按钮，打开"楼层平面：F2 的可见性/图形替换"对话框，选中"楼板"复选框，单击"确定"按钮，设置楼板可见。

（3）在"属性"选项板中，在"底图"组中设置"范围：底部标高"为 F1，"范围：顶部标高"为 F2，使二层的梁可见。

（4）单击"建筑"选项卡"构建"面板中"楼板"下拉列表中的"楼板：结构"按钮，打开"修改|创建楼层边界"选项卡和选项栏。

（5）在"属性"选项板中选择"常规-160mm"类型，单击"编辑类型"按钮，打开"类型属性"对话框，新建"常规-160mm"类型，单击"编辑"按钮，打开"编辑部件"对话框，更改"厚度"为 160，其他采用默认设置，如图 18-67 所示。连续单击"确定"按钮。

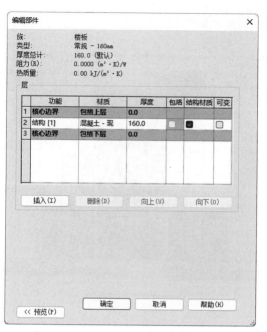

图 18-67 "编辑部件"对话框

（6）单击"绘制"面板中的"边界线"按钮、"矩形"按钮和"线"按钮，绘制楼板边界线，如图 18-68 所示。

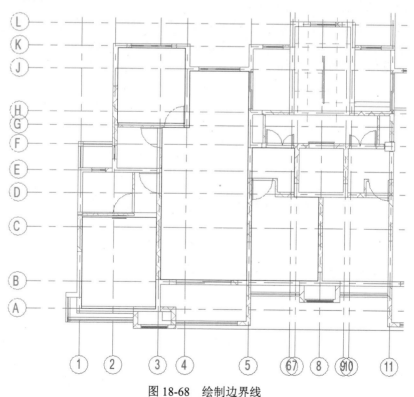

图 18-68 绘制边界线

（7）在"属性"选项板中设置"自标高的高度偏移"为-100，单击"模式"面板中的"完成编辑模式"按钮✔，完成楼板的创建，如图18-69所示。

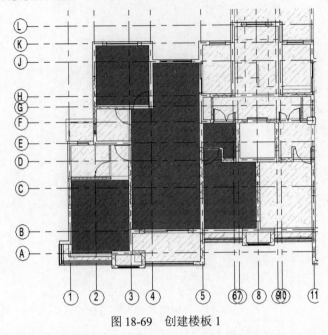

图18-69　创建楼板1

（8）单击"建筑"选项卡"构建"面板中"楼板"🗔下拉列表中的"楼板：结构"按钮，打开"修改|创建楼层边界"选项卡和选项栏。

（9）在"属性"选项板中单击"编辑类型"按钮🗔，打开"类型属性"对话框，新建"常规-90mm"类型，单击"编辑"按钮，打开"编辑部件"对话框，更改"厚度"为90，其他采用默认设置，如图18-70所示，连续单击"确定"按钮。

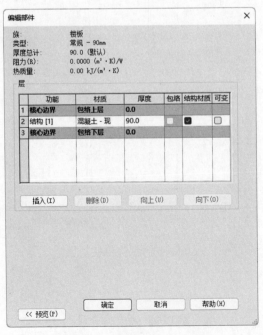

图18-70　"编辑部件"对话框

（10）单击"绘制"面板中的"边界线"按钮和"矩形"按钮□，绘制楼板边界线，如图 18-71 所示。

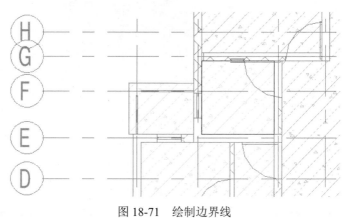

图 18-71　绘制边界线

（11）在"属性"选项板中设置"自标高的高度偏移"为-100，单击"模式"面板中的"完成编辑模式"按钮，完成楼板的创建，如图 18-72 所示。

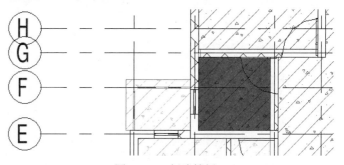

图 18-72　创建楼板 2

（12）单击"建筑"选项卡"构建"面板中"楼板"下拉列表中的"楼板：结构"按钮，打开"修改|创建楼层边界"选项卡和选项栏。

（13）在"属性"选项板中选择"常规-100mm"类型，设置"自标高的高度偏移"为-100，单击"绘制"面板中的"边界线"按钮和"矩形"按钮□，绘制楼板边界线，如图 18-73 所示。

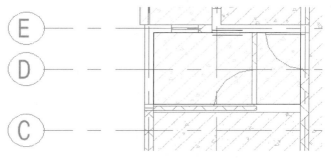

图 18-73　绘制边界线

（14）单击"模式"面板中的"完成编辑模式"按钮，完成楼板的创建，如图 18-74 所示。

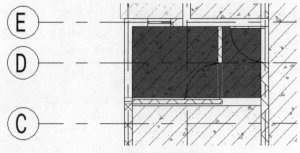

图 18-74　创建楼板 3

（15）按住 Ctrl 键选取前面创建的 3 个楼板，单击"修改|楼板"选项卡"修改"面板中的"镜像-拾取轴"按钮 ，拾取轴线 8 为镜像轴进行镜像，结果如图 18-75 所示。

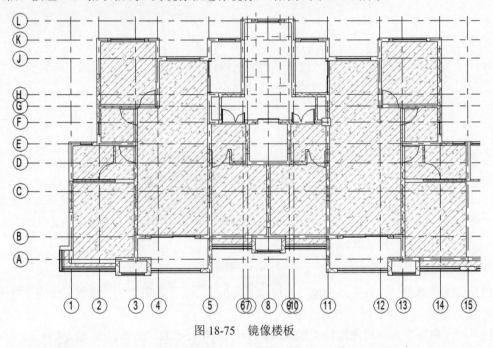

图 18-75　镜像楼板

（16）单击"建筑"选项卡"构建"面板中"楼板" 下拉列表中的"楼板：结构"按钮 ，打开"修改|创建楼层边界"选项卡和选项栏。

（17）在"属性"选项板中选择"常规-120mm"类型，设置"自标高的高度偏移"为-100，单击"绘制"面板中的"边界线"按钮 和"线"按钮 ，绘制楼板边界线，如图 18-76 所示。

（18）单击"模式"面板中的"完成编辑模式"按钮 ，完成楼板的创建，如图 18-77 所示。

（19）重复"楼板：结构"命令，在"属性"选项板中选择"常规-130mm"类型，设置"自标高的高度偏移"为-100，单击"绘制"面板中的"边界线"按钮 和"矩形"按钮 ，绘制楼板边界线，如图 18-78 所示。

（20）单击"模式"面板中的"完成编辑模式"按钮 ，完成楼板创建，如图 18-79 所示。

（21）重复"楼板：结构"命令，在"属性"选项板中选择"常规-100mm"类型，设置"自标高的高度偏移"为-150，单击"绘制"面板中的"边界线"按钮 和"矩形"按钮 ，绘制楼板边界线，如图 18-80 所示。

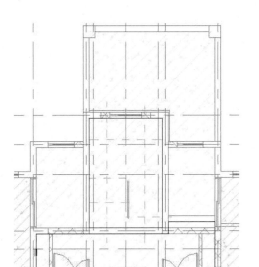

图 18-76  绘制边界线

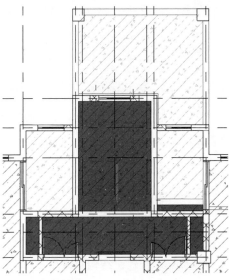

图 18-77  创建楼板 4

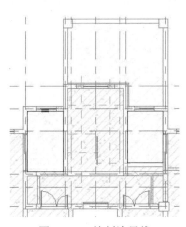

图 18-78  绘制边界线

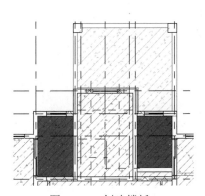

图 18-79  创建楼板 5

（22）单击"模式"面板中的"完成编辑模式"按钮 ✔，完成楼板创建，如图 18-81 所示。

图 18-80  绘制边界线

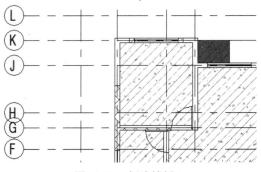

图 18-81  创建楼板 6

（23）按住 Ctrl 键选取左侧所有的楼板，单击"修改|楼板"选项卡"修改"面板中的"镜像-拾

取轴"按钮![], 拾取轴线 15 为镜像轴进行镜像, 结果如图 18-82 所示。

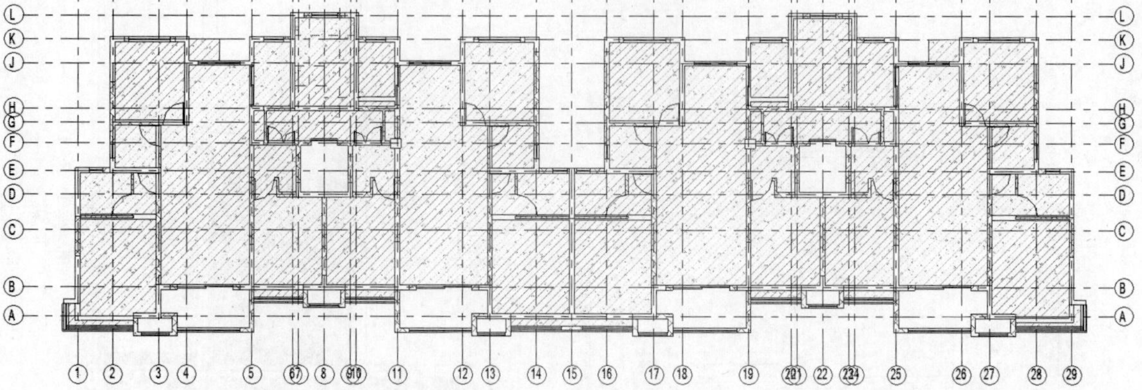

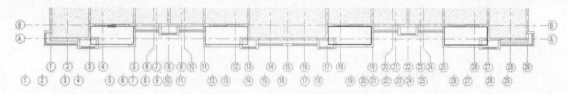

图 18-82 镜像楼板

（24）重复"楼板：结构"命令，在"属性"选项板中选择"常规-100mm"类型，设置"自标高的高度偏移"为-160，单击"绘制"面板中的"边界线"按钮![]和"矩形"按钮![]，绘制阳台楼板边界线，如图 18-83 所示。单击"模式"面板中的"完成编辑模式"按钮![]，完成阳台楼板的创建。

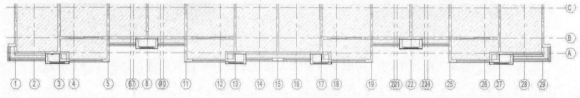

图 18-83 绘制阳台楼板边界线

（25）重复"楼板：结构"命令，在"属性"选项板中选择"常规-150mm"类型，设置"自标高的高度偏移"为-100，单击"绘制"面板中的"边界线"按钮![]和"线"按钮![]，绘制楼板边界线，如图 18-84 所示。单击"模式"面板中的"完成编辑模式"按钮![]，完成楼板的创建。

图 18-84 绘制楼板边界线

（26）在项目浏览器中双击立面节点下的南，将视图切换到南立面视图。

（27）按住 Ctrl 键选取窗户和阳台上的厚度为 100mm 的楼板，单击"修改"面板中的"复制"按钮![]，拾取 F1 标高线上任意点为起点，垂直向上移动鼠标，设置复制距离为 2900，结果如图 18-85 所示。

（28）切换到 F2 楼层平面视图。单击"修改"选项卡"创建"面板中的"创建组"按钮![]，打开"创建组"对话框，输入"名称"为"二层楼板"，选择"模型"组类型，单击"确定"按钮。

（29）弹出"编辑组"面板，单击"添加"按钮![]，在视图中选取所有楼板，单击"完成"按钮![]，完成二层楼板组的创建。

（30）切换到南立面图，选取上步创建的组模型，单击"成组"面板中的"编辑组"按钮![]，弹出"编辑组"面板，单击"添加"按钮![]，继续添加二层中的窗户上的楼板。

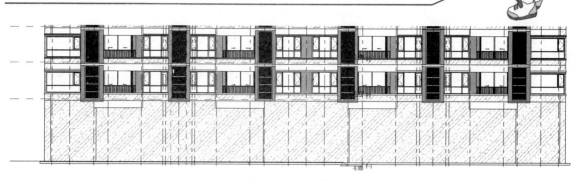

图 18-85 复制楼板

（31）选择上步创建的二层楼板组，单击"剪贴板"面板中的"复制到剪贴板"按钮 ，然后单击"粘贴"下拉列表中的"与选定的标高对齐"按钮，打开"选择标高"对话框，选择 F3-F11 标高，单击"确定"按钮，结果如图 18-86 所示。

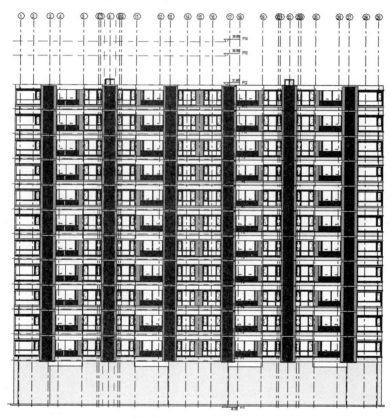

图 18-86 复制楼板

💡提示：可以把二层所有的梁、墙体、门、窗和楼板都创建完（完整的二层模型），然后再将其创建成组，复制到其他楼层。

（32）在项目浏览器中双击楼层平面节点下的 F12，将视图切换到 F12 楼层平面视图。

（33）在"属性"选项板中，在"底图"组中设置"范围：底部标高"为 F11，"范围：顶部标高"为 F12，使十一层的墙可见。

（34）单击"建筑"选项卡"构建"面板中"楼板" 下拉列表中的"楼板：结构"按钮，

打开"修改|创建楼层边界"选项卡和选项栏。在"属性"选项板中选择"常规-150mm"类型，设置"自标高的高度偏移"为0。

（35）单击"绘制"面板中的"边界线"按钮、"矩形"按钮 和"线"按钮 ，绘制楼板边界线，如图 18-87 所示。单击"模式"面板中的"完成编辑模式"按钮 ，完成楼板的创建。

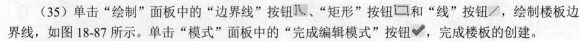
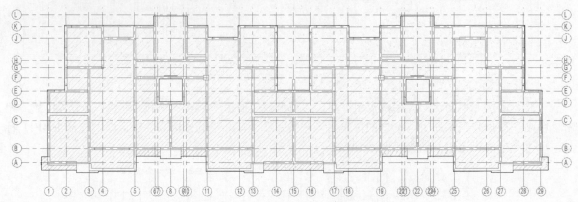

图 18-87　绘制边界线

# 18.3　创 建 楼 梯

具体操作步骤如下。

（1）在项目浏览器中双击楼层平面节点下的 F1，将视图切换到 F1 楼层平面视图。

（2）单击"建筑"选项卡"工作平面"面板中的"参照平面"按钮 ，在楼梯间绘制参照平面，具体尺寸如图 18-88 所示。

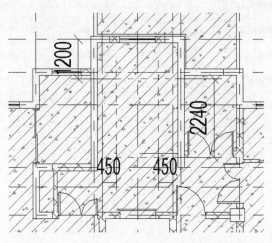

图 18-88　绘制参照平面

（3）单击"建筑"选项卡"楼梯坡道"面板中的"楼梯"按钮 ，打开"修改|创建楼梯"选项卡和选项栏。

（4）在选项栏中设置"定位线"为"梯段：中心"，"偏移"为 0，"实际梯段宽度"为 1200，并选中"自动平台"复选框。

（5）在"属性"选项板中选择"现场浇注楼梯整体浇注楼梯"类型，单击"编辑类型"按钮，打开"类型属性"对话框，新建"整体浇注楼梯 1-12"类型。

（6）单击"计算规则"栏中的"编辑"按钮 ◻ 编辑... ，打开"楼梯计算器"对话框，选中"使用楼梯计算器进行坡度计算"复选框，输入"目标坡度的计算规则"为"2*踢面高度（R）+1*踏板深度=600"，其他采用默认设置，如图 18-89 所示，连续单击"确定"按钮，完成整体浇注楼梯的设置。

（7）在"属性"选项板中设置"底部标高"为 F1，"底部偏移"为-100，"顶部标高"为 F2，"顶部偏移"为 0，"所需踢面数"为 18，"实际踏板深度"为 280，如图 18-90 所示。

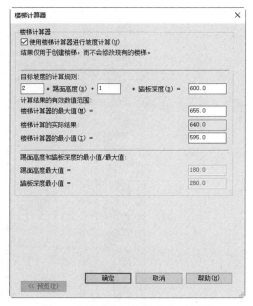

图 18-89 "楼梯计算器"对话框

图 18-90 "属性"选项板

（8）单击"构件"面板中的"梯段"按钮和"直梯"按钮（默认状态下，系统会激活这两个按钮），以参照平面为基准绘制梯段，自动生成平台，如图 18-91 所示。

（9）单击"工具"面板中的"栏杆扶手"按钮，打开"栏杆扶手"对话框，选择"900mm 圆管"类型，如图 18-92 所示，单击"模式"面板中的"完成编辑模式"按钮，完成梯段的创建。

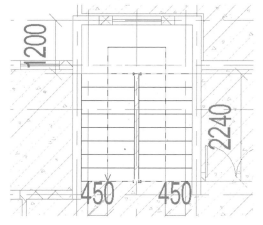

图 18-91 绘制梯段

图 18-92 "栏杆扶手"对话框

（10）选取靠墙的扶手栏杆，按 Delete 键将其删除。双击楼梯，选取平台，调整平台的宽度，使其与墙对齐，单击"创建或删除长度或对齐约束"按钮，锁定平台并与墙对齐，如图 18-93 所示。单击"模式"面板中的"完成编辑模式"按钮，完成楼梯的创建。

（11）选取楼梯，单击"修改|楼梯"选项卡"多层楼梯"面板中的"选择标高"按钮，打开如图 18-94 所示的"转到视图"对话框，选择"立面：西"，单击"打开视图"按钮，转到西立面视图。

（12）按住 Ctrl 键，在视图中选取标高线 F3-F12，单击"修改|多层楼梯"选项卡"模式"面板中的"完成编辑模式"按钮，如图 18-95 所示。

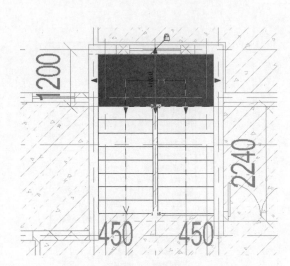

图 18-93　调整平台

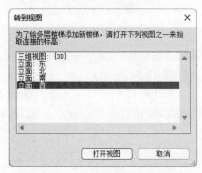

图 18-94　"转到视图"对话框

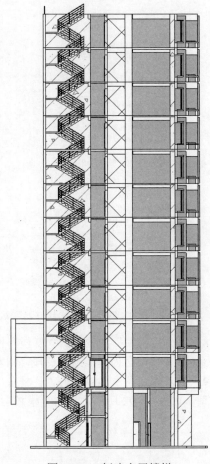

图 18-95　创建多层楼梯

（13）切换视图至 F1 楼层平面。选取上步创建的多层楼梯，单击"修改"面板中的"镜像-拾取轴"按钮，拾取轴线 15 为镜像轴，将多层楼梯进行镜像，如图 18-96 所示。

（14）单击"建筑"选项卡"洞口"面板中的"竖井"按钮，打开"修改|创建竖井洞口草图"选项卡，单击"绘制"面板中的"矩形"按钮，绘制楼梯洞口草图，如图 18-97 所示。

（15）在"属性"选项板中设置"底部约束"为 F1，"底部偏移"为 0，"顶部约束"为"直到标高：F12"，其他采用默认设置，单击"模式"面板中的"完成编辑模式"按钮，完成楼梯洞口的创建，如图 18-98 所示。

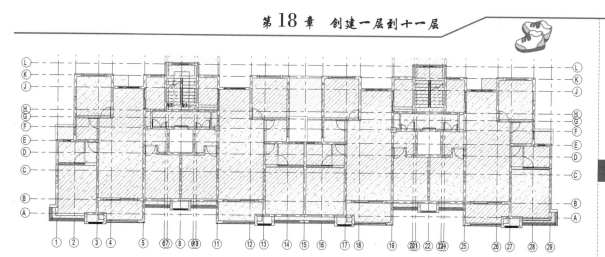

图 18-96　镜像楼梯

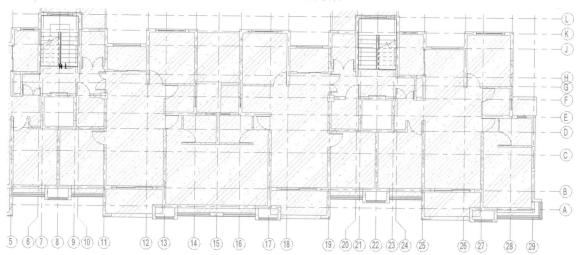

图 18-97　绘制楼梯洞口草图

图 18-98　创建楼梯洞口

# 第19章

## 创建顶层

 **知识导引**

在第 18 章标准层的基础上，绘制梁、墙体，然后在墙体上创建门、楼梯和栏杆扶手，完成住宅的绘制，最后创建住宅的外景图。

☑ 绘制梁      ☑ 创建墙体

☑ 创建楼板      ☑ 绘制楼梯

☑ 绘制栏杆扶手      ☑ 创建外景图像

**任务驱动&项目案例**

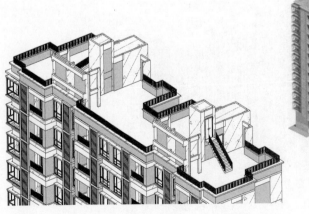

# 19.1　绘　制　梁

具体操作步骤如下。

（1）将视图切换至 F12 楼层平面。在"属性"选项板的"视图范围"栏中单击"编辑"按钮，打开"视图范围"对话框，更改"剖切面"的"偏移"为 2000，"底部偏移"为 0，"视图深度"的"标高"的"偏移"为 0，单击"确定"按钮。

（2）单击"结构"选项卡"结构"面板中的"梁"按钮 ，打开"修改|放置 梁"选项卡和选项栏。在"属性"选项板中选择"混凝土-矩形梁 200×400mm"类型，设置"参照标高"为 F12，"Z轴偏移值"为 500，在如图 19-1 所示的位置绘制 200×400mm 的矩形梁。选取绘制的梁，在"属性"选项板中设置"起点标高偏移"和"终点标高偏移"均为 1400。

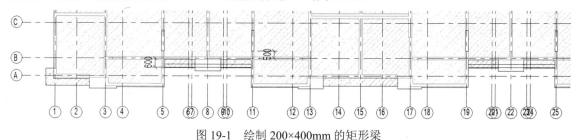

图 19-1　绘制 200×400mm 的矩形梁

（3）在"属性"选项板中选择"混凝土-矩形梁 200×600mm"类型，设置"参照标高"为 F12，"Z轴偏移值"为 0，在如图 19-2 所示的位置绘制 200×600mm 的矩形梁。选取绘制的梁，在"属性"选项板中设置"起点标高偏移"和"终点标高偏移"均为 2080。

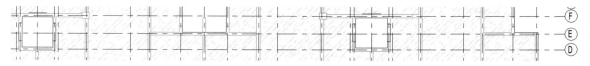

图 19-2　绘制 200×600mm 的矩形梁

（4）将视图切换至 F13 楼层视图，重复步骤（2）创建 200×400mm 的梁，在"属性"选项板中设置"起点标高偏移"和"终点标高偏移"均为 0，如图 19-3 所示。

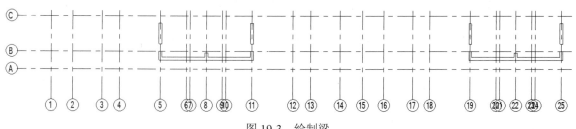

图 19-3　绘制梁

（5）重复执行"梁"命令，在"属性"选项板中选择"混凝土-矩形梁 200×400mm"类型，设置"参照标高"为 F13，"Z轴偏移值"为 0，在如图 19-4 所示的位置绘制 200×400mm 的矩形梁。

（6）重复执行"梁"命令，在"属性"选项板中选择"混凝土-矩形梁 200×400mm"类型，设置"参照标高"为 F13，"Z轴偏移值"为-800，在如图 19-5 所示的位置绘制 200×400mm 的矩形梁。

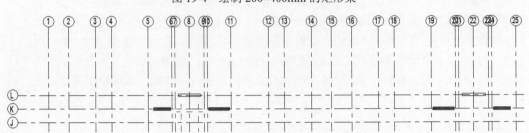

图 19-4　绘制 200×400mm 的矩形梁

图 19-5　绘制 200×400mm 的矩形梁

（7）重复执行"梁"命令，在"属性"选项板中选择"混凝土–矩形梁 200×600mm"类型，设置"参照标"高为 F13，"Z 轴偏移值"为 0，在如图 19-6 所示的位置绘制 200×600mm 的矩形梁。

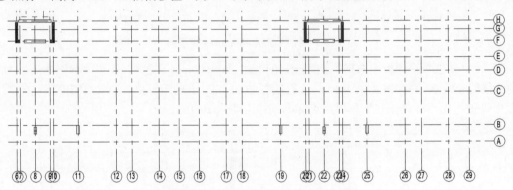

图 19-6　绘制 200×600mm 的矩形梁

（8）将视图切换至 F14 楼层视图，重复执行"梁"命令，在"属性"选项板中选择"混凝土–矩形梁 200×400mm"类型，设置"参照标高"为 F14，"Z 轴偏移值"为 0，在如图 19-7 所示的位置绘制 200×400mm 的矩形梁。

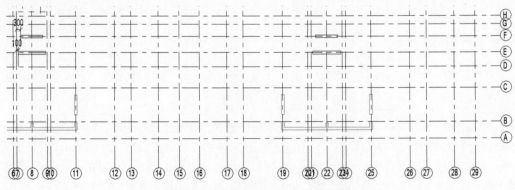

图 19-7　绘制 200×400mm 的矩形梁

（9）重复执行"梁"命令，在"属性"选项板中选择"混凝土-矩形梁 200×600mm"类型，设置"参照标高"为 F14，"Z 轴偏移值"为 0，在如图 19-8 所示的位置绘制 200×600mm 的矩形梁。

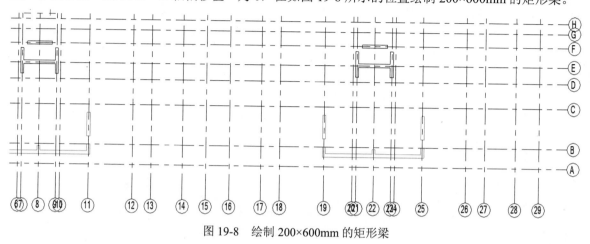

图 19-8　绘制 200×600mm 的矩形梁

# 19.2　创 建 墙 体

具体操作步骤如下。

（1）在项目浏览器中双击楼层平面节点下的 F12，将视图切换到 F12 楼层平面视图。

（2）单击"建筑"选项卡"构建"面板中的"墙"按钮，在"属性"选项板中选择"剪力墙-200mm"类型，设置"定位线"为"核心层中心线"，"底部约束"为 F12，"底部偏移"为 0，"顶部约束"为"直到标高：F13"，"顶部偏移"为-800，其他采用默认设置。根据轴网绘制如图 19-9 所示的剪力墙。

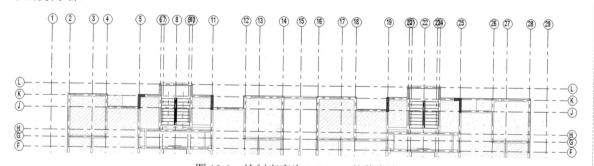

图 19-9　绘制高度为 2600mm 的剪力墙

（3）重复执行"墙"命令，在"属"性选项板中选择"剪力墙-200mm"类型，设置"定位线"为"核心层中心线"，"底部约束"为 F12，"底部偏移"为 0，"顶部约束"为"直到标高：F13"，"顶部偏移"为 500，其他采用默认设置。根据轴网绘制如图 19-10 所示的剪力墙。

（4）重复执行"墙"命令，在"属性"选项板中选择"剪力墙-200mm"类型，设置"定位线"为"核心层中心线"，"底部约束"为 F12，"底部偏移"为 0，"顶部约束"为"直到标高：F13"，"顶部偏移"为 0，其他采用默认设置。根据轴网绘制如图 19-11 所示的剪力墙。

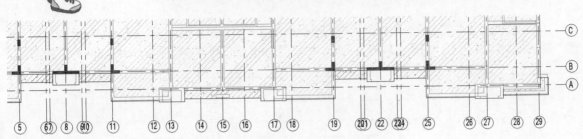

图 19-10    绘制高度为 3900mm 的剪力墙

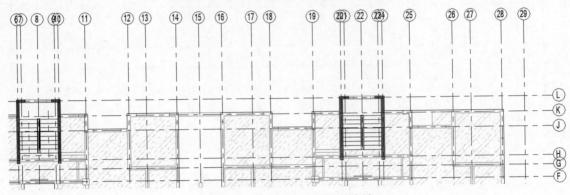

图 19-11    绘制直到 F13 的剪力墙

（5）重复执行"墙"命令，在"属性"选项板中选择"剪力墙-200mm"类型，设置"定位线"为"核心层中心线"，"底部约束"为 F12，"底部偏移"为 0，"顶部约束"为"直到标高：F14"，"顶部偏移"为 0，其他采用默认设置。根据轴网绘制如图 19-12 所示的剪力墙。

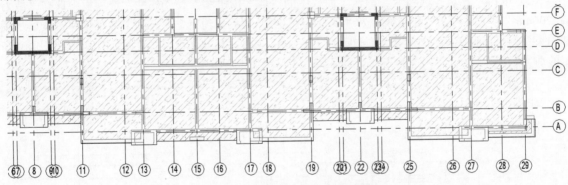

图 19-12    绘制直到 F14 的剪力墙

（6）重复执行"墙"命令，在"属性"选项板中选择"砌体墙-200mm"类型，设置"定位线"为"核心层中心线"，"底部约束"为 F12，"底部偏移"为 0，"顶部约束"为"直到标高：F13"，"顶部偏移"为 500，其他采用默认设置。根据轴网绘制如图 19-13 所示的砌体墙。

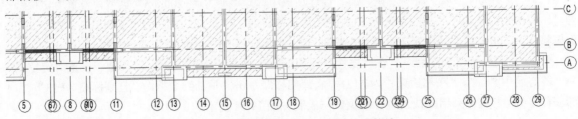

图 19-13    绘制高度为 3900mm 的砌体墙

（7）单击"建筑"选项卡"构建"面板中的"墙"按钮 ，在"属性"选项板中选择"砌体墙-200mm"类型，设置"定位线"为"核心层中心线"，"底部约束"为F12，"底部偏移"为0.0，"顶部约束"为"直到标高：F13"，"顶部偏移"为-1200，其他采用默认设置。根据轴网绘制如图19-14所示的砌体墙。

图19-14　绘制高度为2200mm的砌体墙

（8）单击"建筑"选项卡"构建"面板中的"墙"按钮 ，在"属性"选项板中选择"砌体墙-200mm"类型，设置"定位线"为"核心层中心线"，"底部约束"为F12，"底部偏移"为0.0，"顶部约束"为"直到标高：F13"，"顶部偏移"为-600，其他采用默认设置。根据轴网绘制如图 19-15所示的砌体墙。

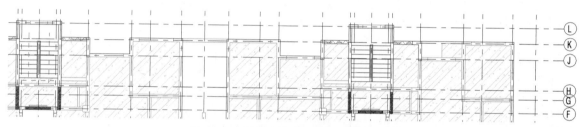

图19-15　绘制高度为2800mm的砌体墙

（9）单击"建筑"选项卡"构建"面板中的"墙"按钮 ，在"属性"选项板中选择"砌体墙-200mm"类型，设置"定位线"为"核心层中心线"，"底部约束"为F12，"底部偏移"为0.0，"顶部约束"为"直到标高：F13"，"顶部偏移"为1000，其他采用默认设置。根据轴网绘制如图19-16所示的砌体墙。

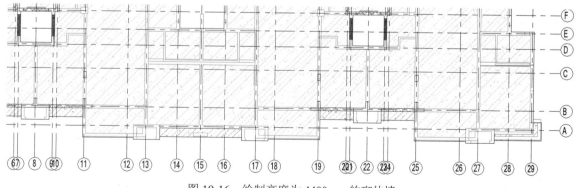

图19-16　绘制高度为4400mm的砌体墙

（10）将视图切换至北立面视图，调整楼梯间的砌体墙直至 F13 上的梁。调整其他梁与墙，如图19-17所示。

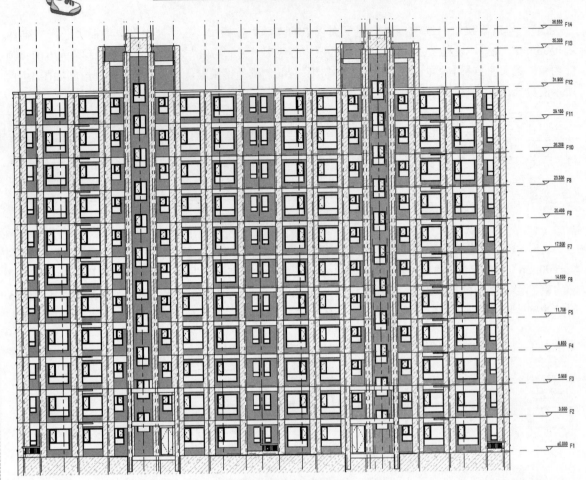

图 19-17　调整墙

（11）单击"建筑"选项卡"构建"面板中的"墙"按钮，在"属性"选项板中选择"砌体墙-200mm"类型，设置"定位线"为"核心层中心线"，"底部约束"为F12，"底部偏移"为0，"顶部约束"为"直到标高：F12"，"顶部偏移"为800，其他采用默认设置。根据轴网绘制如图 19-18 所示的女儿墙。

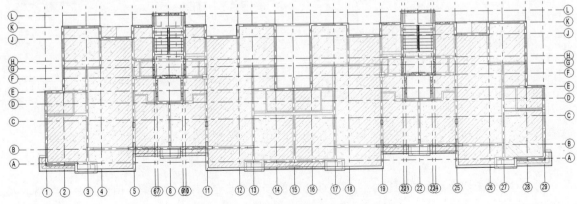

图 19-18　绘制高度为 800mm 的女儿墙

# 19.3 创 建 楼 板

具体操作步骤如下。

（1）在项目浏览器中双击楼层平面节点下的 F12，将视图切换到 F12 楼层平面视图。

（2）单击"建筑"选项卡"构建"面板中"楼板"  下拉列表中的"楼板：结构"按钮 ，打开"修改|创建楼层边界"选项卡和选项栏。在"属性"选项板中选择"常规-150mm"类型，输入"自标高"的"高度偏移"为 2080，其他采用默认设置。

（3）单击"绘制"面板中的"边界线"按钮 和"矩形"按钮 ，绘制楼板边界线，如图 19-19 所示。单击"模式"面板中的"完成编辑模式"按钮 ，完成楼板的创建。

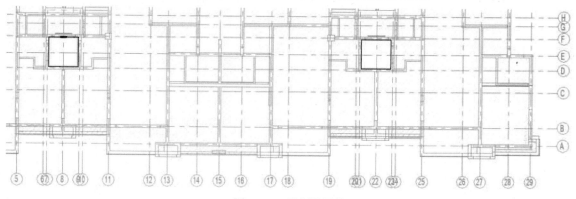

图 19-19 绘制边界线

（4）单击"建筑"选项卡"构建"面板中"楼板" 下拉列表中的"楼板：结构"按钮 ，打开"修改|创建楼层边界"选项卡和选项栏。在"属性"选项板中选择"常规-120mm"类型，输入"自标高"的"高度偏移"为 2100，其他采用默认设置。

（5）单击"绘制"面板中的"边界线"按钮 和"矩形"按钮 ，绘制楼板边界线，如图 19-20 所示。单击"模式"面板中的"完成编辑模式"按钮 ，完成楼板创建。

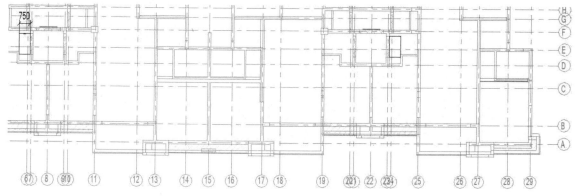

图 19-20 绘制边界线

（6）单击"建筑"选项卡"构建"面板"楼板" 下拉列表中的"楼板：结构"按钮 ，打开"修改|创建楼层边界"选项卡和选项栏。在"属性"选项板中选择"常规-100mm"类型，输入"自

标高"的"高度偏移"为900，其他采用默认设置。

（7）单击"绘制"面板中的"边界线"按钮和"线"按钮，在"选项栏"中输入偏移值，沿着女儿墙绘制楼板边界线，如图19-21所示（沿女儿墙的外边线偏移200，沿女儿墙内边线偏移100）。单击"模式"面板中的"完成编辑模式"按钮，完成楼板的创建，如图19-22所示。

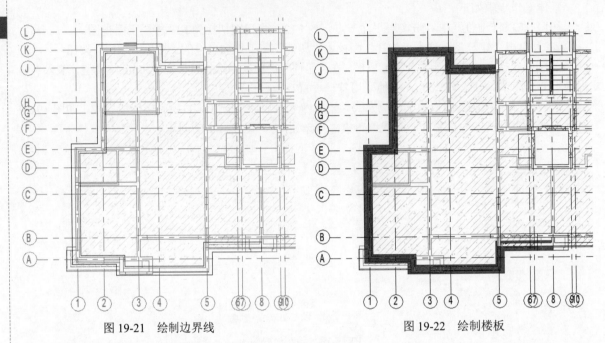

图 19-21　绘制边界线　　　　　　　　　　　图 19-22　绘制楼板

（8）在"属性"选项板的底图中设置范围："底部标高"为"无"，选取上步创建的楼板，单击"修改"面板中的"镜像-拾取轴"按钮，以轴线15作为镜像轴将楼板进行镜像，如图19-23所示。

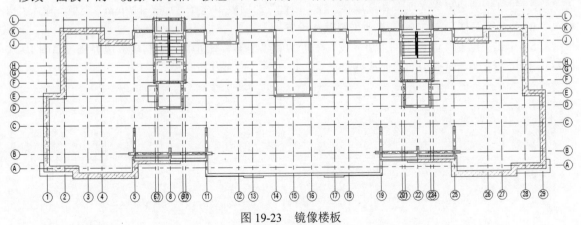

图 19-23　镜像楼板

（9）采用相同的方法和参数，继续绘制女儿墙上的楼板，如图19-24所示。

（10）在项目浏览器中双击楼层平面节点下的F13，将视图切换到F13楼层平面视图。

（11）单击"建筑"选项卡"构建"面板中"楼板"下拉列表中的"楼板：结构"按钮，打开"修改|创建楼层边界"选项卡和选项栏。在"属性"选项板中选择"常规-120mm"类型，输入"自标高的高度偏移"为0，其他采用默认设置。

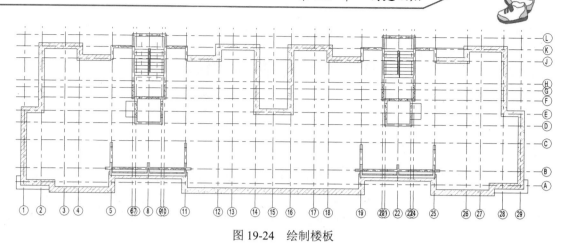

图 19-24　绘制楼板

（12）单击"绘制"面板中的"边界线"按钮⋀和"矩形"按钮▢，绘制楼板边界线，如图 19-25 所示。单击"模式"面板中的"完成编辑模式"按钮✔，完成楼梯间楼板的创建。

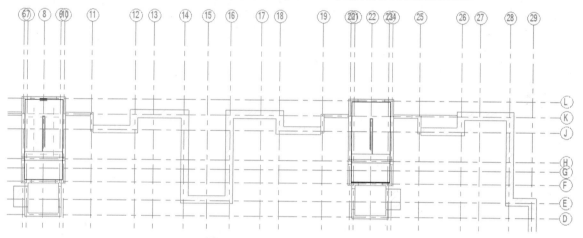

图 19-25　绘制楼梯间楼板边界线

（13）在项目浏览器中双击楼层平面节点下的 F14，将视图切换到 F14 楼层平面视图。

（14）单击"建筑"选项卡"构建"面板中"楼板"下拉列表中的"楼板：结构"按钮，打开"修改|创建楼层边界"选项卡和选项栏。在"属性"选项板中选择"常规-120mm"类型，输入"自标高"的"高度偏移"为 0，其他采用默认设置。

（15）单击"绘制"面板中的"边界线"按钮⋀和"矩形"按钮▢，绘制楼板边界线，如图 19-26 所示。单击"模式"面板中的"完成编辑模式"按钮✔，完成电梯间楼板创建。

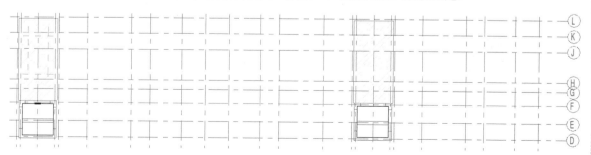

图 19-26　绘制电梯间楼板边界线

# 19.4 创建其他构件

## 19.4.1 布置门

具体操作步骤如下。

（1）在项目浏览器中双击楼层平面节点下的 F12，将视图切换到 F12 楼层平面视图。

（2）单击"建筑"选项卡"构建"面板中的"门"按钮 ，打开"修改|放置门"选项卡。

（3）在"属性"选项板中选取"单嵌板木门 1900×2100mm"类型，在如图 19-27 所示的楼梯间放置单扇门。

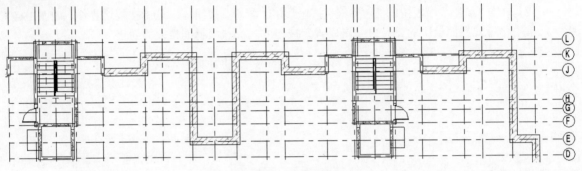

图 19-27　放置单扇门

（4）单击"建筑"选项卡"构建"面板中的"门"按钮 ，打开"修改|放置门"选项卡。

（5）在"属性"选项板中选取"双面嵌板木门 1 1200×2100mm"类型，设置底高度为 2100，在如图 19-28 所示的电梯间放置双扇门。

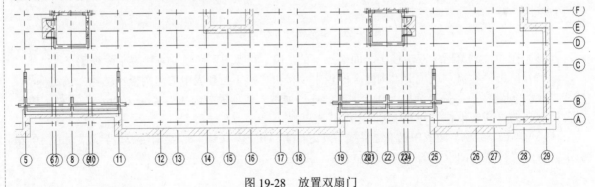

图 19-28　放置双扇门

## 19.4.2 绘制楼梯

具体操作步骤如下。

（1）单击"建筑"选项卡"构建"面板中的"楼梯"按钮 ，打开"修改|创建楼梯"选项卡和选项栏。

（2）在选项栏中设置"定位线"为"梯段：中心"，"偏移"为 0，"实际梯段宽度"为 1200，并选中"自动平台"复选框。

（3）在"属性"选项板中选择"整体浇注楼梯 1-12"类型，设置"底部标高"为 F12，"底部偏移"为 0，"顶部标高"为 F12，"顶部偏移"为 2100，"所需踢面数"为 12，"实际踏板深度"为 280，在电梯平台处创建楼梯。

（4）将视图切换到其他视图，观察图形，并调整楼梯参数，使楼梯达到平台高度，单击"修改"选项卡"修改"面板中的"对齐"按钮，添加楼梯，使其与平台对齐，如图 19-29 所示。

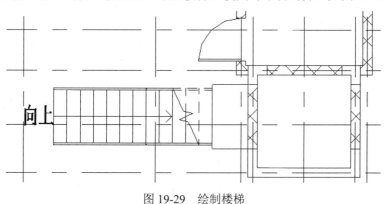

图 19-29　绘制楼梯

（5）选取上步创建的楼梯，单击"修改"面板中的"镜像-拾取轴"按钮，选取轴线 15 作为镜像轴，将楼梯进行镜像，结果如图 19-30 所示。

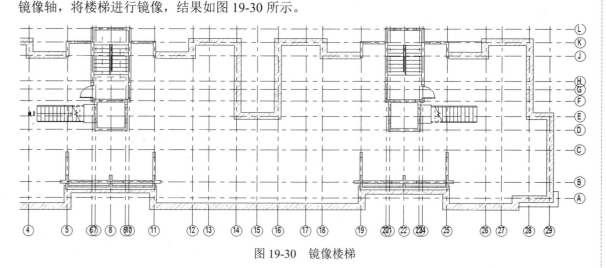

图 19-30　镜像楼梯

## 19.4.3　绘制栏杆扶手

具体操作步骤如下。

（1）单击"建筑"选项卡"楼梯坡道"面板中"栏杆扶手"下拉菜单中的"绘制路径"按钮，打开"修改|创建栏杆扶手"选项卡和选项栏。

（2）在"属性"选项板中选择"栏杆扶手 600mm 圆管"类型，设置"底部标高"为 F12，"底部偏移"为 900，其他采用默认设置。

（3）在选项栏中设置"偏移"为 100，单击"绘制"面板中的"线"按钮，沿着女儿墙内侧边线绘制如图 19-31 所示的栏杆路径。单击"模式"面板中的"完成编辑模式"按钮，完成一段栏杆的创建，如图 19-32 所示。

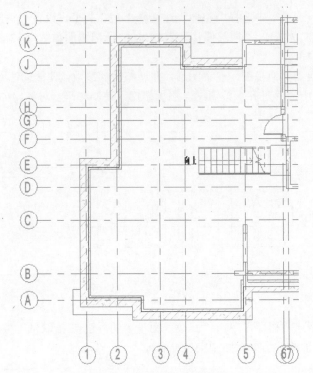

图 19-31　绘制的栏杆路径

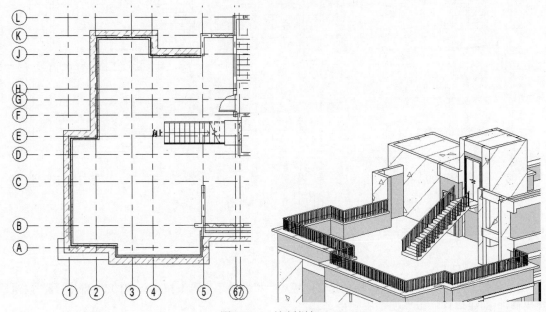

图 19-32　绘制栏杆 1

（4）单击"建筑"选项卡"楼梯坡道"面板中"栏杆扶手" ▦ 下拉菜单中的"绘制路径"按钮▦，打开"修改|创建栏杆扶手"选项卡和选项栏。

（5）在"属性"选项板中选择"栏杆扶手 600mm 圆管"类型，设置"底部标高"为 F12，"底部偏移"为 900，其他采用默认设置。

（6）在选项栏中设置"偏移"为 100，单击"绘制"面板中的"线"按钮，沿着女儿墙内侧边线绘制如图 19-33 所示的栏杆路径。单击"模式"面板中的"完成编辑模式"按钮，完成一段栏杆的创建，如图 19-34 所示。

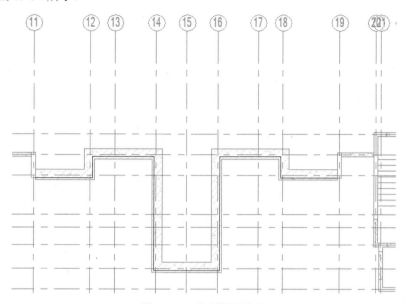

图 19-33　绘制栏杆路径

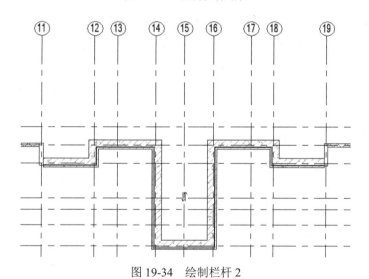

图 19-34　绘制栏杆 2

（7）单击"建筑"选项卡"楼梯坡道"面板中"栏杆扶手"下拉菜单中的"绘制路径"按钮，打开"修改|创建栏杆扶手"选项卡和选项栏。

（8）在"属性"选项板中选择"栏杆扶手 600mm 圆管"类型，设置底部标高为 F12，底部偏移为 900，其他采用默认设置。

（9）在选项栏中设置"偏移"为 100，单击"绘制"面板中的"线"按钮，沿着女儿墙内侧边线绘制如图 19-35 所示的栏杆路径。单击"模式"面板中的"完成编辑模式"按钮，完成一段栏杆的创建，如图 19-36 所示。

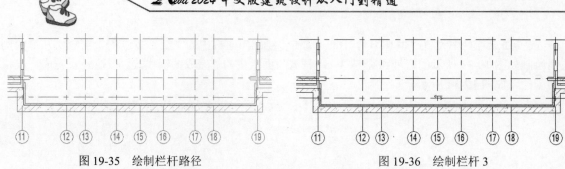

图19-35 绘制栏杆路径          图19-36 绘制栏杆3

（10）选取图19-32中绘制的栏杆1，单击"修改"面板中的"镜像-拾取轴"按钮，选取轴线15作为镜像轴，将栏杆进行镜像，结果如图19-37所示。

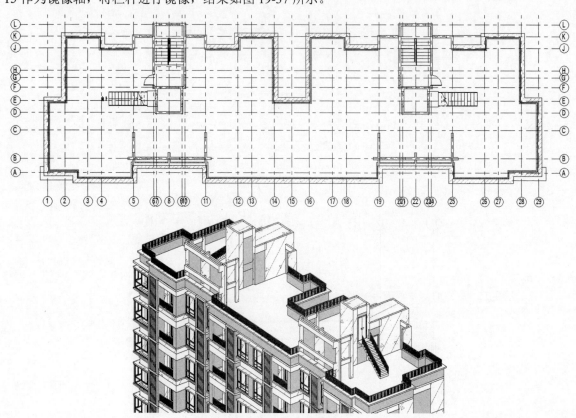

图19-37 镜像栏杆扶手

# 19.5 创建外景图像

具体操作步骤如下。

（1）在项目浏览器的楼层平面节点下双击F1，将视图切换到F1平面视图。

（2）单击"视图"选项卡"创建"面板中"三维视图"下拉列表中的"相机"按钮，在选项栏中取消选中"透视图"复选框，创建正交相机视图。

（3）在平面视图的左侧放置相机并确定相机方向，如图19-38所示。

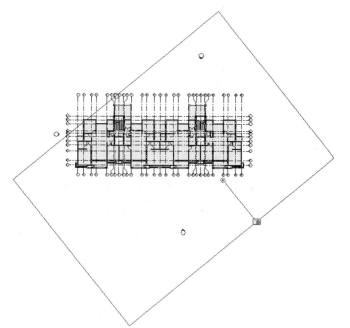

图 19-38 设置相机

（4）系统自动创建三维视图，拖动裁剪区域的控制点，调整视图的界限，三维视图如图 19-39 所示。

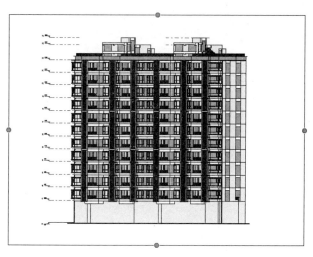

图 19-39 更改视图界限

（5）单击绘图区右上角的"主视图"按钮 ，调整三维视图的视图方向，调整视图的界限，结果如图 19-40 所示。

（6）在项目浏览器中选择上步创建的三维视图 1，单击鼠标右键，在弹出的快捷菜单中选择"重命名"命令，更改名称为"外部视图"。

（7）选取视图中的任意标高，单击"修改|标高"选项卡"视图"面板中"隐藏" 下拉列表中的"隐藏类别"按钮 ，隐藏视图中所有的标高，在"属性"选项板中取消选中"裁剪区域可见"复选框，隐藏视图边界。

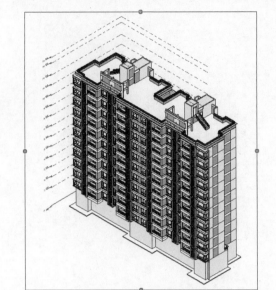

图 19-40　调整视图方向

（8）单击"视图"选项卡"演示视图"面板中的"渲染"按钮，打开"渲染"对话框，设置"质量"为"最佳"，"分辨率"为"屏幕"，照明方案为"室外：仅日光"，背景样式为"天空：少云"，如图 19-41 所示，单击"日光设置"栏中的"选择太阳"按钮，打开"日光设置"对话框，选中"静止"单选按钮，如图 19-42 所示，其他采用默认设置，单击"确定"按钮，返回到"渲染"对话框。

图 19-41　"渲染"对话框

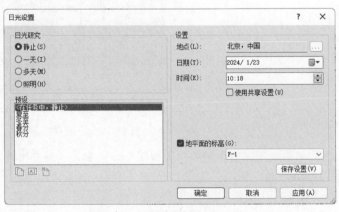

图 19-42　"日光设置"对话框

（9）单击"渲染"按钮，打开"渲染进度"对话框，显示渲染进度，选中"当渲染完成时关闭对话框"复选框，则渲染完成后自动关闭对话框，渲染结果如图 19-43 所示。

图 19-43 渲染图形

（10）单击"调整曝光"按钮，打开"曝光控制"对话框，设置具体参数，如图 19-44 所示，单击"确定"按钮，结果如图 19-45 所示。

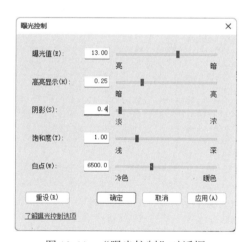

图 19-44 "曝光控制"对话框

图 19-45 调整曝光度

（11）单击"渲染"对话框中的"保存到项目中"按钮，打开"保存到项目中"对话框，输入"名称"为"住宅楼外部视图"。单击"确定"按钮，将渲染完的图像保存在项目中。